『古代图文中的朝阳门内意象(1267—1912)』历史空间研究

刘祎绯　陈大鹏　董凌霄　著

科学出版社
北京

内 容 简 介

朝阳门古时为进京的交通要道,也因其曾为漕粮出入的城门,带动了朝阳门内沿线区域的整体繁荣,是北京老城中一块典型的历史地段。"古代图文中的朝阳门内意象"历史空间研究课题主要结合历史地图与历史文献,对从元到清(1267—1912年)将近700年来古代朝阳门内的街巷、院落及重点建筑进行空间推测复原与分析。采用历史城市地区变迁研究的层积分析法,在综合历史信息充分转译的基础上,尽量保障全过程、高精度、多层面的分析。其中古代图文的信息来源主要包括相关古籍文献及二十余张历史舆图,提取其中的建筑院落意象与街巷水系意象;现代调研信息来源主要包括测绘图纸、卫星地图、历史文化保护区与各级文保单位的地理信息及保护规划,以及现场的走访观察所得等。二者叠合形成细腻的层次与细密的信息,为读者展开一片北京老城历史街区古今变迁的长卷。

本书适合建筑历史、城市规划、风景园林设计、文化遗产保护与管理等专业人员以及高等院校相关专业的师生参考阅读,也可供文物保护爱好者阅读。

图书在版编目(CIP)数据

"古代图文中的朝阳门内意象(1267—1912)"历史空间研究 / 刘祎绯,陈大鹏,董凌霄著. —北京:科学出版社,2021.6
ISBN 978-7-03-064120-5

Ⅰ. ①古… Ⅱ. ①刘… ②陈… ③董… Ⅲ. ①关隘 – 文化遗址 – 研究 – 朝阳区 Ⅳ. ① K878.34

中国版本图书馆CIP数据核字(2019)第295364号

责任编辑:吴书雷 / 责任校对:王晓茜
责任印制:肖 兴 / 封面设计:张 放

科学出版社 出版
北京东黄城根北街16号
邮政编码:100717
http://www.sciencep.com

北京汇瑞嘉合文化发展有限公司 印刷
科学出版社发行 各地新华书店经销
*
2021年6月第 一 版 开本:880×1230 1/32
2021年6月第一次印刷 印张:14 1/2 插页:1
字数:450 000
定价:158.00元
(如有印装质量问题,我社负责调换)

序

　　北京城市形成时间可以追溯到公元前11世纪。13世纪忽必烈在这里兴建元大都。在之后的历史中,尽管有明朝初期及民国南京政府时期一些短暂的变化,但北京仍在近800年的时间中作为中国元、明、清、民国北洋政府时期和中华人民共和国的都城延续至今。北京也是历代中国都城中无论各代遗存还是城市历史格局、历史景观保存最为完整的都城。北京具有极高的历史文化价值,为研究人类城市的形成和发展过程、影响因素提供了丰富和宝贵的研究资源。

　　《"古代图文中的朝阳门内意象(1267—1912)"历史空间研究》是基于历代舆图、文献对北京朝阳门地区城市空间复原、变迁、存留的研究。作者通过对大量历史信息进行转译与叠合展现了这1.5平方公里内700年间物质空间更替变化,呈现出了丰富而生动的历史图景,给读者展现了多彩的新的学术认知。

　　城市是人类最重要的文化结晶,除那些已被废弃的城市之外,大多数城市都处在不断适应人类与自然关系的变化、满足人类生存要求、适应人类科学技术发展的持续的过程当中。这一过程导致了城市空间和景观的变化。探讨这种变化的内在规律和各影响要素之间的相互作用,必然会有助于城市发展,以及历史空间、历史景观保护理论、方法、策略的建立和实践。刘祎绯博士及其研究团队在这一研究中投入了大量的时间,获得了丰富并富有启发性的研究成果。刘祎绯博士曾在她的博士论文中提出了历史城市中城市景观和城市形态变化的"锚固与层积"理论,这提供了一个认知历史城市形态变化的重要视角。《"古代图文中的朝阳门内意象(1267—1912)"历史空间研究》是"锚固与层积"理论的拓展和实践。2005年在世界遗产的关于历史城镇的保护中,人们注意到了城市历史景观的问题，联合国教科文组织在2011年提出了"城市历史景观建议"，但仅从形态和景观的角度理解历史城市的保护问题显然是不够的。《"古代图文中的朝阳门内意象（1267—1912）"历史空间研究》是以北京朝阳门地区为例，研究各种政治、经济、文化要素对城市空间和景观变化的影响，从而揭示城市变化的内在和外在要素，这是一个非常有价值的探索。今年（2021年）是联合国教科文组织提出的"城市历史景观建议"十周年，刘祎绯博士的这部著作无疑也是这方面研究的一个重要成果。

相信《"古代图文中的朝阳门内意象（1267—1912）"历史空间研究》能够为关注历史城市与遗产保护、古代图文文献资料、城市历史景观、城市意象，以及关心北京历史、老城保护的人们提供重要的研究成果和启发。

清华大学国家遗产中心主任
2020年6月14日

目 录

序 .... 吕舟　i

第一章　缘起 1
一、什么是意象？ 2
二、为什么要研究意象？ 6
三、为什么在朝阳门内研究意象？
　　.. 11
四、如何在朝阳门内研究意象？
　　.. 12
　　构想1：古代图文中的朝阳门内意象
　　.. 12
　　构想2：老人记忆中的朝阳门内意象
　　.. 13
　　构想3：公众感知中的朝阳门内意象
　　.. 13

第二章　今貌 15
一、朝阳门内概况 16
　　地段区位 17
　　历史沿革 20
　　近代变迁 22
二、现状分析 27
　　文化遗产保护现状分析 30
　　建筑风貌现状分析 34
　　建筑高度现状分析 38
　　建筑质量现状分析 40
　　动态与静态交通现状分析 42

文化资源现状分析 44
商业服务业业态分析 48
树木分布现状分析 50
三、文物保护单位 53
　　孚王府 54
　　智化寺 56
　　大慈延福宫建筑遗存 58
　　恒亲王府 60
　　东四清真寺 62
　　东城区礼士胡同129号四合院 64
　　东城区内务部街11号四合院 66
　　史家胡同51号四合院 68
　　史家胡同53号四合院 70
　　史家胡同55号四合院 72
　　禄米仓 74
　　朝阳门内大街头条203号建筑群 76
　　朝阳门内大街81号建筑 78
　　桂公府 80
　　正白旗觉罗学建筑遗存 82
　　莲园 84

第三章　古意 87
一、历史信息 88
　　古代舆图 88
　　古书文献 90
　　历史照片 94
二、转译方法 105

目录

三、过程详解 109
1738 年《镶白旗满洲蒙古汉军地图》
.... 110
1750 年《京城全图》 114
1750 年《乾隆京城全图》 118
1752 年《PLAN DE LA VILLE TARTARE ET CHINOISE DE PEKIN》 128
1765 年《PLAN DE LA VILLE TARTARE DE PEKING》 132
1788 年《镶白旗图》 136
1796—1820 年《首善全图》 140
1800 年《京城内外首善全图》 144
1805 年《镶白旗居址之图》 148
1817 年《PLAN OF PEKING》 152
1843 年《CHINESE PLAN OF THE CITY OF PEKING》 156
1861—1887 年《北京全图》 160
1865 年《北京地里全图》 164
1870 年《京师城内首善全图》 168
1875—1908 年《京城内外全图》 172
1875—1908 年《京师城内河道沟渠图》 176
1900 年《京城全图》 180
1900 年《京师九城全图》 184
1900 年《京城各国暂分界址全图》 188
1900 年《THÉÂTRE DES OPÉRATIONS EN CHINE》 192
1900—1911年《订正改版北京详细地图》 196
1902 年《PLAN DE PÉKIN》 200
1903 年《北京全图》 204
1907 年《北京附地》 208
1908 年《京师全图》 212
1908 年《最新北京精细全图》 216
四、叠合与解析 220

第四章　变迁　223

一、街巷的变迁 224
二、建筑的变迁 234
朝阳门 234
智化寺 240
清真寺 248
三、牌楼的变迁 252
四牌楼 252
胡同口的牌楼 256
四、植物景观的变迁 262
五、社会生活的变迁 264
以东四南历史街区为例的今昔对比研究 265
当前的公共空间与社会生活 266
老人记忆中的公共空间与社会生活 270
承载社会生活的公共空间变迁小结 273

第五章　遗存　277

一、遗存总览 278
二、现状留存的建筑与院落一览 284
A - I - 01　清真寺 285
A - I - 02　镶白旗汉军固山衙门 287
A - I - 03　明瑞府 288
A - I - 04　智化寺 289

A-Ⅱ-01 延福宫 ············· 293
A-Ⅱ-02 怡亲王府（含孚王府）
 ····················· 295
A-Ⅱ-03 恒亲王府 ············· 298
A-Ⅱ-04 桂公府（含地藏庵、斗母庙、官学） ············· 301
A-Ⅱ-05 莲园（含真武庙） 305
A-Ⅱ-06 禄米仓 ············· 306
A-Ⅲ-01 兴隆寺-东四 ············· 312
A-Ⅲ-02 正白旗汉军、蒙古衙门
 ····················· 313
A-Ⅲ-03 正蓝旗满洲、蒙古、汉军固山衙门 ············· 314
A-Ⅲ-04 天仙庵-演乐胡同 317
A-Ⅲ-05 灵官庙 ············· 318
A-Ⅲ-06 三元庵-本司胡同 319
A-Ⅲ-07 上帝庙 ············· 320
A-Ⅲ-08 昭灵寺 ············· 321
A-Ⅲ-09 兴隆寺-礼士胡同 322
A-Ⅲ-10 财神庙-本司胡同 323
A-Ⅲ-11 五圣庵-灯草胡同 324
A-Ⅲ-12 解脱庵 ············· 325
A-Ⅲ-13 □□庵 ············· 326
A-Ⅲ-14 东西院 ············· 327
A-Ⅲ-15 左翼前锋统领衙门 ····· 328
A-Ⅲ-16 弥勒庵 ············· 329
A-Ⅲ-17 仁义庵 ············· 330
A-Ⅲ-18 二郎庙 ············· 331
A-Ⅲ-19 白衣庵 ············· 333
A-Ⅲ-20 仓神庙 ············· 334
A-Ⅲ-21 慈善寺 ············· 335
A-Ⅲ-22 武学 ············· 336
A-Ⅲ-23 小庙 ············· 341

三、业已消失的建筑与院落一览
 ····················· 342
B-Ⅰ-01 火祖庙 ············· 343
B-Ⅰ-02 弓匠营 ············· 344
B-Ⅰ-03 五圣庵-北小街 346
B-Ⅰ-04 永丰庵 ············· 347
B-Ⅰ-05 圆通寺 ············· 348
B-Ⅰ-06 毗卢庵 ············· 349
B-Ⅰ-07 箭厂 ············· 350
B-Ⅰ-08 玄坛庙 ············· 351
B-Ⅰ-09 相府 ············· 352
B-Ⅰ-10 炮厂（含伏魔庵）······ 354
B-Ⅰ-11 海关学馆 ············· 356
B-Ⅰ-12 海关学馆北院 357
B-Ⅰ-13 方家园 ············· 358
B-Ⅰ-14 净业庵 ············· 360
B-Ⅰ-15 牌楼馆 ············· 361
B-Ⅰ-16 宗学 ············· 362
B-Ⅰ-17 地藏庵-朝阳门内大街
 ····················· 363
B-Ⅰ-18 老君堂 ············· 364
B-Ⅰ-19 证因寺 ············· 366
B-Ⅰ-20 吉庆庵 ············· 367
B-Ⅰ-21 真武庙-北竹竿胡同 368
B-Ⅰ-22 二圣庵 ············· 369
B-Ⅰ-23 三元庵-千面胡同 ····· 370
B-Ⅰ-24 玄极观 ············· 371
B-Ⅰ-25 关帝庙-甘雨胡同 372
B-Ⅰ-26 火德真君祠 ············· 373
B-Ⅱ-01 四牌楼 ············· 374
B-Ⅱ-02 太平仓 ············· 378
B-Ⅱ-03 万安仓 ············· 379
B-Ⅱ-04 南水关（含门监）379

B-Ⅱ-05 北水关（含财神庙、钓鱼台） ⋯ 382
B-Ⅱ-06 天仙庵-南竹杆胡同 ⋯ 385
B-Ⅱ-07 关帝庙-大方家胡同东段 ⋯ 386
B-Ⅱ-08 关帝庙-大方家胡同中段 ⋯ 387
B-Ⅱ-09、10、11 土地庙（3处） ⋯ 388
B-Ⅱ-12 民政部 ⋯ 390
B-Ⅱ-13 朝阳门（含城墙） ⋯ 391

第六章 愿景 ⋯ 397

一、基于古代意象研究的城市愿景 ⋯ 398
规划理念 ⋯ 399
设计愿景 ⋯ 400
总体空间展望 ⋯ 402
轴线空间展望 ⋯ 404
节点空间展望 ⋯ 405
二、多种可能的城市愿景 ⋯ 406
三、扎根朝阳门内的意象研究与实践 ⋯ 408
（一）展览 ⋯ 410
2016年北京国际设计周展览朝阳门展区：“古代图文中的朝阳门内意象历史空间研究（1267—1912）"展览 ⋯ 410
2017年清华同衡学术周展览：“古城意象：城市意象研究理论与方法及跨学科新兴技术于历史地段的应用" ⋯ 412
2017年北京国际设计周展览朝阳门展区：“古代图文中的朝阳门内意象历史空间研究展览" ⋯ 415
2017年北京国际设计周展览什刹海展区：“古城意象研究成果展" ⋯ 418
2018年北京国际设计周展览朝阳门展区：“探寻京城历史景观"之北京老城历史空间研究展览 ⋯ 422
（二）活动 ⋯ 424
2016年史家胡同博物馆国际博物馆日专题讲座与居民绿植意象收集 ⋯ 424
2017年史家胡同博物馆"旧影"展之"旧城意象"活动 ⋯ 428
2017年北京国际设计周：城市·风景·遗产：北京旧城历史空间论坛 ⋯ 431
2018年北京国际设计周：第一届"探寻京城历史景观"北京老城历史空间文化市集 ⋯ 435
2018年北京国际设计周：第二届城市·风景·遗产：北京老城历史空间论坛 ⋯ 437
2019年北京国际设计周：第二届"寻迹京城文化景观"北京老城历史空间文化市集 ⋯ 439
2019年北京国际设计周：第三届城市·风景·遗产：北京老城历史空间论坛 ⋯ 441
（三）设计 ⋯ 443
2016年灯草胡同与演乐胡同环境整治提升设计 ⋯ 443

结语 ⋯ 448

第一章 缘起

一、 什么是意象？

本研究题为"古代图文中的朝阳门内意象"历史空间研究，则首先需要回答的问题即什么是意象，意象的范畴又是几何？

比较专业地讲，当受到周围环境的影响和制约时，人会产生对周围环境的直接或间接的经验认识，形成主观的环境空间认知，这便是空间意象。这种主观的认知又会反作用于人的行为，从而与环境产生具有一定互动性的相互作用，这便是意象研究的范畴（图1-1）。

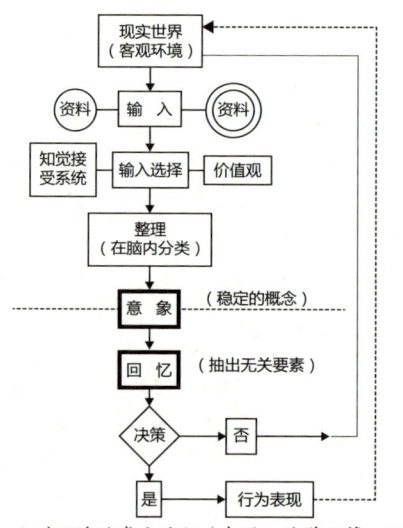

图1-1 人对环境的感应过程（来源：许学强等，2001）

如若比较通俗地解释，则城市环境虽然是客观的存在，但真正为每个人感知到的只是其中很小的部分，而且这些感知中既有被加强、美化的部分，又有被忽略、扭曲的部分，真正影响人们在环境中行为的其实正是这种主观化以后的城市空间。另外，不同的人对同一客观环境的感知是不相同的，但从总体上看又可以汇集为具有共性的集体记忆，即我们通常所说的城市意象。比如，无论是否真正到过伦敦，读过福尔摩斯的人都会对伦敦抱有一定的惯有且共性的想象。又比如，我们找来关于某座城市的各种旅游书籍、宣传图册、网络信息，都会发现一些不断重复的主题，也就形成了如图 1-2 所示图片表现的这样一批颇具特色的城市图景。

图 1-2　世界城市 24 小时系列

第一章 缘起

当然,在过去或未来,我们关于一座城市的观念和想象都有可能改变,换言之,城市的意象也是处于变化的进程当中的。城市非常有趣的一点也在于此,作为一个空间与时间的结合体,现实的城市本身就处于持续的变迁当中,更遑论其意象。城市的客观变迁影响人们的主观意象变迁,人们的主观意象变迁反过来又会影响城市的进一步变迁,这其中既能看到历史性的研究价值,还透露出对不少现实问题的实践性的指导意义。

"城市意象"的概念最早由凯文·林奇(Kevin Lynch)于1960年提出(图1-3—图1-6),他将心理学中的意象概念引入城市空间研究,即居民形成对城市直接或间接的经验认知空间,是居民头脑中的"主观环境"空间。这种通过空间感知来把握城市内部空间结构的研究方法,关注受城市空间影响的个人和集体行为,受到广泛的讨论和传播,如今已被国际社会公认为获取与城市设计、城市规划相关的社会数据的最为常用和有效的方法之一。我国城市普遍具有悠久的历史和丰富的遗产,不过截至目前,"城市意象"在我国的应用还是凤毛麟角,在历史地段中应用就更为稀少了。

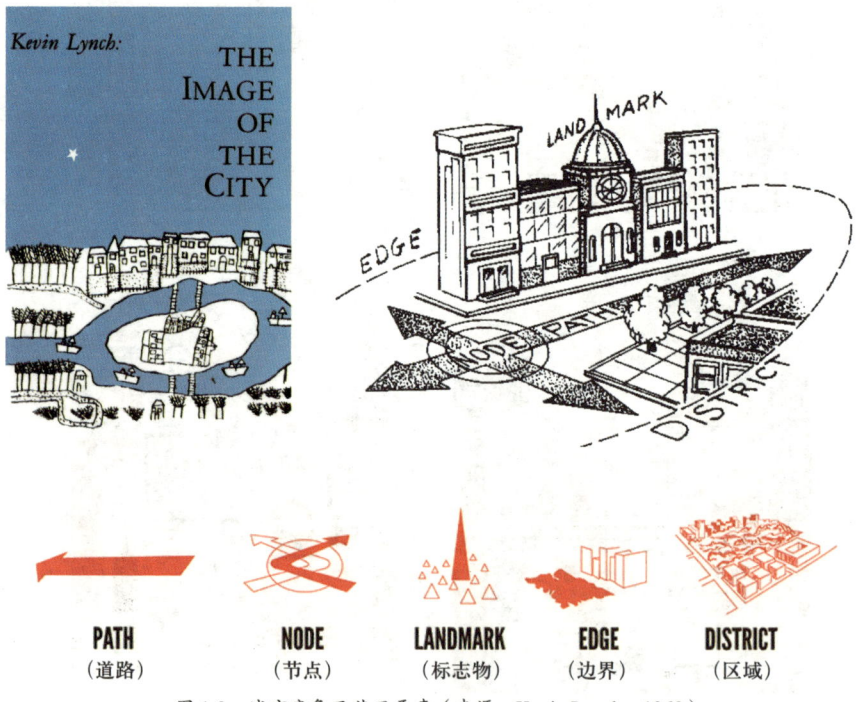

图1-3 城市意象及其五要素(来源:Kevin Lynch,1960)

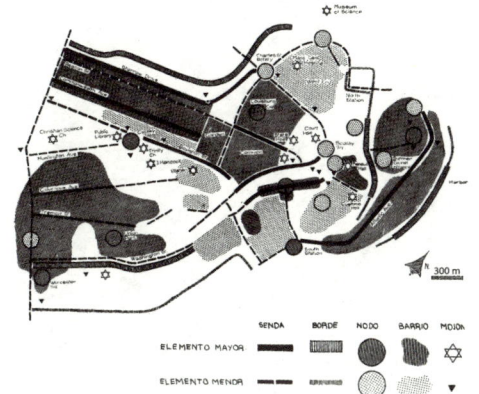

图 1-4 波士顿的意象地图（来源：Kevin Lynch, 1960）

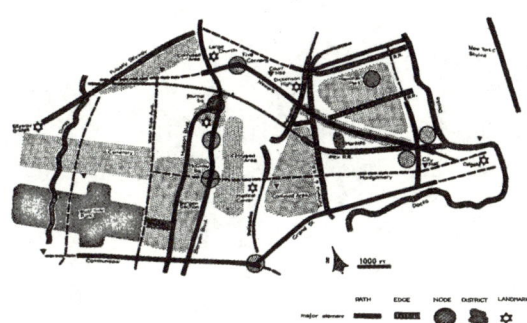

图 1-5 泽西城的意象地图（来源：Kevin Lynch, 1960）

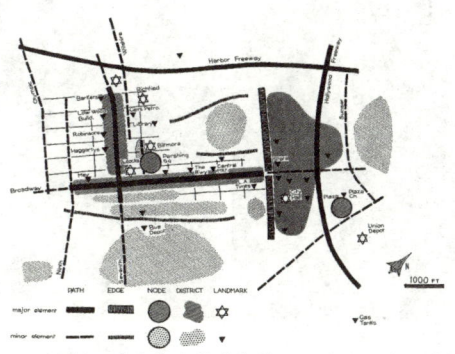

图 1-6 洛杉矶的意象地图（来源：Kevin Lynch, 1960）

"古代图文中的朝阳门内意象 (1267—1912)" 历史空间研究

二、 为什么要研究意象?

先来看一组相同地点不同时间的卫星地图对照。下图分别是 2001 年和 2017 年的北京老城,即北京二环以内范围(图 1-7—图 1-10)。若我们再放大比例尺,看故宫以东至二环范围的同时段卫星图对比,城市肌理的变化则更为清晰显著。这些还仅仅是 21 世纪以来的变化。而且即使对照时看似没有明显变化的历史街区、胡同片区,实际的生活体验也是有很大变化的。

图 1-7 2001 年的北京老城卫星地图(来源:百度地图)

图 1-8 2017 年的北京老城卫星地图(来源:百度地图)

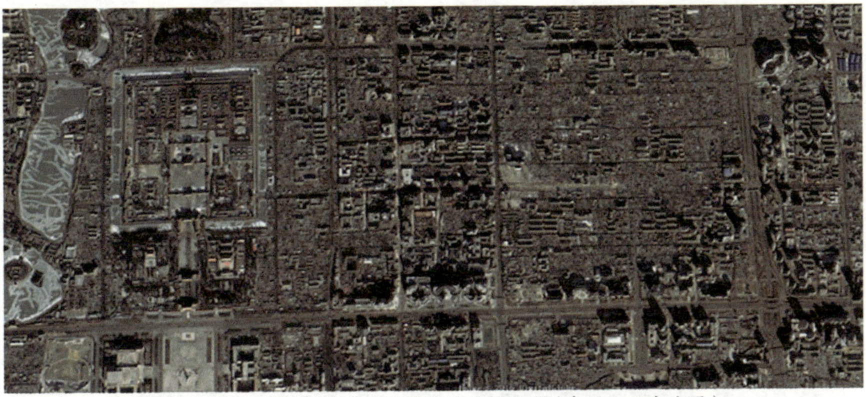

图1-9 2001年的北京老城东部片区卫星地图（来源：百度地图）

图1-10 2017年的北京老城东部片区卫星地图（来源：百度地图）

北京城的变化并非偶然，在过去一段相当长的时期中，我国大量城市的快速发展和建设不少是以牺牲老城区的历史风貌和文化传承为代价，但随着全球化进程带来城市趋同程度的不断加剧，城市能否找回文化上的特色愈发受到关注，历史遗产之于现代城市的价值也开始受到普遍的重视。2002年国际古迹遗址理事会中国国家委员会制定的《中国文物古迹保护准则》和《关于〈中国文物古迹保护准则〉若干重要问题的阐释》，提出应"充分发挥文物古迹在城市、乡镇、社区中的特殊社会功能，使其成为某一地区中社会生活的组成部分，或该地区的形象标志"。国务院2005年颁发《关于加强文化遗产保护的通知》则提出要在城镇化过程中，"切实保护好历史文化环境，把保护优秀的乡土建筑等文化遗产作为城镇化发展战略的重要内容，把历史名城（街区、村镇）保护规划纳入城乡规划"的指导思想。历史城市与文化遗产保护得到越来越多的关注，如国家文物局前局长单霁翔所言，我国这一事业面临着所谓"前所未有的重视和前所未有的冲击"并存的局面。2013年，中央城镇化工作会议中强调城镇化建设中历史文化的重要意义，须得"让居民望得见山、看得见水、记得住乡愁"。2017年住建部提出"城市双修"的概念，生态修复与城市修补并重，用更新织补的理念，拆除违章建筑，修复城市设施、空间环境、景观风貌，提升城市特色和活力。因此，在新型城镇化的时代背景下，摸索出一条适合我国国情的，更具有可持续发展潜力的，能够有效协调保护与发展的新路径，是十分必要且紧迫的。

综上所述，尽管近年来历史城区的保护状况有所改善，但不可否认的是，在城市化、全球化、信息化等多重因素的共同作用下，我国大量历史城市的内部空间和社会结构都发生了急剧的变化（图1-11），相应也影响到了其中人的诸多环境心理，这些重要变化甚至可能是在空间层面上难以观察到的。与其他基于空间的传统研究方法相比，城市意象的最大特点是重视城市内个人或群体对城市环境的感应，因此可谓是"以人为本"的，亦是对客观变迁的真实记录与深刻理解（图1-12、图1-13）。

图1-11　东四牌楼今昔对照（来源：百度地图）

图1-12 定兴意象调研(古城意象研究小组成员摄)

图1-13 拉萨城市意象调研(古城意象研究小组成员摄)

"古代图文中的朝阳门内意象(1267—1912)"历史空间研究

城市特色缺失、千城一面、缺乏场所感等各种提法，实际体现出的都是城市意象缺少公众认知的矛盾。作为公众意象的城市意象，原就是城市居民中多数人所拥有的对某城市的共同心理图景，承载长期以来人类历史中的"集体记忆"，并表现在眼前空间环境的某个或者某些元素之上。在如今接连不断的城市改造已为常态时，原本稳定的集体记忆不断受到外界变化的冲击，意象自然会随之遭到剧变甚至中断，使城市体验呈现出蒙太奇般的拼接效果（图1-14）。因此，历史城市保护中应当特别注重公众对城市的集体记忆，让城市活动的参与者记忆中重要的城市空间得到保留。而若将意象研究所得结果对接到后续相应的政策和规划制定中，则可谓真正贯彻"社区参与""公众参与"。

图1-14 古今意象共存的景象（刘祎绯摄于智化寺内）

三、 为什么在朝阳门内研究意象？

首先，朝阳门内片区西侧是东四南历史文化保护区，并在《北京城市总体规划（2016年—2035年）》规划中被列为十三片文化精华区之一，也是传统肌理和传统功能均保存最完好的片区之一。虽然空间形态层面上自形成至今变迁不多，但意象研究所能折射出的社会心理层面上的变迁，十分具有历史价值。

其次，朝阳门内的东侧区域则被以银河SOHO为代表的现代建筑巨构肌理所大量覆盖，仅零星散落若干文化遗存，与西侧形成鲜明对比。因此，朝阳门内片区同时展现出古城空间变迁历程中的若干阶段性状态，研究意义更为突出（图1-15）。

最后，作为北京老城内城历史地段的典型代表，本研究的开展可起到很好的示范和带头作用，促进城市历史的精细化研究与展示。

图1-15　朝阳门内片区展现出古城空间变迁的若干阶段性状态（刘祎绯摄）

四、 如何在朝阳门内研究意象？

构想1：古代图文中的朝阳门内意象

力图穷尽式的搜集地段内全时段的图文历史资料：包括古代舆图、绘画、近代地图、历史照片、古建测绘等图像资料，以及以《日下旧闻考》为代表的志书、诗词、相关政府文件、经史书籍等文字资料（图1-16）。

分析所有得到的历史信息中所呈现的意象，分类并将其落实到带有地理位置信息的客观地图中，尝试复原古代的朝阳门内意象地图及其图景。

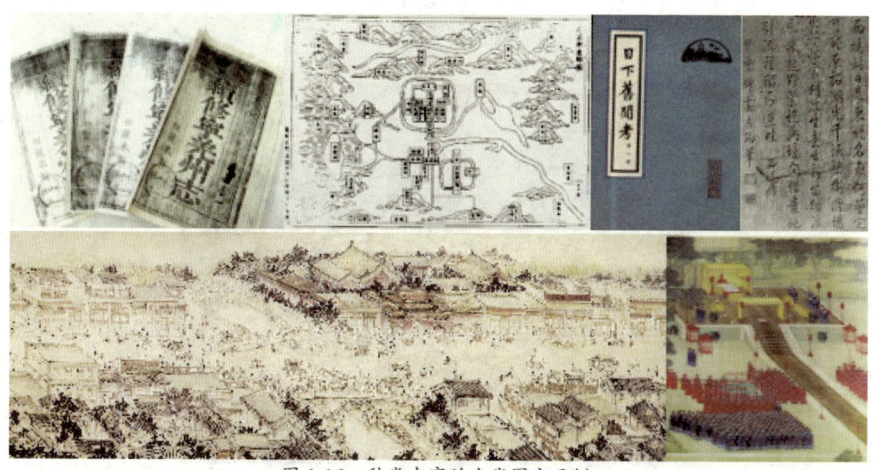

图1-16　种类丰富的古代图文示例

构想 2：老人记忆中的朝阳门内意象

设计适合针对老人调查时使用的问卷和半结构式访谈提纲，分组对社区中的老居民做入户访谈（图 1-17）。

分析所有得到的访谈信息中所呈现的意象，分类分析，并将其落实到带有地理位置信息的客观地图中，尝试复原近现代的朝阳门内意象地图及其图景。

图 1-17　对社区老人的访谈调研

构想 3：公众感知中的朝阳门内意象

这部分要调查的是现今时代中，社区居民及关注朝阳门内街道的游客等公众对朝阳门内片区的意象。这部分工作最为丰富，采集方法也最多样，公众参与程度最高，可持续性最强。

采集方式可包括：主要覆盖社区居民的访谈与认知地图绘制；主要覆盖游客的结合北京国际设计周展览等项目开展的访谈与认知地图绘制；主要覆盖关注朝阳门内片区的公众的网络问卷；覆盖全数据的利用大数据抓取的网络上自发地理信息（Volunteered Geographic Information）中的意象；分发可彩绘的朝阳门内片区底图，请公众进行自由创作，并在新的社区中心类建筑中预留主题空间，长期提供底图和各类彩笔，形成持续收集（图 1-18）。

本次研究重点完成了"古代图文中的朝阳门内意象"的构想，亦完成了部分"老人记忆中的朝阳门内意象"及"公众感知中的朝阳门内意象"，当然后两个构想仍有大量工作可以继续。此外，本次研究还在贯通朝阳门内古今意象的基础上，尝试对未来的朝阳门内片区做大胆的设计和设想，作为"未来畅想中的朝阳门内意象"，也构成了额外的新篇章，可供参阅（图 1-19）。

"古代图文中的朝阳门内意象 (1267—1912)" 历史空间研究

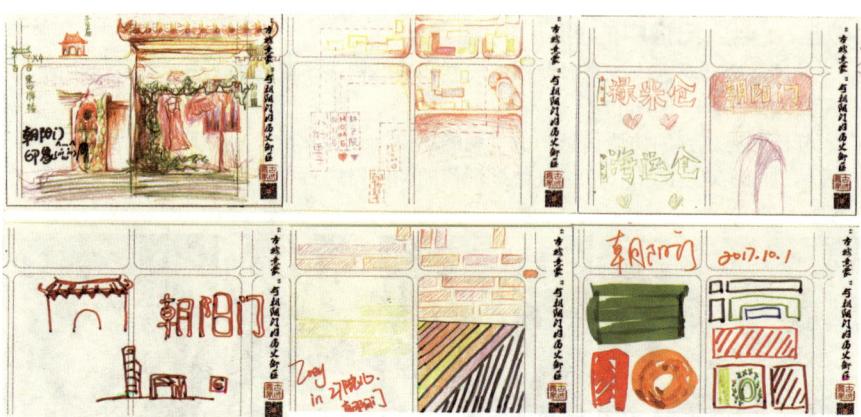

图 1-18　调研中获得的朝阳门内片区彩绘意象地图

图 1-19　未来畅想中的朝阳门内片区的若干意象

第二章 今貌

一、 朝阳门内概况

东直门，挂着匾，间壁儿就是俄罗斯馆；
俄罗斯馆，照电影，间壁就是四眼井；
四眼井，不打钟，间壁就是雍和宫；
雍和宫，有大殿，间壁就是国子监；
国子监，一关门，间壁就是安定门；
安定门，一甩手，间壁就是交道口；
交道口，卖白面，间壁就是土地庙；
土地庙，求灵签，间壁就是大兴县；
大兴县，写大字，间壁就是隆福寺；
隆福寺，卖古书，间壁就是四牌楼；
四牌楼南，四牌楼北，四牌楼底下喝凉水；
喝凉水，怕人瞧，间壁就是康熙桥；
康熙桥，不白来，间壁就是钓鱼台；
钓鱼台，没有人，间壁就是齐化门；
齐化门，修铁道，南行北走不绕道。

在这首短短 15 行的北京东城地名串讲歌谣中，足足有 6 行地名都在朝阳门内片区的研究范围内，提及了四牌楼、四牌楼下的水井、康熙桥、钓鱼台、朝阳门（元称齐化门）以及后来的铁路等意象，为我们勾勒了旧京时候朝阳门内丰富的市井生活情景。

地段区位

朝阳门内片区位于北京老城的内城东部居中,隶属朝阳门街道管辖,地理位置优越,承接着东城区"首都文化中心区,世界城市窗口区"的发展定位(图2-1—图2-3)。

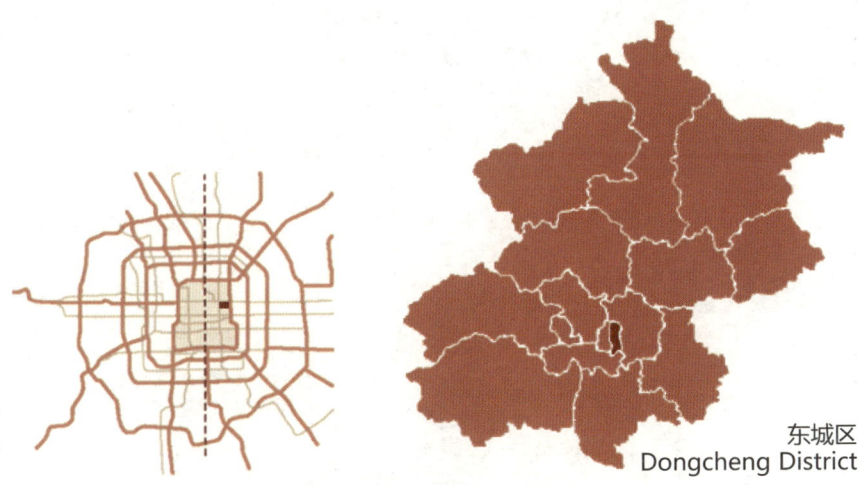

图2-1　朝阳门内片区地理区位分析(课题组自绘)

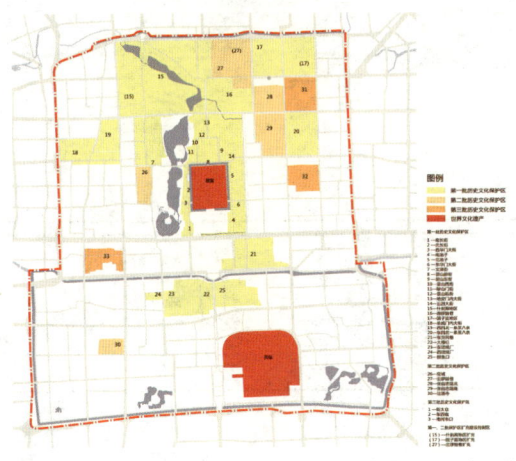

图2-2　北京老城的33片历史文化保护区(课题组自绘)

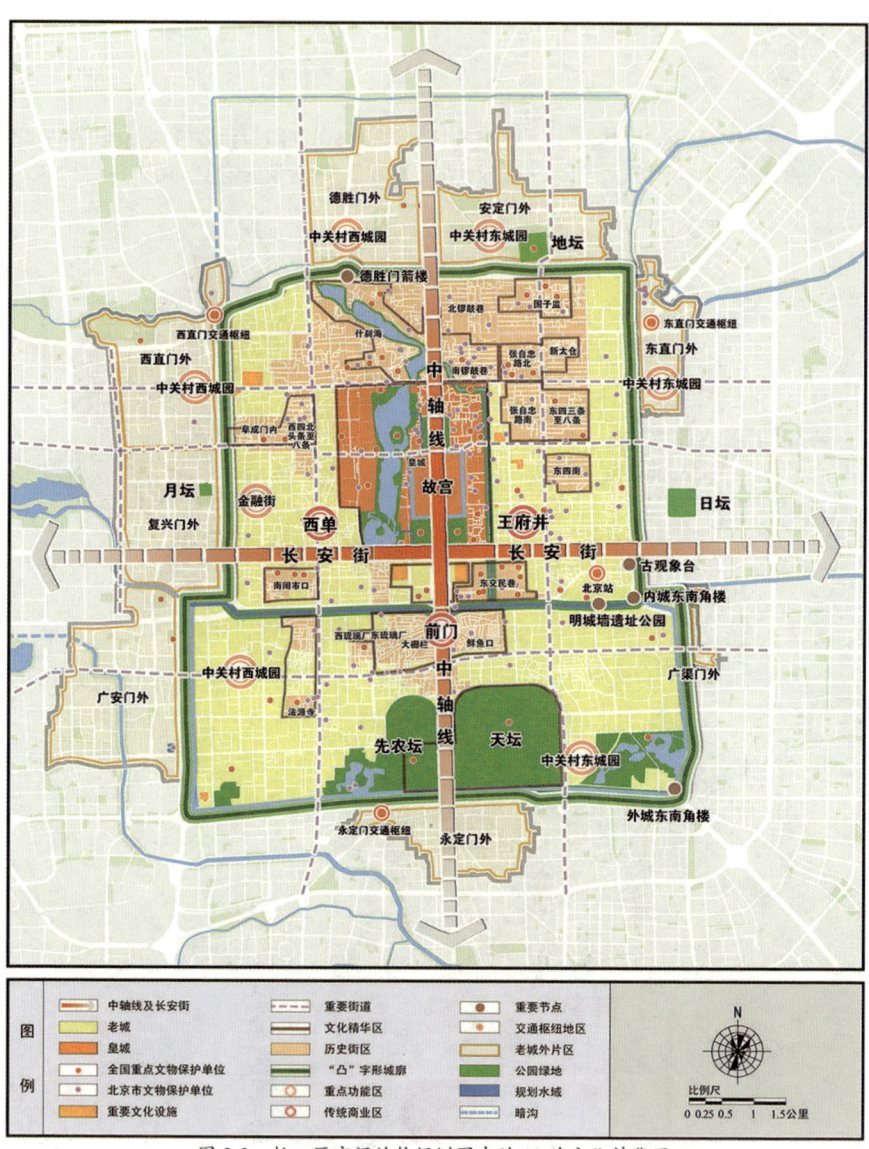

图 2-3 核心区空间结构规划图中的 13 片文化精华区
[来源:《北京城市总体规划(2016 年—2035 年)》]

朝阳门内片区的范围将北京第三批历史文化保护区东四南历史文化片区包含在内，同时北部还包括部分东四北三条至八条历史文化片区，历史悠久，文化资源丰富。按照《北京城市总体规划（2016年—2035年）》则将十三片文化精华区中的东四南文化精华区包含在内，同时北部还包括部分东四三条至八条文化精华区，传统肌理和传统功能均保存完好。

本研究的主要目的是以意象为切入点，深入挖掘地段历史文化，为了保证研究的完整性，以朝阳门街道下辖的朝内头条社区、朝西社区、礼士社区、演乐社区、内务社区、史家社区、竹竿社区、朝鲜社区和大方家社区这9个社区的行政边界为依据，适当扩大范围，尽量使范围完整，研究范围面积为1.51平方千米（图2-4）。

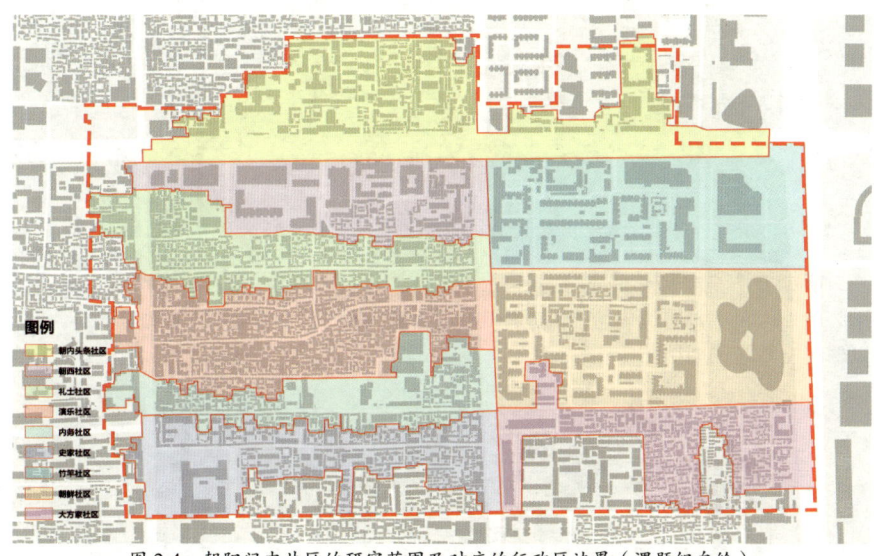

图 2-4 朝阳门内片区的研究范围及对应的行政区边界（课题组自绘）

追溯朝阳门内片区自元大都建成之始的历史，基于侯仁之先生等前辈学人对古代历史沿革的研究，及新中国成立以来卫星地图所揭示的近代变迁历程，归纳其发展概况如下。

历史沿革

元朝至正年间（1341—1368年），北京全城划分为49坊，朝阳门内片区大部分属思诚坊和皇华坊，以齐化门街为界，以北属寅宾房和穆清坊，以文明门街为界，以西属明照坊（图2-5）。

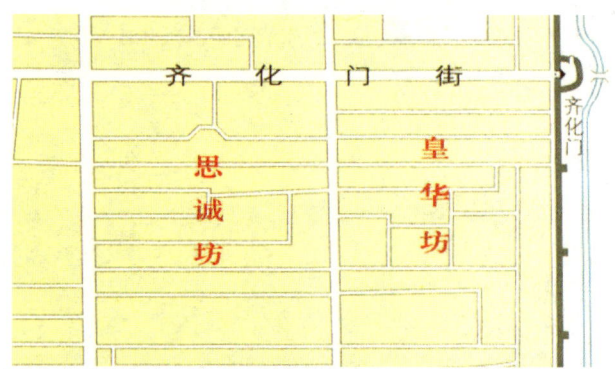

图2-5　朝阳门内片区的研究范围元朝对应的行政区边界（来源：《北京历史地图集》）

明朝万历至崇祯年间（1573—1644年），北京划分为内城28坊外城8坊，朝阳门内片区大部分属黄华坊，以朝阳门大街为界，以北属思诚坊，以崇文门里街为界，以西属澄清坊和明照坊（图2-6）。

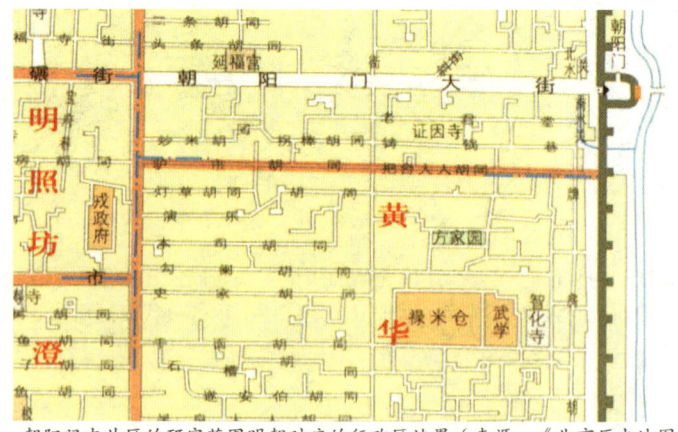

图2-6　朝阳门内片区的研究范围明朝对应的行政区边界（来源：《北京历史地图集》）

清朝时期废除内城坊制，按八旗划分管辖，朝阳门内片区大部分属镶白旗，以朝阳门大街为界，以北属正白旗（图 2-7）。

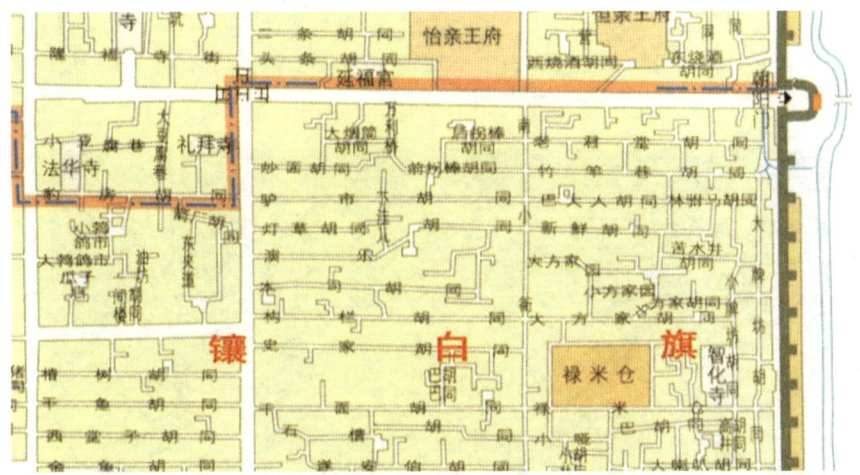

图 2-7　朝阳门内片区的研究范围清朝对应的行政区边界（来源：《北京历史地图集》）

清朝宣统年间（1909—1911 年），按清末民初北京内城警巡区的划分，朝阳门内片区大部分属内左二区，以朝阳门大街为界，以北属内左四区（图 2-8）。

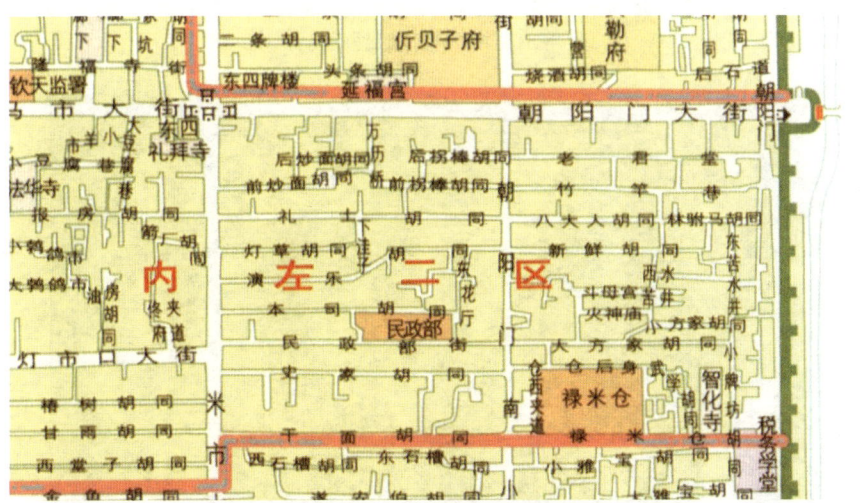

图 2-8　朝阳门内片区的研究范围清朝宣统年间对应的行政区边界（来源：《北京历史地图集》）

近代变迁

1951年,朝阳门内片区除东四南大街以西和朝阳门大街以北有极少量的现代建筑出现,片区内部基本维持了传统风貌(图2-9)。

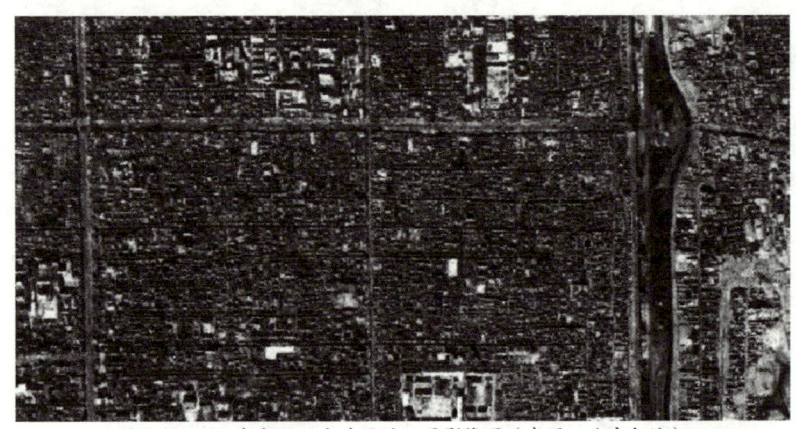

图2-9 1951年朝阳门内片区的卫星影像图(来源:北京印迹)

1959年,东四牌楼已经拆除,护城河改下水道,朝阳门箭楼拆除完毕,朝阳门内大街、东四南大街、东二环等道路沿街现代肌理增加(图2-10)。

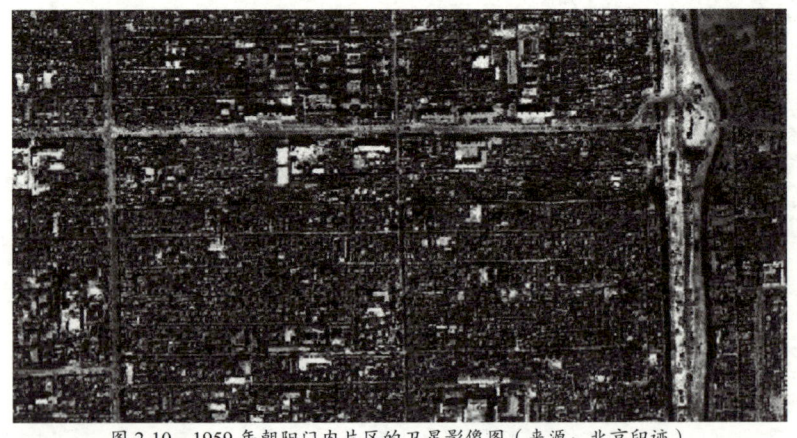

图2-10 1959年朝阳门内片区的卫星影像图(来源:北京印迹)

1966年，北京修环城地铁，建立在其城楼遗址上的朝阳门立交桥，成为重要的交通枢纽，朝阳门整体拆除，朝阳门内片区除朝阳门内大街两侧有部分现代肌理外，基本维持传统肌理（图2-11）。

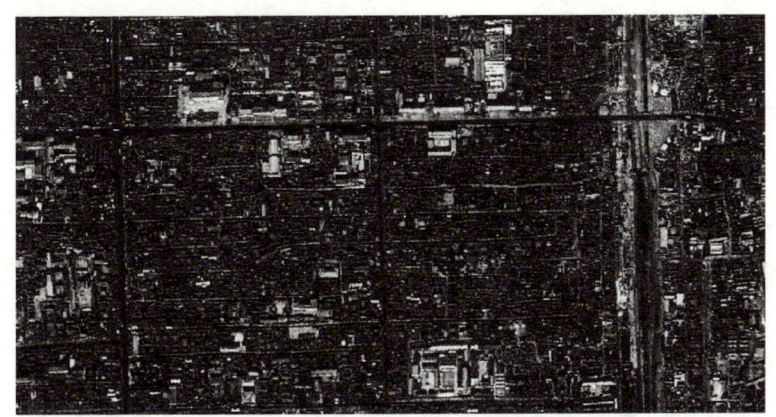

图2-11　1966年朝阳门内片区的卫星影像图（来源：北京印迹）

1972年，东二环道路拓宽，周边传统肌理受到一定程度的侵蚀，东四南大街北侧沿街与东四南大街西侧沿街现代建筑继续增加（图2-12）。

图2-12　1972年朝阳门内片区的卫星影像图（来源：北京印迹）

1996年，经历了90年代初期的大规模现代化建设，朝阳门内片区中现代建筑大量涌现，其中原朝阳门外的东南角已耸立起了第一座超高层建筑——中华人民共和国外交部大楼，朝阳门内大街东段亦有拓宽和相应建设（图2-13）。

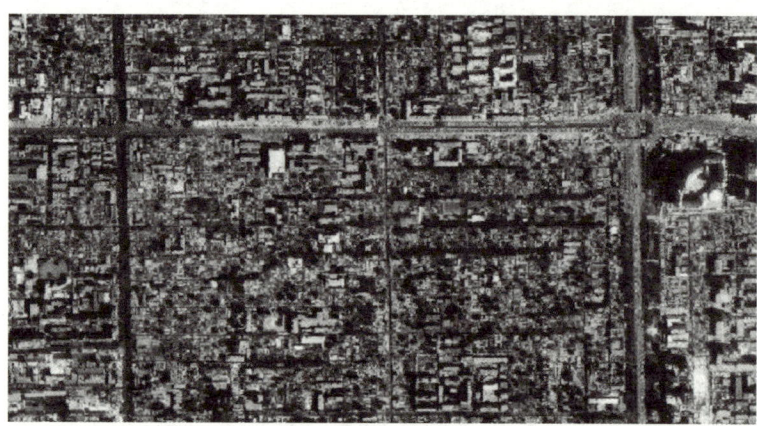

图2-13　1996年朝阳门内片区的卫星影像图（来源：北京印迹）

1999年，朝阳门内大街继续向西拓宽，并建设了过街天桥以辅助通行，朝阳门内片区内的几条主要道路沿线的建设量亦较为显著（图2-14）。

图2-14　1999年朝阳门内片区的卫星影像图（来源：北京印迹）

2002年，朝阳门内南小街拓宽为双向四车道，朝阳门内大街也进一步拓宽贯通，且其两侧的传统建筑除孚王府等少数几个重要文物保护单位以外消失殆尽，片区内部也插入了越来越多的现代大体量建筑（图 2-15）。

图 2-15　2002 年朝阳门内片区的卫星影像图（来源：北京印迹）

2005年，朝阳门内片区东部有大片现代居住小区落成，与夹在二环路和现代大体量建筑群之间的仅存的一条传统院落式建筑肌理形成鲜明对比（图 2-16）。

图 2-16　2005 年朝阳门内片区的卫星影像图（来源：北京印迹）

2008年，朝阳门内片区东侧的传统建筑肌理继续被大块吞噬，沿二环路的建设开展尤其迅猛，至此，古代朝阳门的位置彻底为超高层建筑包围，片区西侧相对较为稳定（图2-17）。

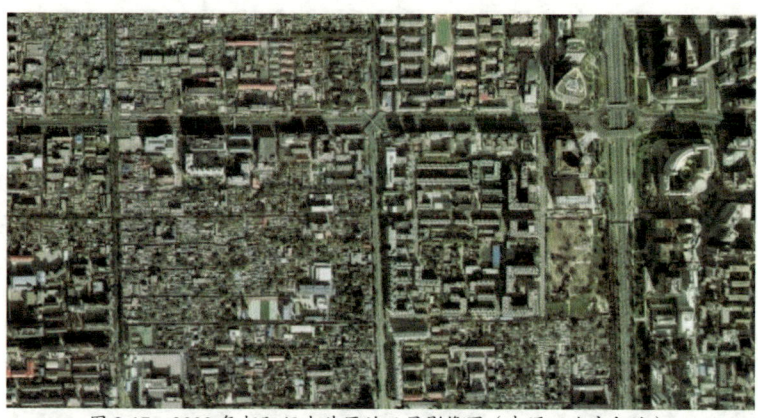

图2-17　2008年朝阳门内片区的卫星影像图（来源：北京印迹）

2011年，朝阳门内片区东侧银河SOHO落成，成为新时代的地标，2013年才正式公布的位于片区西侧的历史文化保护区则基本继续维持着传统的风貌和尺度（图2-18）。

图2-18　2011年朝阳门内片区的卫星影像图（来源：北京印迹）

二、　现状分析

本部分主要对朝阳门内片区的现状基本情况进行全面描述，包括文化遗产保护现状分析、建筑风貌现状分析、建筑质量现状分析、建筑高度现状分析、动态与静态交通现状分析、文化资源现状分析和树木分布现状分析等，精细化展示朝阳门内片区的综合现状信息。

图2-19为朝阳门内片区现状的卫星地图，可以直观感受到，该片区内最突出的特点，即城市肌理中传统与现代的并存，并形成了鲜明对比。这一对比又尤以朝阳门内南小街划分的东西两侧分区最为显著，西侧主要为传统肌理街区，东侧则主要为现代肌理街区，两者在建筑体量、建筑密度、建筑风貌和建筑高度等层面差异极大。同时，这两种迥异的肌理还相互渗透穿插，如以银河SOHO为代表的极具时代特色与表现张力的大体量或超高层现代建筑，与以东四南历史文化保护区为代表的古典传统而又低矮紧凑的小尺度胡同四合院相互对望，时空并置，呈现出略显奇幻的城市景观。

第二章　今貌

图 2-19　2017 年朝阳门内片区的卫星影像图（来源：百度地图）

"古代图文中的朝阳门内意象(1267—1912)"历史空间研究

第二章 今貌

文化遗产保护现状分析

朝阳门内片区悠久的历史孕育了丰富的文化遗产。

朝阳门内片区内共有 2 块历史文化保护区，分别是完整包含于地段西侧偏南的东四南历史文化保护区，以及部分包含于地段西北侧的东四北三条至八条历史文化保护区。其中最为重要的是东四南历史文化片区，其范围东至朝阳门南小街，南至干面胡同，西至东四南大街，北至前炒面胡同、前拐棒胡同，总面积约 44.4 公顷，留存有较完整的传统城市格局，风貌与保护状况较好。在《北京城市总体规划（2016 年—2035 年）》中，朝阳门内片区位列十三片文化精华区之一，传统肌理和传统功能均保存完好。

此外，朝阳门内片区还拥有 16 处各级文物保护单位。其中 2 处是全国重点文物保护单位，9 处是北京市级文物保护单位，5 处是东城区区级文物保护单位。另有因东四南整体列为历史文化保护区而废止的挂牌保护院落 120 处和普查登记文物 7 处。具体信息如表 2-1 和图 2-20 所示。

表 2-1 朝阳门内片区文化遗产分布一览表

序号	文物和挂牌院落	文物名称	位置	现状使用方式	备注
1	全国重点文保单位	孚王府	北京市东城区朝阳门街道朝阳门内大街 137 号	办公	
2		智化寺	北京市东城区朝阳门街道禄米仓胡同 5 号	文物古迹	
3		大慈延福宫建筑遗存	北京市东城区东四街道朝阳门内大街 203 号	—	
4		恒亲王府	北京市东城区东四街道朝阳门内大街 55 号	—	
5		东四清真寺	北京市东城区东华门街道东四南大街 13 号		
6	北京市级文保单位	东城区礼士胡同 129 号四合院	北京市东城区礼士胡同 129 号	居住	郑洞国，清末武昌知府宾俊、民国李颂臣故居
7		东城区内务部街 11 号四合院	北京市东城区朝阳门街道内务部街 11 号	居住、商业	明瑞道光六公主寿恩、民国盐业银行岳乾斋、当代姜文等故居
8		史家胡同 51 号四合院	北京市东城区朝阳门街道史家胡同 51 号	居住	章士钊、乔冠华、章含之、洪晃故居

续表

序号	文物和挂牌院落	文物名称	位置	现状使用方式	备注
9	北京市级文保单位	史家胡同53号四合院	北京市东城区朝阳门街道史家胡同53号	商业	华国锋、邓颖超、康克清、廖梦醒故居
10		史家胡同55号四合院	北京市东城区朝阳门街道史家胡同55号，内务部街甲44号	居住	李敖故居
11		禄米仓	北京市东城区建国门街道禄米仓胡同71、73号	居住、办公	
12	东城区级文保单位	朝阳门内大街头条203号建筑群	北京市东城区东四街道朝阳门内大街头条203号	活动中心、居住	
13		朝阳门内大街81号建筑	北京市东城区东四街道朝阳门内大街81号	—	
14		桂公府	北京市东城区朝阳门街道芳嘉园胡同11号，新鲜胡同40、42号	商业	
15		正白旗觉罗学建筑遗存	北京市东城区朝阳门街道新鲜胡同36号	学校	
16		莲园	北京市东城区朝阳门街道红岩胡同甲17、19号，新鲜胡同18号、甲18号	—	
17	普查登记文物		北京市东城区干面胡同甲57号	居住	
18			北京市东城区干面胡同57号	商业	王世襄母校
19			北京市东城区内务部街39号	居住	梁实秋故居
20			北京市东城区史家胡同5号	居住	于光远、韩光故居
21			北京市东城区史家胡同23号	居住	
22			北京市东城区史家胡同33号	居住	
23			北京市东城区本司胡同73号	居住	清正蓝旗满蒙汉都统衙门

第二章 今貌

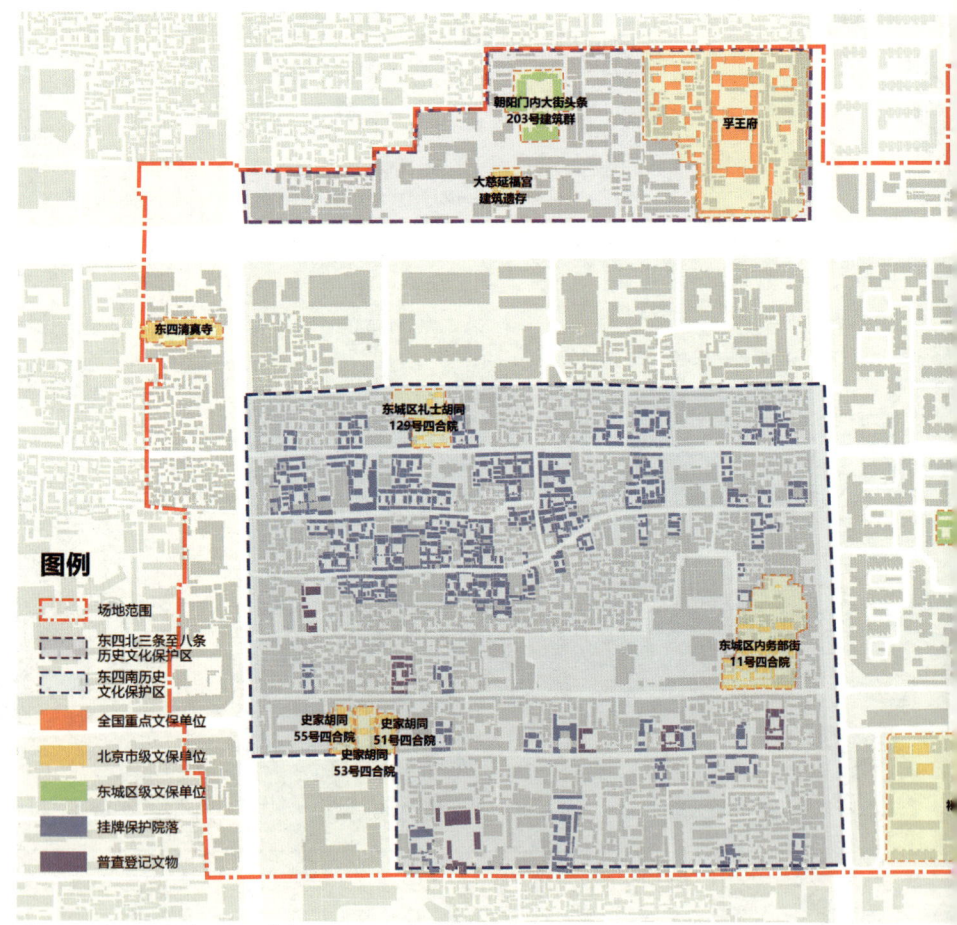

图 2-20 朝阳门内片区文化遗产保护现状分析（课题组自绘）

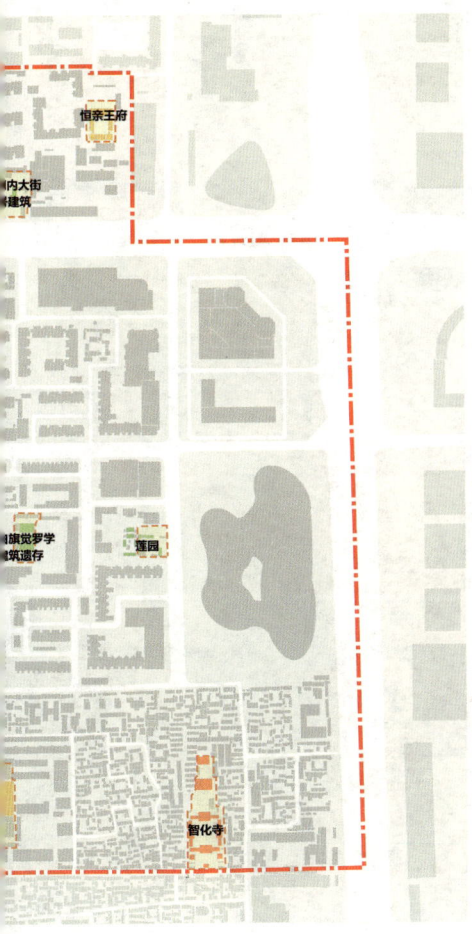

"古代图文中的朝阳门内意象(1267—1912)"历史空间研究

建筑风貌现状分析

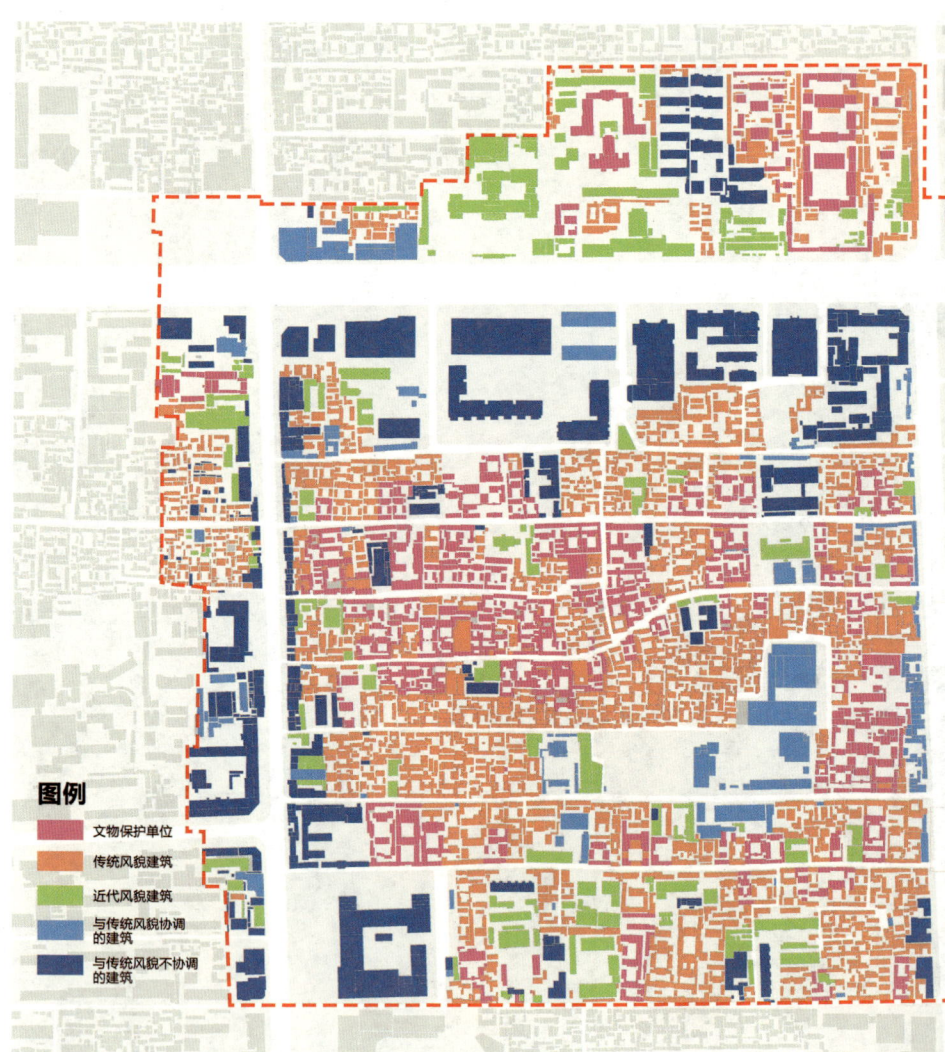

图 2-21　朝阳门内片区建筑风貌现状分析（课题组自绘）

如左图（图2-21）所示，朝阳门内片区的建筑风貌可划分为5类：文物保护单位、传统风貌建筑、近代风貌建筑、与传统风貌协调的建筑和与传统风貌不协调的建筑。

片区内部东部多为与传统风貌不协调的建筑；片区内西部、朝阳门内大街以北和朝阳门南小街南段以东为传统风貌；近代风貌建筑多散布于朝阳门内大街以北及东四南历史文化保护区内。

"古代图文中的朝阳门内意象(1267—1912)"历史空间研究

图 2-22 传统风貌建筑示例

图 2-23 与传统风貌协调的建筑示例

图 2-24 近代风貌建筑示例

图 2-25 与传统风貌不协调的建筑示例

"古代图文中的朝阳门内意象(1267—1912)"历史空间研究

建筑高度现状分析

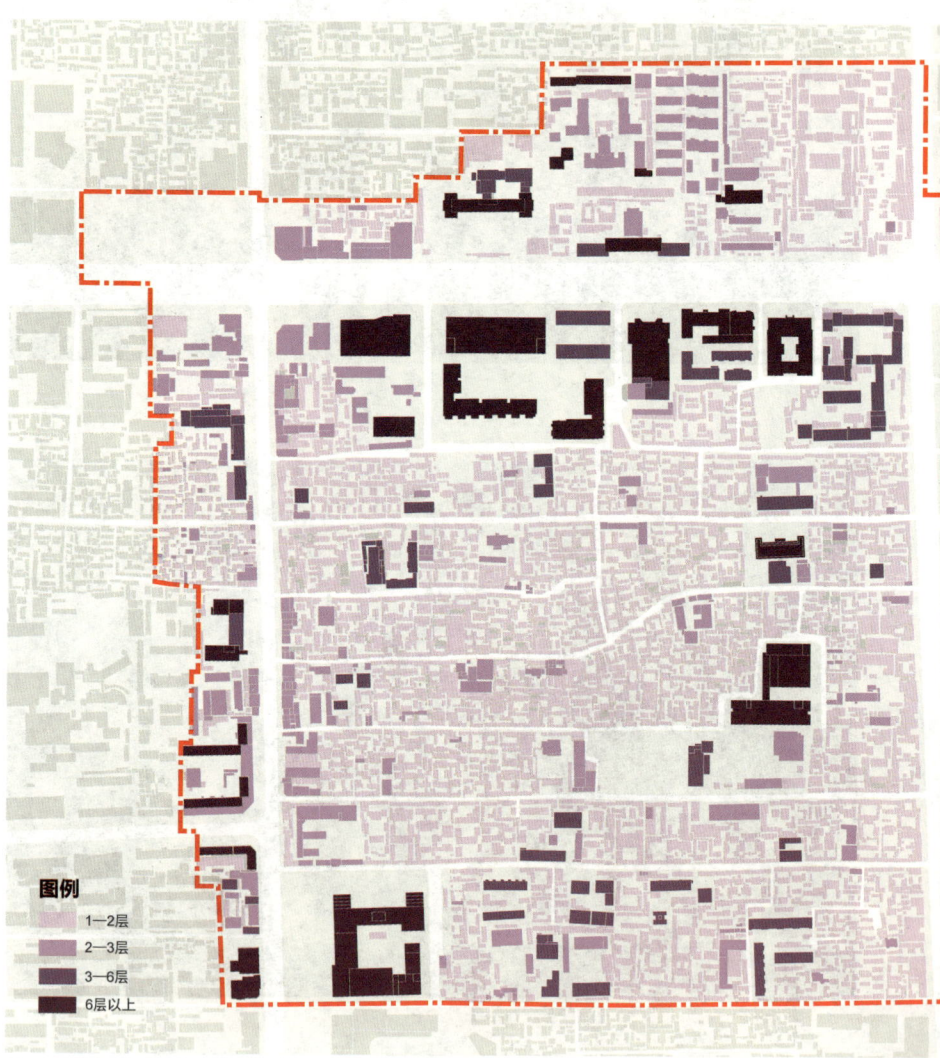

图 2-26 朝阳门内片区建筑高度现状分析(课题组自绘)

如左图（图2-26）所示，朝阳门内片区的西部以及东南部主要为胡同四合院区域，其绝大部分为1—2层建筑。场地东北部主要为现代居住区与现代商业区，其大部分为6层左右的多层建筑，部分建筑为10层以上。总体趋势为由西向东递增。

"古代图文中的朝阳门内意象(1267—1912)"历史空间研究

建筑质量现状分析

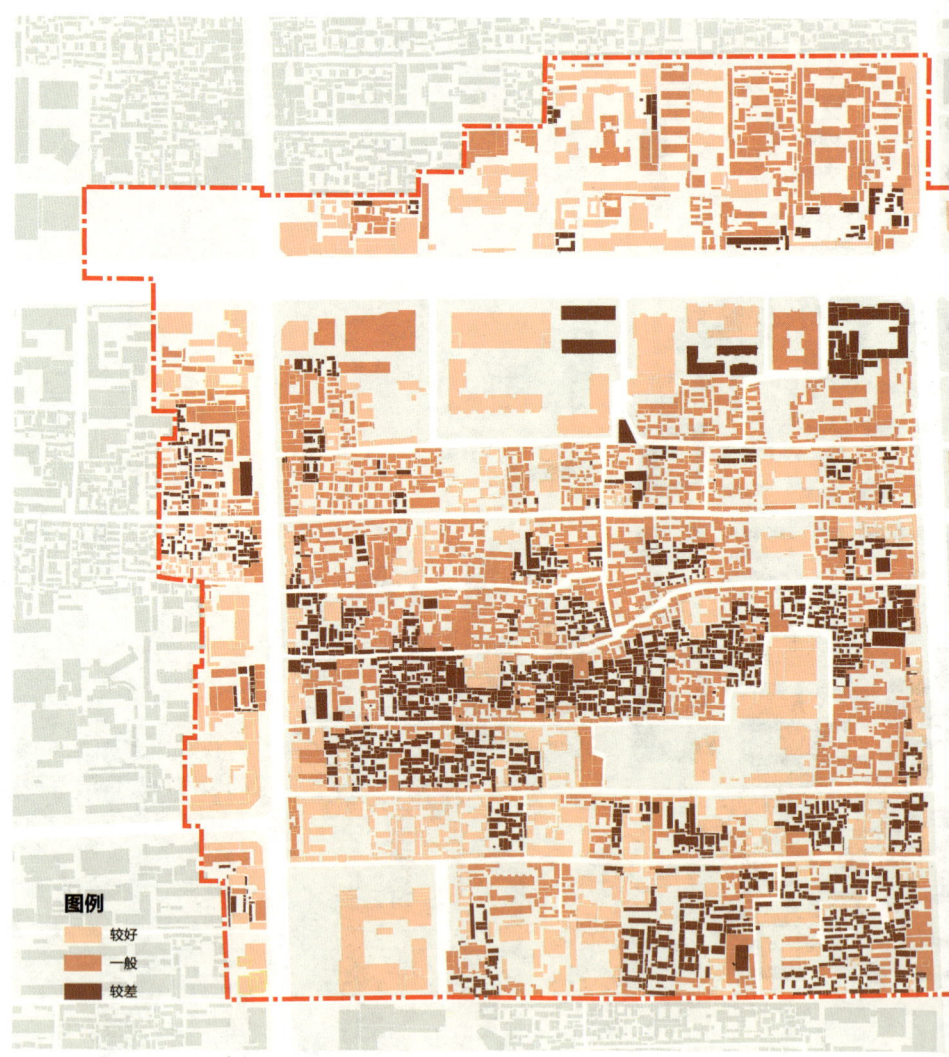

图 2-27　朝阳门内片区建筑质量现状分析（课题组自绘）

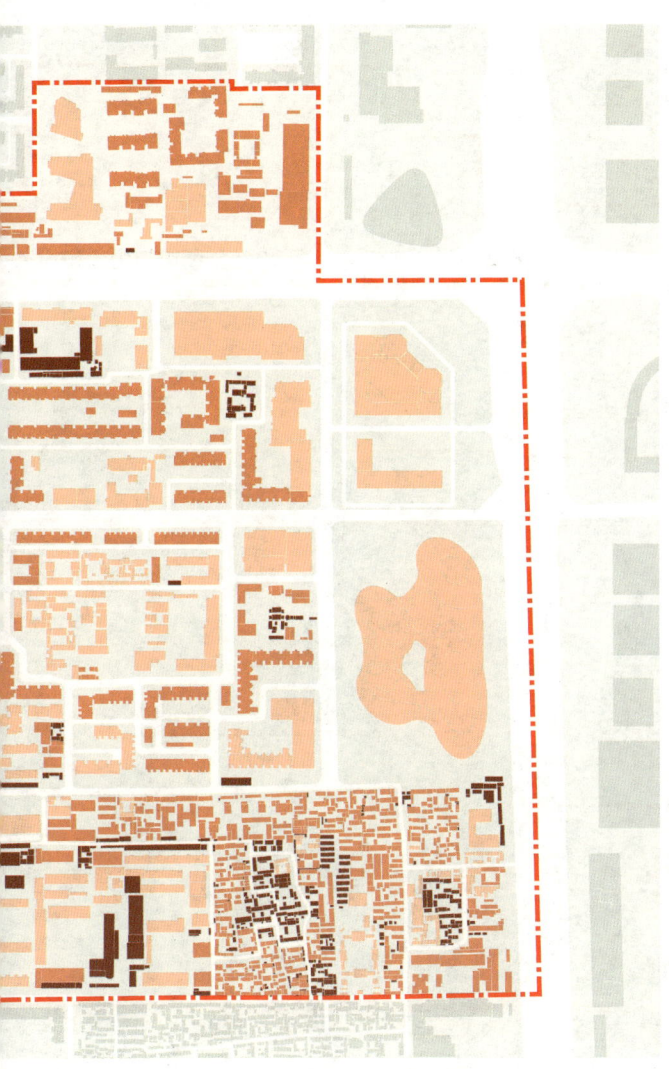

如左图（图2-27）所示，朝阳门内片区西部以及东南部主要为传统胡同四合院，除少部分改造过的院落建筑质量较好外，绝大部分建筑质量一般或较差，居住环境有待进一步提升。片区东北部分主要为2000年以后新落成的现代居住和商业建筑，质量较好。

动态与静态交通现状分析

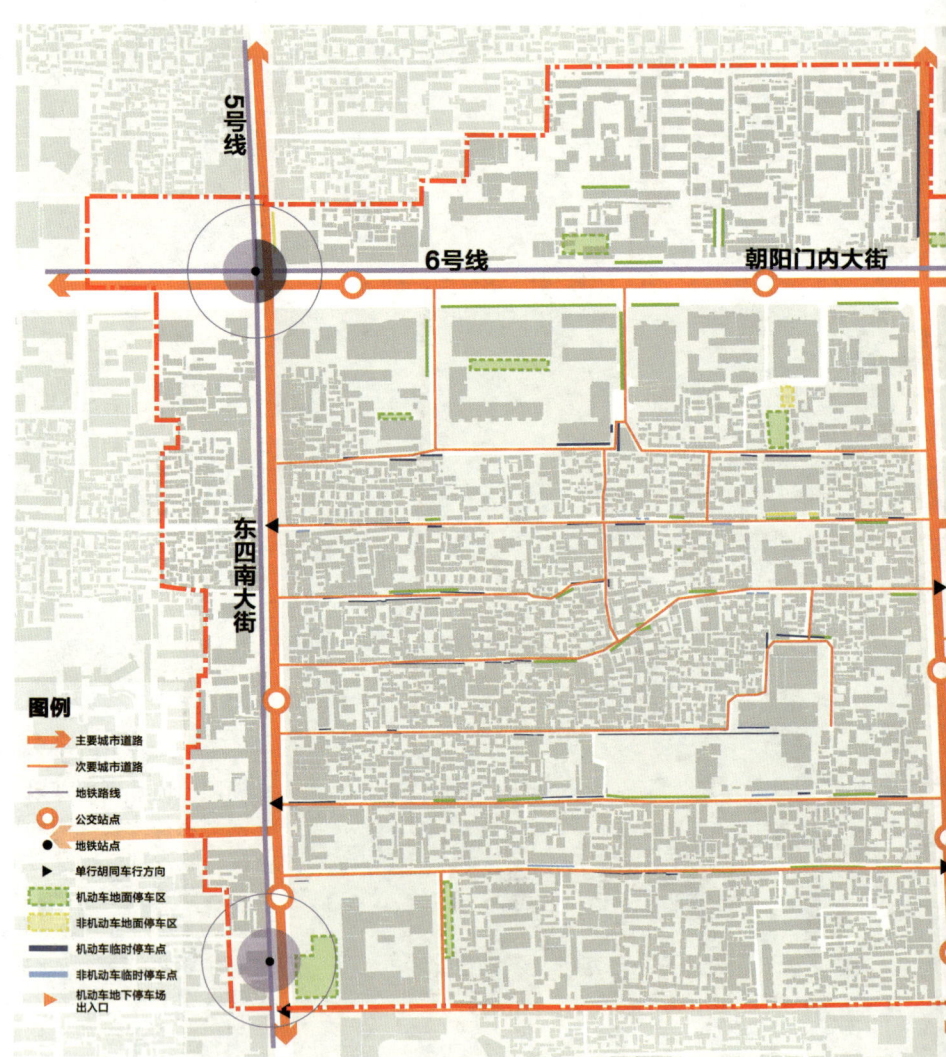

图 2-28 朝阳门内片区动态与静态交通现状分析（课题组自绘）

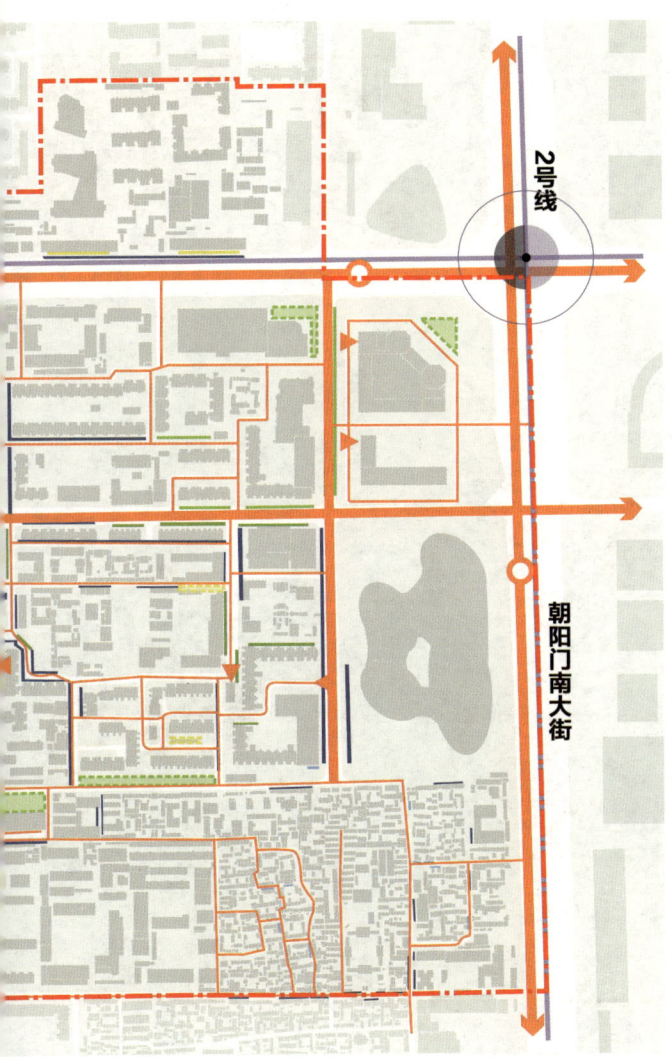

如左图（图2-28）所示，朝阳门内片区对外交通较为便利。主要道路状况良好，胡同内部多限定为单向行驶。地铁2、5、6号线的朝阳门站、东四站与灯市口站都分布于此；同时，公交站点沿主要道路分布均匀。

场地内部机动车停车问题严峻，车位匮乏，有待进一步规划引导。场地内非机动车停车位较为充足，停车状况较好。

"古代图文中的朝阳门内意象(1267—1912)"历史空间研究

文化资源现状分析

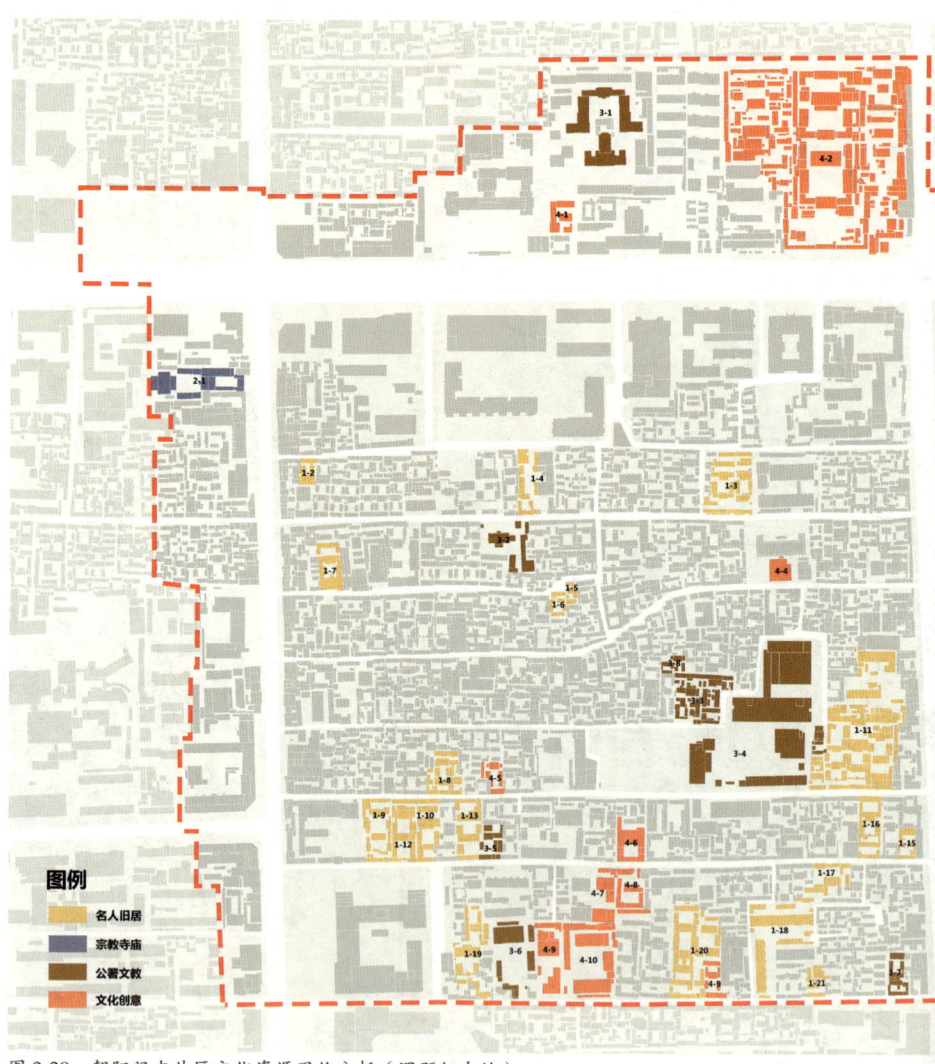

图 2-29 朝阳门内片区文化资源现状分析（课题组自绘）

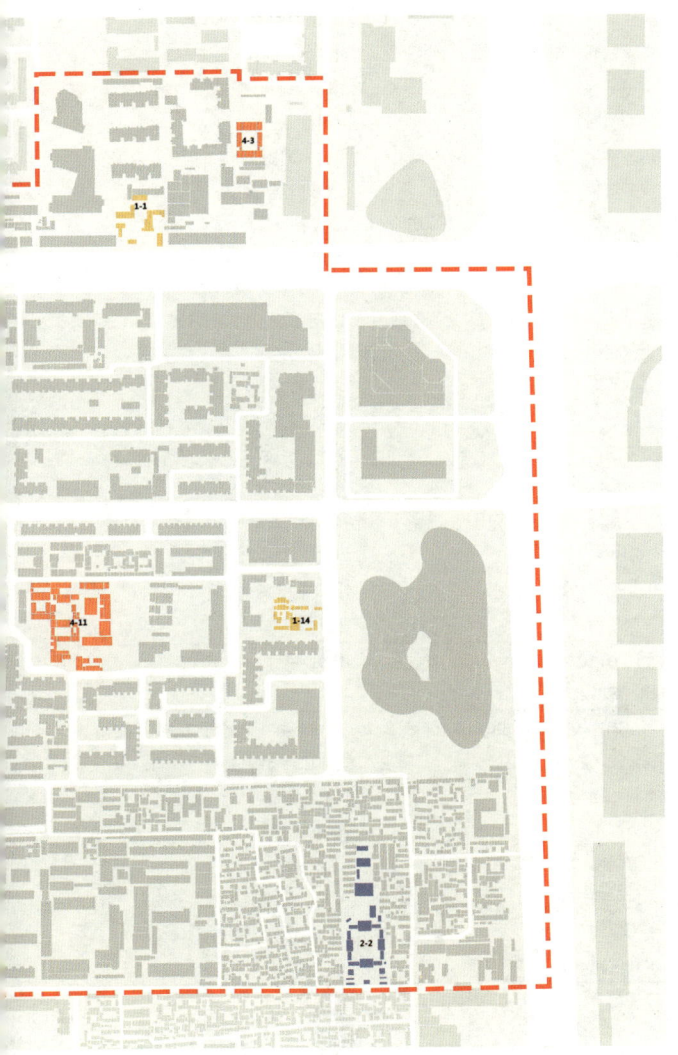

除拥有丰富的历史资源外，朝阳门内片区文化资源亦十分丰富，其中片区西侧文化资源分布较为集中，东侧亦有历史文化资源零散分布。

将文化资源细分为四类——名人旧居、宗教寺庙、公署文教以及文化创意（图 2-29；表 2-2）。片区内既有梁实秋、钱钟书等名人旧居，也有延续至今的东四清真寺、智化寺等宗教寺庙，还有以北洋政府内务部公署所左翼宗学为前身的北京二中等公署文教，又有注入新文化功能的史家胡同博物馆和内务部街 27 号院等文化创意。

表 2-2　朝阳门内片区文化资源分布一览表

序号	类别	位置	文化资源名称
1-1		朝阳门内大街	朝阳门内大街 81 号建筑（普意雅旧居）
1-2		前炒面胡同	毕华德旧居
1-3		礼士胡同	刘墉旧居
1-4		礼士胡同	敬信旧居
1-5		灯草胡同	叶恭绰旧居
1-6		灯草胡同	清翰林陈叔通旧居
1-7		灯草胡同	阿桂旧居
1-8		内务部街	梁实秋旧居
1-9		内务部街	李敖旧居
1-10		内务部街	史家胡同 51 号四合院（章士钊等旧居）
1-11	名人旧居	内务部街	东城区内务部街 11 号四合院（明瑞；民国盐业银行岳乾斋；当代导演姜文；演员姜武、王心刚、张良等）
1-12		史家胡同	史家胡同 53 号四合院（全国妇联旧址）
1-13		史家胡同	傅作义、刘文辉等旧居
1-14		新鲜胡同	莲园
1-15		史家胡同	臧克家旧居
1-16		史家胡同	于光远旧居
1-17		史家胡同	黄敬旧居
1-18		干面胡同	金岳霖、梁丛诫旧居
1-19		干面胡同	清末李鸿藻、顾颉刚故居
1-20		干面胡同	钱钟书、杨绛旧居
1-21		干面胡同	茅以升旧居
2-1	宗教寺庙	朝阳门内大街	东四清真寺
2-2		禄米仓胡同	智化寺
3-1		朝阳门内大街	朝阳门内大街头条 203 号建筑群（原加利福尼亚学院）
3-2		礼士胡同	印尼使馆、中国唱片总公司
3-3		本司胡同	旧时银行业宿舍
3-4	公署文教	内务部街	北京市第二中学校
3-5		史家胡同	丹麦使馆
3-6		干面胡同	美国学校、外交部机关及驻外机构服务局
3-7		干面胡同	蒙古喀拉沁王府、私利立达中学旧址
3-8		本司胡同	回族学校

续表

序号	类别	位置	文化资源名称
4-1		朝阳门内大街	大慈延福宫建筑遗存
4-2		朝阳门内大街	孚王府（出版社）
4-3		朝阳门内大街	恒亲王府
4-4		演乐胡同	演乐工人文化馆
4-5		内务部街	内务部街27号院（朝阳门社区文化生活管）
4-6	文化创意	史家胡同	全国妇联老年之家
4-7		史家胡同	妇联出版机构
4-8		史家胡同	史家胡同博物馆（凌叔华、陈西滢旧居）
4-9		干面胡同	红十字会
4-10		干面胡同	《世界遗产》杂志社
4-11		新鲜胡同	桂公府

商业服务业业态分析

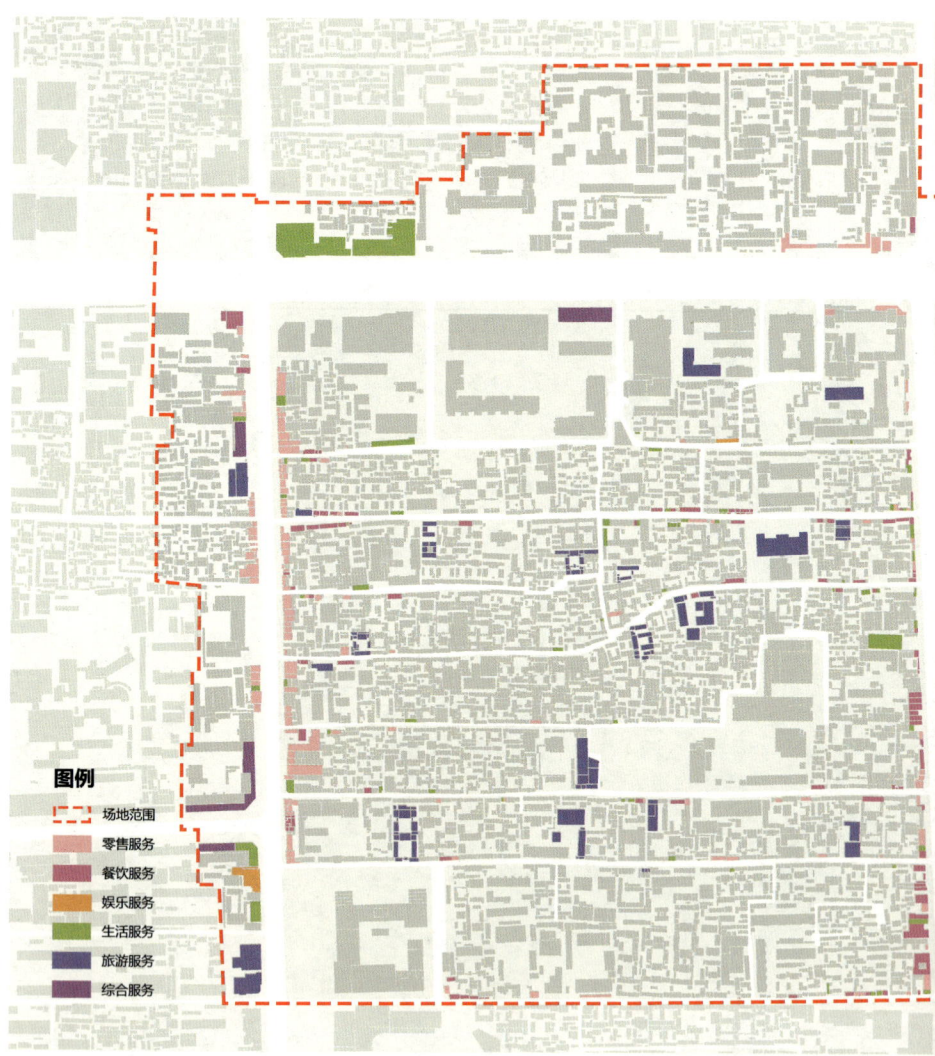

图 2-30 朝阳门内片区商业服务业业态分析（课题组自绘）

如左图（图2-30）所示，朝阳门内片区商业服务业可分为零售服务、餐饮服务、娱乐服务、生活服务、旅游服务和综合服务6种业态。其中零售服务主要分布于东四南大街两侧；餐饮服务主要分布于朝阳门南小街西侧及礼士胡同；娱乐服务、生活服务和旅游服务零散分布；综合服务则主要分布于东侧地块，如银河SOHO大型商业综合体。

树木分布现状分析

图 2-31　朝阳门内片区树木分布现状分析（课题组自绘）

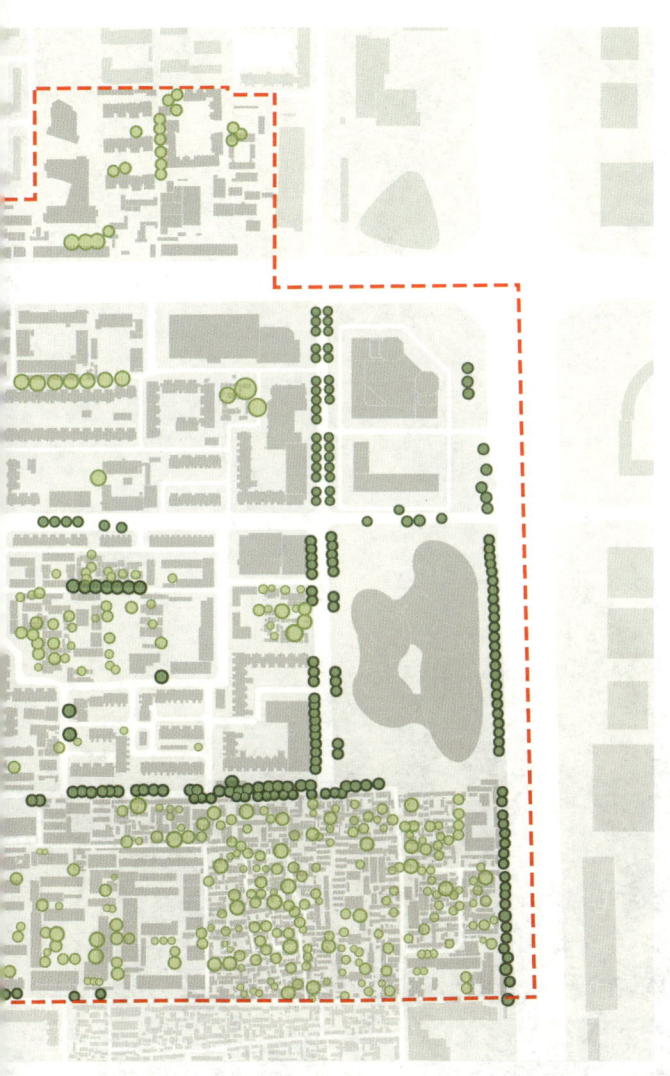

如左图（图2-31）所示，朝阳门内片区绿化状况良好，树木植被较为丰富。片区内绿树成荫，其中传统胡同四合院片区以院落树木为主，胡同有小规模行列式种植，现代建筑片区则以大规模的连续行道树和现代景观为主。片区内还保留有多棵古树名木，主要位于西侧。

"古代图文中的朝阳门内意象(1267—1912)"历史空间研究

第二章 今貌

三、　文物保护单位

　　朝阳门内片区共有孚王府、智化寺、大慈延福宫建筑遗存、恒亲王府、东四清真寺、东城区礼士胡同129号四合院、东城区内务部街11号四合院、史家胡同51号四合院、史家胡同53号四合院、史家胡同55号四合院、禄米仓、朝阳门内大街头条203号建筑群、朝阳门内大街81号建筑、桂公府、正白旗觉罗学建筑遗存和莲园16个文保单位，如图2-20、表2-1所示，本部分将对其一一进行详细介绍，包括地址、建造年代、保护级别、历史变迁、形制、现状评估以及附属文物等。

孚王府

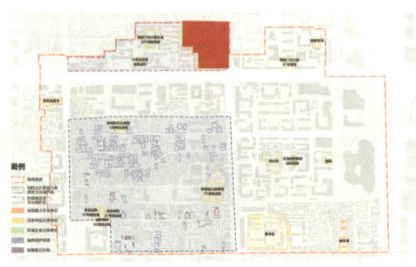

地址：北京市东城区朝阳门街道朝阳门内大街 137 号（图 2-32、图 2-33）

建造年代：清代

保护级别：全国重点文物保护单位

历史变迁：孚王府原为贝勒允祁的府邸。原怡亲王允祥的王府在东单帅府园，雍正八年（1730 年）允祥去世后，旧邸改为贤良寺，另将此处的府邸改赐予第二代

图 2-32　孚王府内部建筑

怡亲王弘晓。同治三年（1864年），又将此府赐予道光帝第九子、孚郡王奕譓。奕譓于同治十一年（1872年）晋爵为孚亲王，因其排行第九，故此府又俗称"九爷府"。民国时期，此宅售予奉系军阀张作霖的部下杨宇霆，杨死后，此府成为北平大学女子文理学院校舍。抗日战争胜利后，这里又成为国民党励志社北平总部所在地。中华人民共和国成立后，孚王府作为政务院几个部委的驻地，1956年科学出版社曾迁入此府办公。2001年，孚王府被公布为第五批全国重点文物保护单位。

形制：王府布局严谨规整，规制宏大。府第分中、东、西三路。中路是主要建筑，包括面阔5间的正门，门前左右雄踞石狮；面阔7间的正殿，前出丹墀，护以白石栏；左、右各有配楼，面阔皆7间；后殿面阔5间，有东、西配房；面阔7间的后寝，东、西均有配房；最后为面阔7间的后罩楼。西路由几个四合院组成，为居住区，原建筑大多保存，但多有加建。东路原为府中人役住所及府库厨厩处，原貌已全失。后罩楼两侧各有一座独立的小庭院，树木成荫，环境安静，其东院厅堂回廊的布置更为得体。

现状评估：王府布局分为中、东、西三路，其中中路保存最好，西路也基本保存着原有的主要建筑，东路则损毁比较严重，旧有的建筑已经剩余不多。中路是王府的核心所在，共有五进院落，进深两百多米，规模宏敞。西路前面的部分多已改建，不成格局，后面的部分则大部尚存。原有正门3间，东西各带倒座房7间，现大门和西边的倒座房已失，仅东边的7间倒座房尚存。东路原有格局已失，中央剩下一座3开间周围廊的轩馆，可知此处原为王府花园。现王府中路主要用作单位的办公用房，东西两路为居民住宅。

图2-33　孚王府阿斯门

智化寺

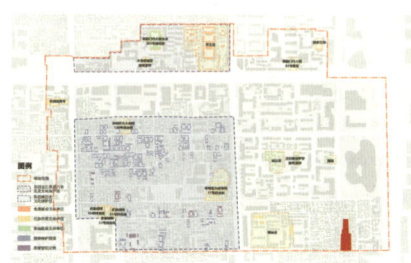

地址：北京市东城区朝阳门街道禄米仓胡同 5 号（图 2-34、图 2-35）
建造年代：明代
保护级别：全国重点文物保护单位

图 2-34　智化寺山门

历史变迁：智化寺是明司礼监太监王振所建。原为家庙，后赐名报恩智化寺；"土木之变"后，王振被抄家灭族，但寺因敕建得以保留；天顺元年（1457年），英宗为王振在寺内建精忠祠并塑像祭祀，康熙年间又加以重修；乾隆七年（1742年），王振塑像被诏令毁去，并将为其歌功颂德的碑文磨去，智化寺由盛而衰，至光绪年间，寺内建筑已破败不堪；1900年八国联军侵入北京后，又毁坏垣墙，封闭佛殿，寺遭破坏；民国年间，智化寺日益破败，仅余房199间，靠出租房屋来维持寺中生计；1938年国家曾对钟鼓楼、万佛阁、智化门等建筑进行修缮，但部分寺院被占为啤酒厂；1961年，智化寺被公布为第一批全国重点文物保护单位。

形制：坐北朝南，原有五进院落。

现状评估：主要建筑有山门、智化门、钟鼓楼、智化殿及东西配殿、如来殿和大悲堂。智化寺内的建筑虽经多次修缮，但建筑的梁架、斗栱等依然保存了原状，尤其是内部结构、经橱、佛像、转轮藏及其上面的雕刻，都保存了明代建筑的特征，是北京城内比较完整的明代建筑，有很高的历史和艺术价值。智化寺除保留了一组具有明代特点的建筑外，还保留一部《京音乐》，被誉为中国古代传统音乐的"活化石"，据说是王振于明英宗正统十一年（1446年）将宫廷音乐移入家庙智化寺中，距今已有540多年历史，是我国现存最古老的音乐之一。

附属文物：寺内存有世上唯一的，也是自宋代以来开刻佛经的最后一部官科汉字佛教经版——清乾隆时的《龙藏经》的全部29036块经版。另有一对石碑。

图 2-35 智化寺智化门

大慈延福宫建筑遗存

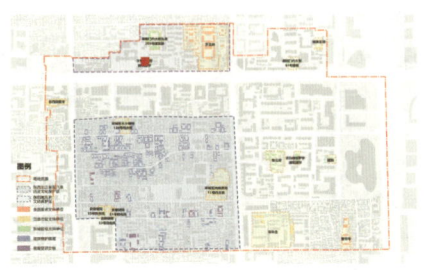

地址：北京市东城区东四街道朝阳门内大街203号（图2-36、图2-37）

建造年代：明代

保护级别：市级文物保护单位

历史变迁：此庙为道教建筑，于明成化十七年（1481年）奉旨敕建，次年落成，名大慈延福宫，又因庙中祀天、地、水三神，故俗称"三官庙"。嘉靖四年（1525年）重修。清顺治初年曾聚满汉子弟于此教学。乾隆三十六年（1771年）又重修，并规

图2-36 大慈延福宫建筑遗存俯瞰

定每年元旦开庙进香,开张庙会。庙会中多为估衣摊,故庙内胡同又名估衣街。据《乾隆京城全图》所绘,西路为主体;东路北部为庙,南部隔小胡同为一所坐东朝西的两进宅院,应是道长府。西路及东路南部的道长府在20世纪50年代初兴建办公大楼时拆除。现在所余为东路北部庙宇部分。1990年被公布为北京市第四批文物保护单位。2002年大修。

形制:西路为主体;东路北部为庙,南部隔小胡同为一所坐东朝西的两进宅院。

现状评估:现存有东路的正殿、后殿以及部分西配房。南为围墙,绿琉璃瓦顶,红墙身,只在墙上开一随墙门。院内正面为通明殿,面阔3间,进深七檩,无前廊,单檐歇山顶,檐下斗拱三踩单昂,殿内井口天花,正中装二龙戏珠斗八藻井。后殿为延座宝殿,面阔5间,进深五檩,无前廊,悬山顶,两殿皆为黑琉璃瓦绿剪边,安吻兽,双交四椀菱花格门窗,两殿间有甬路与基座相连。正殿两侧为转角房,前接配殿。东殿已毁,西殿尚存残址,近年已修复。南部围墙修复后,在原随墙门位置上新建了一座绿顶红墙的如意门。

大慈延福宫(明成化中建)(有成化御制碑)乾隆三十六年重修御制碑。
——《宸垣识略》

大慈延福宫在思城坊,成化十七年建,以奉天地水府三元之神。有弘治十七年敕勒于石。(寄园寄所寄录)
——《日下旧闻考》

图2-37 大慈延福宫建筑遗存

恒亲王府

地址：北京市东城区东四街道朝阳门内大街 55 号（图 2-38）
建造年代：清代
保护级别：市级文物保护单位

历史变迁：乾隆以前为恒亲王府，始封王系清圣祖第五子允祺，其于康熙四十八年（1709 年）被封为恒亲王后建造了恒亲王府。因其后裔无嗣，嗣子奕奎亦未迁入此府，遂空出。嘉庆帝（仁宗）赐予第三子绵恺，嘉庆二十四年（1819 年）封郡王，二十五年晋亲王，时称惇亲王府。绵恺无嗣，其嗣子奕誴降袭惇郡王，奕誴于道光二十六年（1846 年）晋惇亲王。奕誴为宣宗（道光）第五子，府邸俗称"五爷府"。奕誴光绪十五年（1889 年）薨，由其第一子载濂袭贝勒，加郡王衔，二十六年（1900 年）革爵，由奕誴第四子贝勒载瀛于光绪二十八年（1902 年）承袭，仍住于府内。民国以后出售，经过多次分割改建，现存东路部分建筑。宅院后部院墙仍基本完整。2003 年被公布为第七批北京市级文物保护单位。

形制：王府坐北朝南，四周有府垣围护，院内最南侧有一幢日式的两层小楼，其后有正房5间，两侧各有1间耳房，东西厢房各3间，再后还有正厅5间，皆为筒瓦顶硬山箍头脊。规制严整。

现状评估：格局仅局部保存，规模已不大，前院的内门、东西转角房为复建，保存有正房5间带东西耳房，东西配房各3间。后院遗存有正房5间，带东西耳房。院中现存建筑均为大式硬山，筒瓦过垄脊。原建筑经过整体修缮恢复风貌。现位于新闻出版大厦院内。

恒亲王府在东斜街，今为亲王府。

——《啸亭杂录》

图 2-38 恒亲王府

东四清真寺

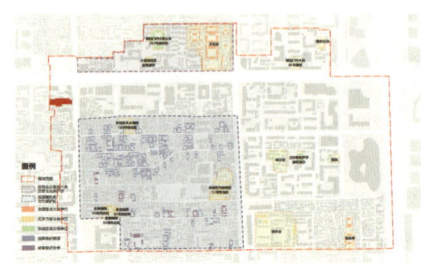

地址：北京市东城区东华门街道东四南大街 13 号（图 2-39）

建造年代：明代

保护级别：市级文物保护单位

历史变迁：该寺始建于元至正六年（1346 年），明正统十二年（1447 年）由明代后军都督同知陈友捐资重建，并由明景泰帝敕题"清真寺"门额。成化二十二年（1486 年），寺内修建邦克楼，又称宣礼楼，后毁于清光绪年间一次地震中。现存清真寺大门为民国三年（1914 年）改建。1952 年全面修缮。又于 1974 年、1987 年、1991 年三次修缮。2003 年经过整体修缮，复建了邦克楼。国家 2003 年拨款将寺修葺一新，1984 年公布为北京市第三批文物保护单位。

形制：东四清真寺原寺占地 6000 余平方米，建筑分前、中、后三进院落。寺门朝东，面阔 3 间，进深七檩，绘旋子彩画，硬山顶灰筒瓦屋面，出前后廊。大殿后有窑殿 3 间，穹隆顶结构，拱门刻库法体《古兰经》经文。大殿外设有南北讲堂、沐浴室及图书馆。

现状评估：该寺原规模宏大，相传南至报房胡同北抵东四西大街。原大殿的南、西、北有福德图书馆、西式大礼堂（回民群众俱乐部）等许多建筑，现已全部拆除，现状格局仅为局部。现存清真寺大门为民国三年（1914年）改建。2003年经过整体修缮，复建了邦克楼。礼拜殿和主院各配殿、配房均为明代建筑，风貌保存较好。礼拜殿内屋架露明，遍施旋子彩画，柱子满饰贴金缠枝西番莲图案；无梁殿内隔墙上开3座拱门，门额上刻有精致的《古兰经》经文，为国内其他清真寺所少见。在大殿的抱厦内南端立有一座明万历七年（1579年）的《清真法明百字圣号》碑，碑身高91厘米，宽67厘米，下有须弥座，碑阳为汉文，记叙伊斯兰教创始人穆罕默德事迹；碑阴用阿拉伯和汉文刻"理本无极"四字。

附属文物：一尊明成化二十二年邦克楼大铜顶、一通万历年间的百字赞石碑、明代瓷屏风、各种手抄本的《古兰经》和阿拉伯国家版本的经典更是稀有的文物典籍。

图2-39　东四清真寺

东城区礼士胡同 129 号四合院

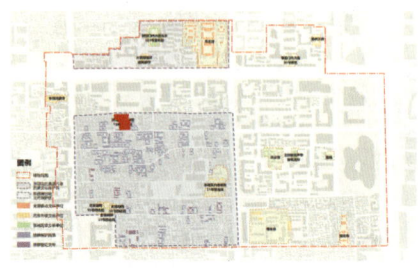

地址：北京市东城区朝阳门街道礼士胡同 129 号（图 2-40）
建造年代：清代
保护级别：市级文物保护单位
历史变迁：此宅原是清末武昌知府宾俊所建，其子锡琅败家，于日伪时期将宅第出售给投机米商李彦青，后又为律师汪颖所购。20 世纪 30 年代，为盐商巨富、"天津八大家"之一、号称"李大善人"的李颂臣买下。李大善人买来后，请原民国内务部总长、大营造家朱启钤的学生重新设计，建成今日规模。新中国成立后，此处曾作过印度尼西亚驻华大使馆，后曾为中国青年报社社址。1966—1976 年，该院为时任文化部长的于会泳所居。此后改为广电部电影局。附近居住的不少老人都看到过周总理、郭沫若、赵忠祥等名人出入 129 号院。1984 年公布为北京市第三批文物保护单位。宅院坐北朝南，由住宅和花园两部分组成。现为住宅。

形制：宅院坐北朝南，由住宅和花园两部分组成，占地约1200平方米。现存建筑形制为，东南端有金柱大门1间，门内两旁倒座房各两间。西侧为新建街门，西有临街倒座房5间。一进院内北面为两个并列的四合院。东院一殿一卷式垂花门，两侧看面墙上有什锦窗。门内正房3间，东、西厢房各3间，各房均带前廊，硬山顶合瓦清水脊屋面。后院有6间北房、3间东房。向北有一组坐西朝东的四合院，院门为一殿一卷式垂花门，门前有坐东向西的影壁，正中雕刻条幅。院内南、北、西三面房各3间。与东院毗邻的西院，有带前后廊的过厅3间。北房5间，带前后廊。东厢房亦为过厅，与东院的西厢实为同一建筑。东、西两院正房间有一座重檐顶圆亭，四面有门廊道与东、西、南、北各房间连通。花园建在宅院西北部，东北角有一单檐八角亭，覆绿琉璃瓦顶。

现状评估：该院落格局规整，经过修缮，建筑保存情况较好，虽为民国时期改建，但是布局紧凑、完整有序。艺术价值方面，在砖雕上颇费心思，特别是正房、厢房的廊门走马板上的砖雕匾额，有"撷秀""抗风""舒华""蕴秀""竹幽""含珠""隐玉""摘芳""拧月"等，闲雅秀逸，耐人寻味。花园面积不大，但假山、水池、树木搭配得当，花草点缀得体，幽静高雅。

附属文物：石狮子（1对）、石鼓（左右各1）、石扁鼓（左右各1，共6个）、石摆件（若干）、石盆栽（两个）、石墩（若干）。

图2-40　东城区礼士胡同129号四合院

东城区内务部街 11 号四合院

地址：北京市东城区朝阳门街道内务部街 11 号（图 2-41、图 2-42）

建造年代：清代

保护级别：市级文物保护单位

历史变迁：大宅院现存四路建筑，沿街并列 4 座宅门。全院南部为住宅，北部为花园，占地广阔，虽改建添建颇多，但假山叠石尚存，横贯东西为"曲"字形，其上有轩亭，下有阶石、涵洞。该宅原为清乾隆时定边右副将军、一等诚嘉毅勇公

图 2-41 东城区内务部街 11 号四合院花园

明瑞的府邸，道光十四年（1834年）其曾孙景庆袭爵，道光二十五年（1845年）宣宗六女寿恩公主下嫁景庆之弟景寿，故又称"六公主府"。咸丰六年景寿袭爵，光绪十五年（1889年）景寿子麟光袭爵并继承此府。民国后，为盐业银行经理岳乾斋购得。1949年11月，中央人民政府人民革命军事委员会总后方勤务部成立，办公机构设在11号院。朱德同志参加的第一次全军后勤部长会议也是在11号院内召开的。现为中国人民解放军总政治部宿舍。1984年被公布为北京市第三批文物保护单位。

形制：坐北朝南带花园的传统四合院，占地面积6000平方米，一组四进四合院。从东大门出入。大门内分为四组院落，当中是两路各自独立的正院，内为各有厅堂的数进院落。东部一院，房屋较少，只有两进且无配房。西院房亦不多。整个院落的北部是后花园，堆山、花厅、亭台具备。

现状评估：该院坐北朝南，占地广大，由四路组成。街北并列4座宅门，原均为广亮大门，有3座已封堵，11号改为如意门。从东到西倒座房共23间。现11号院屋宇高大，有四进院落，为主院。入一殿一卷式垂花门，二进院至四进院均有抄手游廊环绕。东路四进院落，一进院北房5间已拆改；二进院北房5间为过厅，前后廊；三进院正房3间，前出廊，东西耳房各2间，东西厢房各3间，前出廊；四进院北房7间，双卷勾连搭。此院均为合瓦过垄脊，院落宽敞，当初应为书斋静室之属。全院北部花园，占地广阔，虽改建添建颇多，但假山叠石尚存，且横贯东西为"曲"字形，假山上有轩亭，中间3间敞轩，筒瓦歇山顶，两端四角攒尖方亭；下有阶石、涵洞。该院有部分地方无法进入，大部分建筑均已翻建。

附属文物：假山石、抱鼓石。

图2-42　东城区内务部街11号四合院

史家胡同 51 号四合院

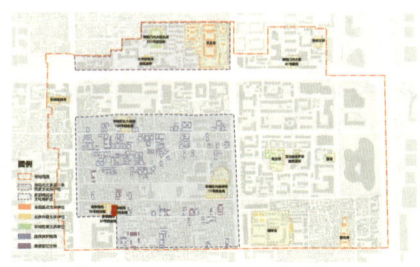

地址：北京市东城区朝阳门街道史家胡同 51 号（图 2-43）
建造年代：清代
保护级别：市级文物保护单位

历史变迁：位于史家胡同中部，是新中国成立后章士钊先生在北京的故居。章士钊先生去世后，该宅由其女章含之及女婿乔冠华居住。章含之之女洪晃也出生于这座宅院中。该宅原为四进四合院，章先生一家住前两院，将第三进院落分出去，由北面内务部街另辟他门。现存建筑坐北朝南，广亮大门 1 间，硬山顶合瓦皮条脊屋面。一进院大门西侧有倒座房 5 间，硬山顶合瓦皮条脊屋面，北房为 3 开间的过厅，后出廊，硬山顶筒瓦过垄脊屋面。二进院正房 3 间，出前廊，两侧带有耳房各 1 间，东西厢房各 3 间，均为硬山顶筒瓦过垄脊屋面，抄手游廊连各房。三进院北房 5 间，硬山合瓦过垄脊，四进院后罩房 7 间，屋面改机平瓦。后门为内务部街 44 号。1984 年被公布为东城区第一批文物保护单位。2011 年被公布为北京市第八批文物保护单位。

形制：坐北朝南不带花园的传统四合院，占地面积1152平方米，原为一进三合院，现为二进四合院。街门面南，大门西侧的6间倒座南房和3间北房构成一进院，倒座南房最西边的两间是车库，临街开有车库门；北房是过厅，为硬山筒瓦箍头脊。二进院有正房和东、西厢房各3间，院内有抄手游廊环绕；正房左右各有耳房1间。

现状评估：该四合院格局基本完整，主体建筑保存较好，二进院北房改造加高。院内四隅种有海棠、苹果树等。

附属文物：圆形抱鼓石。

图 2-43　史家胡同 51 号四合院大门

史家胡同 53 号四合院

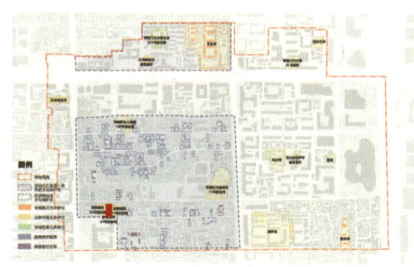

地址：北京市东城区朝阳门街道史家胡同 53 号（图 2-44）
建造年代：清代
保护级别：市级文物保护单位
历史变迁：该宅为一坐北朝南的三进四合院，现存建筑形制是，大门居中，已改为两扇铁门，东侧有倒座房 3 间，西侧两间。一进院正房 3 间，硬山顶合瓦过垄脊屋面，两侧耳房各两间，东西厢房为后添建。二进院正房 3 间，两侧各带耳房 2 间，东西厢房各 3 间，硬山顶合瓦过垄脊屋面，室内花砖铺地。三进院后罩房 5 间，合瓦鞍子脊屋面，另辟小后门通内务部街。新中国成立后为某单位宿舍，还曾作为外国驻华使馆，20 世纪 70 年代初，时任国务院副总理的华国锋曾在此居住。1984 年被公布为东城区第一批文物保护单位。1985 年大修，全国妇联将此处改成庭院式宾馆，称好园宾馆，"好园"匾为邓颖超题字，寓意"女子园"。2011 年被公布为北京市第八批文物保护单位。

形制：坐北朝南不带花园的传统四合院，占地面积约800平方米，三进四合院，大门居中，东侧有倒座房3间，西侧两间。一进院正房3间，硬山顶合瓦过垄脊屋面，两侧耳房各两间，东西厢房为后添建，东侧墙有一扇门可通51号一进院。二进院落为一过渡庭院。院内种植花木，三进院有正房3间，两侧各带耳房2间，东西厢房各3间，南房3间左右各带耳房1间，各房均带前廊。硬山顶筒瓦过垄脊屋面，室内花砖铺地。

现状评估：大门已改为两扇铁门，建筑保存较好，现为好园宾馆。

图 2-44　史家胡同 53 号四合院大门

史家胡同 55 号四合院

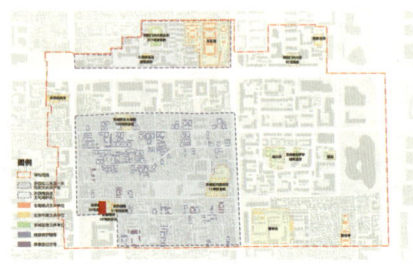

地址：北京市东城区朝阳门街道史家胡同 55 号，内务部街甲 44 号（图 2-45）
建造年代：清代
保护级别：市级文物保护单位
历史变迁：中华人民共和国成立后，曾担任中共中央统战部部长的李维汉同志在此居住。院落为坐北朝南三进四合院，现已分割为两部分，南半部为 55 号，北半部为内务部街甲 44 号。现存建筑形制为广亮大门一间，硬山顶合瓦清水脊。门内有一字影壁，上有砖雕清代和亲王题诗。影壁东侧有一段廊子，廊东侧为一小跨院，内有南房两间。影壁西侧有倒座房 10 间，为硬山顶合瓦过垄脊屋面；北面一殿一卷式垂花门通二进院，院内正房 5 间，东西厢房各 3 间，且北面带有耳房两间，均为硬山顶合瓦清水脊屋面，抄手游廊连接各房，廊子上带有倒挂楣子；第三进院有正房 3 间，东西厢房各 3 间，抄手游廊连接各房，均为硬山顶合瓦清水脊屋面，并带排山沟滴；四进院后罩房局部改建。现在为单位宿舍使用。1984 年被公布为东城区第一批文物保护单位，2011 年被公布为北京市第八批文物保护单位。

形制：坐北朝南不带花园的传统四合院，三进四合院，据资料记载：院内倒座房10间，对面为一垂花门，带抄手廊，正房5间，合瓦硬山清水脊，左右各两间耳房，内为花砖地，东西厢房各3间，左右均带两间耳房。第三进院（在内务部街44号）带转角廊，正房3间，前带半圆形月台，正房顶为硬山合瓦清水脊，东西厢房各3间，北端带一耳房，厢房顶与正房同，各房均带排山沟滴。二进院有正房和东、西厢房各3间，院内有抄手游廊环绕；正房左右各有耳房1间。

现状评估：格局清晰，建筑保存较好，院落分隔为两部分。

图2-45　史家胡同55号四合院广亮大门

禄米仓

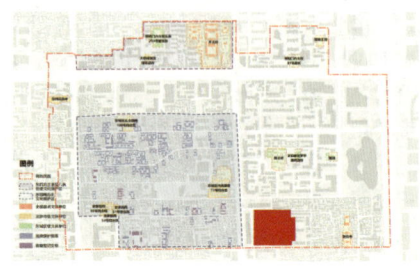

地址：北京市东城区建国门街道禄米仓胡同 71、73 号（图 2-46）
建造年代：明代
保护级别：市级文物保护单位

历史变迁：禄米仓位于禄米仓胡同 71、73 号，为明、清两代北京储存粮食的官仓。始建于明嘉靖四十年（1561 年）。清初有 30 廒，康熙二十二年（1683 年）增至 57 廒。清末，漕运能力衰退，致使仓储廒座陆续撤销，光绪末年，禄米仓减为 43 廒。1900 年，八国联军入侵京都，将城内所有粮仓存粮拍卖，粮仓均改作他用。禄米仓于 1911 年后改为陆军被服厂。现院内仍存 3 座仓廒。仓廒屋顶多采用合瓦鞍子脊，由于历次的改建和修缮，已经无法判断此做法是否为原状处理。仓廒用城砖砌成，墙面历经修缮，排砖顺丁方式比较混乱，仅可以判断墙身系糙淌白砌筑方法。现状建筑并未于中间开门，但从残留痕迹可以辨认出每座建筑原于明间开门，次间和稍间开小方窗。建筑内部构架为七架椽屋。1984 年被公布为北京市第三批文物保护单位。

形制：廒房西部3座为一座一廒，东部1座为一座二廒。每廒座开间5间，面阔23米，进深3间，共深17米左右，建筑高度约7米。

现状评估：仓廒数量仅存5座，现状比较残旧，年久失修，个别屋顶瓦面已改换，风貌有变化。禄米仓院内地面高于仓内地面超过近1米。现位于军需装备研究所院内。

> 京通各仓监督，满洲汉人各一人。在京，仓十有四城以内，曰禄米仓、南新仓、旧太仓、富新仓、兴平仓，均在朝阳门内，国初因明旧制建。
> ——《钦定四库全书》

> 总督仓场公署在城之东，裱褙衚衕，设于正统三年。粮储抵通，分贮京通二处。在京者曰旧大仓，曰百万仓，曰南新仓，曰北新仓，曰海运仓，曰禄米仓，曰新大仓，曰广备库仓。
> ——《天府广记》

> 禄米仓大街以禄米仓得名，清时为仓储之所，民国以来改为陆军被服厂，其西有安乐巷、井儿胡同、油房胡同，其东有仓夹道、八宝胡同、武学胡同、小牌坊胡同，智化寺在焉。
> ——《燕都丛考》

图 2-46　禄米仓现址

朝阳门内大街头条 203 号建筑群

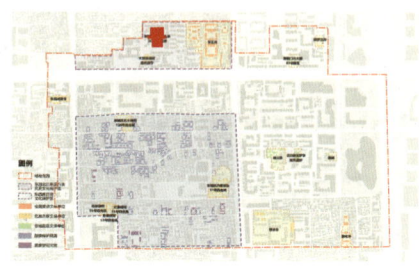

地址：北京市东城区东四街道朝阳门内大街头条 203 号（图 2-47）
建造年代：民国
保护级别：区级文物保护单位

历史变迁：朝阳门内大街头条 203 号近代建筑群是美国利用庚子赔款在北京建立的学校之一。北平美国学校创办于 1918 年，分为中、小学部，一直办到 1948 年。中华人民共和国成立后，文化部设在此处，第一任部长沈雁冰（茅盾）就居住在校内。之后，阳翰笙、周扬等也在此居住。文化部新办公楼建成后，迁至新楼，这里成为文化部老干部活动站和职工宿舍。20 世纪六七十年代学校大门和教授楼相继拆除。现为中国艺术科技研究所。

形制：由 3 座小洋楼一主两副构成一组建筑群。主楼为丁字形，正面朝南丁字一竖朝北，宽 47 米，进深 37.2 米。地上 3 层，有部分地下室，平顶，南立面女儿墙为三角山花式，正中立有旗杆。楼的正面有 8 根爱奥尼克式柱，将立面均分为 7 个单元，正门为主轴线，左右对称。立柱顶端的卷花与三层楼凸出的部位相接，形成装饰性的腰线，外观简洁庄重。楼前有花岗岩石质平台，长 20 米，宽 3.7 米，台阶 5 步。建筑为典型的美国古典折衷主义风格。东西配楼建筑风格与主楼相同，地上 3 层，砖混结构。楼门建有门廊，门廊上为阳台。楼顶女儿墙间有西式花瓶栏杆。楼内个别房间有壁炉。与东西配楼北端相接的是一座平房，为同期建筑。坐北朝南，面阔 38 米，进深 6.8 米。灰砖清水墙，中西合璧式。

现状评估：南楼为公用主建筑，砖混结构，十分坚固。后东西配楼及北房有居民居住。三层洋楼的门口挂着"文化部老年大学"和"文化部老干部活动中心"的牌子。

图 2-47　朝阳门内大街头条 203 号建筑群主楼

朝阳门内大街 81 号建筑

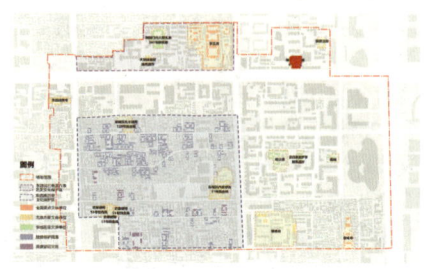

地址：北京市东城区东四街道朝阳门内大街 81 号（图 2-48）

建造年代：清代

保护级别：区级文物保护单位

历史变迁：现存有典型的 20 世纪初欧美折衷主义风格砖石结构楼房 2 座。这两幢西洋小楼大约修建于 19 世纪末至 20 世纪初，是法国工程师普意雅住宅，他去世后其华裔妻子卖给了教会。新中国成立以后，小楼一直被政府的一些行政部门征用，到了 20 世纪 80 年代还是市民政局下属一个单位的办公楼。在 20 世纪 90 年代末，政府将 81 号院的产权移交给天主教北京教区。

形制：现存有楼房2座。东楼地上2层，带地下室，砖石结构。南端有阳台。门在西面，两侧有4根爱奥尼式圆柱，支撑一小阳台。门窗边有水刷石作隅石装饰。顶层为阁楼，覆以法国"蒙萨"式双折屋顶，斜铺石板瓦，四周为拱形装饰窗。西楼为同期建筑，风格相近。两座楼房均为典型的20世纪初欧美折衷主义风格。

现状评估：曾长年空置，2017年经修缮后水、电、暖气系统齐备，正在招租。

图2-48 朝阳门内大街81号建筑

桂公府

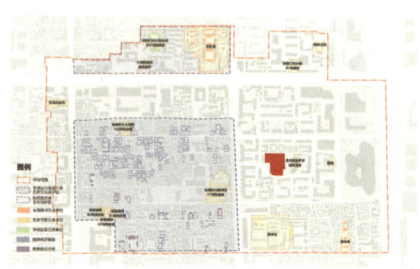

地址：北京市东城区朝阳门街道芳嘉园胡同 11 号，新鲜胡同 40、42 号（图 2-49、图 2-50）

建造年代：清代

保护级别：区级文物保护单位

历史变迁：此处在明代曾为方家园，园废后在原址修建了一座净业庵，咸丰年间都统胜保在净业庵旧址上建了宅第。同治初年，胜保获罪被清廷赐死，此府遂转赐予慈禧太后之弟承恩公桂祥。八国联军侵华时曾被德军占领。由于桂祥的女儿为

图 2-49 桂公府

光绪帝皇后隆裕,一家出了两代皇后,因此桂公府在民间有"凤凰巢"的别称。现存中路正院及西路两组建筑。1986年被公布为东城区第二批文物保护单位。

形制:坐北朝南带花园的传统四合院,桂公府规模庞大,共有五组大院,彼此相连,鼎盛时其屋舍当不下200间。作为"后邸"所在,规制等级与王府趋同。然而由于府邸是在原来大臣宅院的基础上改建的,院落的尺度受到一定制约,不及一般王府宽敞。从建筑格局判断,西路三组建筑中只有东边一组是原来公府所属,其他两组应为后来扩充的宅院。

现状评估:中路为正院所在,也是此府的礼仪空间所在,但现已遭到较大破坏,仅余最后一座后殿和殿左右各两间耳房。此殿为7间硬山顶建筑,有前廊,屋顶上带有正脊,脊设吻兽和垂兽,采用绿色琉璃剪边,中布灰瓦。左右耳房采用平顶,也带有前廊。西路有三组院落,是此府的主要居住区域。东一组有四进院子,正中大门3间,对面为八字影壁,两侧的倒座房已失。第一进正房5间,前后廊硬山顶建筑,清水屋脊,东侧有耳房3间。第二进院正房5间,前后廊硬山顶建筑,东西厢房各3间;院东带一个小跨院,原有南北房各3间,已改建。第三进院正房5间,前后廊硬山顶建筑,东西各设厢房3座,共6间;正房左右分别有耳房3间和1间。最后一进院的后罩房已失。中间一组仅剩前两进院落。即第三进院7间南房剩6间,本与东西各5间厢房连成"U"字形一体的转角房,现东房已翻新,北房为7间前后廊硬山顶建筑。第四进为后罩院,有后罩房7间,西侧另建有一座后门。西一组已无存。另2009年,在寝殿明间位置向南12米左右的地下发掘出一口水井。现为一处王府美食佳地。

附属文物:大门南侧有一对上马石,北侧有抱鼓石一对。

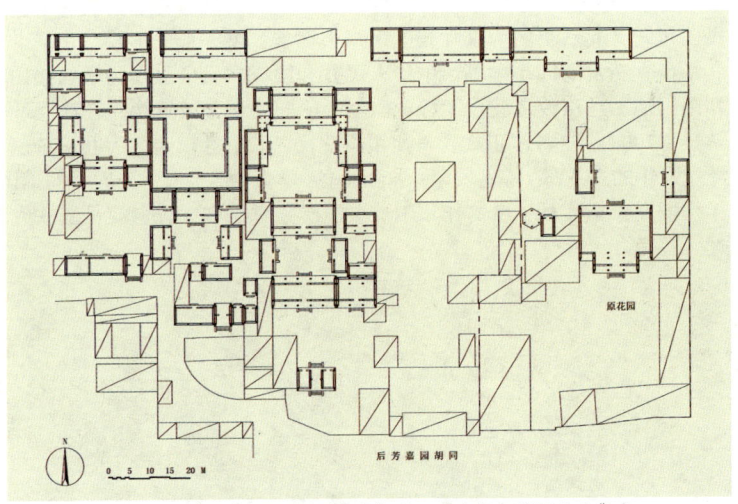

图2-50 桂公府现状平面图(来源:《北京私家园林志》)

正白旗觉罗学建筑遗存

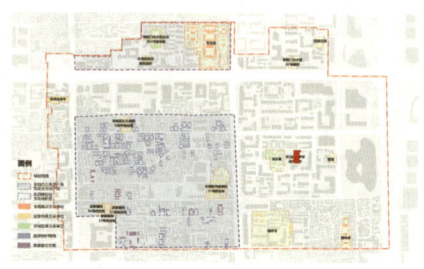

地址：北京市东城区朝阳门街道新鲜胡同36号（图2-51）

建造年代：清代

保护级别：区级文物保护单位

历史变迁：此建筑为八旗正白旗觉罗学所设的官房校舍。觉罗学专门招收宗室以外的觉罗氏子孙入学，因其不能混同于一般八旗子弟，为表优渥，特设觉罗学。清雍正七年（1729年）始立八旗觉罗学，规定觉罗学一律建在八旗各衙门两旁，设满学和汉学各一。光绪二十七年（1901年）改革学制，此学更名为八旗第三高等小学堂，民国年间又先后更名为京师公立第三小学堂、第一平民学校、北平市立第三小学、北平市立新鲜胡同小学等。中华人民共和国成立后一直作为学校使用。2001年，随朝阳门地区危房改造建设工程，以新鲜胡同小学分校置换，在原校址南侧建四层教学楼。2007年9月，正式投入使用。学校以"书香校园"为办学特色，旨在孩子们经过六年的"书香"特色教育，学会读书、学会做人，成为新时代的谦谦君子、翩翩少年。散文家梁实秋、台湾作家李敖、演奏家章棣和、著名演员王铁成都曾在此就读过。

现状评估：此校中部主体建筑保存较完整。东部原为官舍，已拆改失去原状。学堂大门向北，位于整组建筑的中轴线上。门为五檩硬山蛮子门式，尺寸高大，板门两扇。门两侧倒座房已改建。一进院为九檩大式硬山合瓦式建筑，面阔5间，前后带廊，中间为过厅。二进院有东西配房各3间，为五檩大式硬山加前廊一步合瓦式建筑。正房面阔5间，亦为九檩大式硬山合瓦式建筑。

觉罗学八旗各一所，雍正十年建，以教觉罗子弟。（大清一统志）觉罗学……在南小街新鲜胡同者为正白旗……（宗人府册）

——《钦定日下旧闻考》卷六十二

图2-51　正白旗觉罗学建筑遗存

莲园

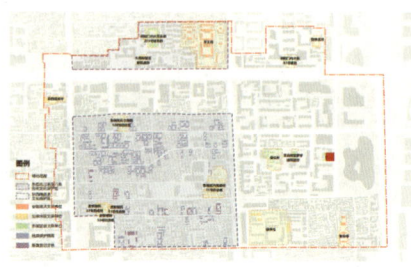

地址：北京市东城区朝阳门街道红岩胡同甲17、19号，新鲜胡同18号、甲18号（图2-52、图2-53）

建造年代：清代

保护级别：区级文物保护单位

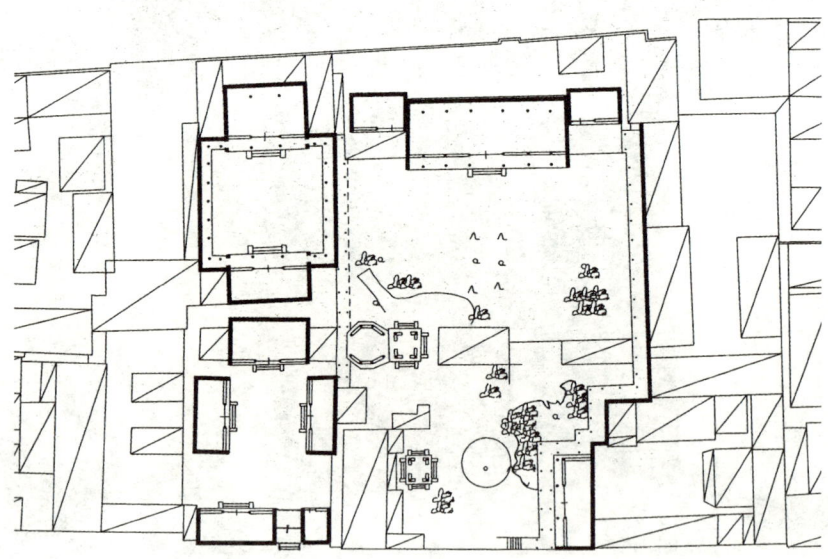

图2-52　莲园现状平面图（来源：《北京私家园林志》）

历史变迁：莲园建于清末，据汪菊渊先生等前辈学者所撰的《北京清代宅园》记载，此园在20世纪初曾经为英国某银行家所居。在《乾隆京城全图》中为一规整的大宅院，与现状格局不同，应是后代在原宅基址上改建而成。现为红岩胡同甲19号和新鲜胡同18号。原占地5亩，西侧为住宅，现已翻改。东侧是园林，保存基本完好，园林部分又分成南北两部分。现存建筑为清晚期至民国初年所建。花园中保存一部分馆轩，假山前之水池经过近代改造。

形制：园在住宅之东，园门居西，可从住宅后院进入。门上有匾额，题曰"莲园"。园中正堂为7间前后廊歇山建筑，前设平台，左右各带两间耳房。全园以游廊环绕，东南隅设有大型假山。南侧建方亭1座，与正厅遥遥相对。西部辟曲池，自西北山石处发端，蜿蜒于游廊之下，一直汇向东南收口。溪上构石拱桥一座，另于西廊处建八角亭和方亭各一，二者紧靠，凸于水上，或有画舫之意。西南位置还有一座方亭居于零散山石之间。正厅之前种有6株大槐树，园中另有丁香、西府海棠、核桃树等花木。

现状评估：大部分建筑年久失修，比较残破。

图2-53　莲园

第三章

古意

一、 历史信息

对历史空间的研究离不开基础文献的支持,北京老城历史悠久,文化盛行,流传了品类丰富的古代图文,其中对空间研究最有价值的,图则当数古代舆图、文则当数古书文献,另又有历史照片、口述历史等其他图文资料可以辅助(图3-1)。

本研究即主要从这些古代图文资料入手,全面检索、提取信息,以供后续的准确转译及清晰图表呈现。

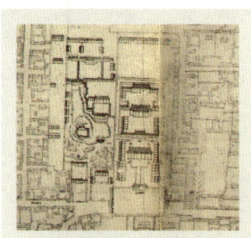
古代舆图示例

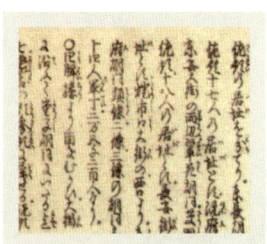
古代文献示例

近代历史照片示例

图 3-1 古代图文资料示例

古代舆图

对古代舆图部分,本研究收集了1912年以前的所有已知的反映北京老城城区范围的各类古代舆图,共计26张,绘制时间范围在1738—1908年,即乾隆年间至清末。由于绘制时代、绘制人员及绘制技术各有不同,舆图都极具特色,本身就有较强的观赏性;成图质量与精度也各有差异,比如最为精美以至于叹为观止的《乾隆京城全图》，虽绘制时间较早，但仅朝阳门内片区一块就记录有建筑与院落类意象69处，更有其他街巷等意象90处。也有一些出于民间的地图则较为简单实用，并未记录太多意象，文献角度的价值相对较低。

表3-1详细整理了研究中涉及舆图的图名、年份和图像精度。

表3-1 1267—1912年古代舆图一览表

编号	图名	年份	图像精度
1	镶白旗满洲蒙古汉军地图	1738	★★★
2	京城全图	1750	★★
3	乾隆京城全图	1750	★★★★★
4	PLAN DE LA VILLE TARTARE ET CHINOISE DE PEKIN	1752	★★★
5	PLAN DE LA VILLE TARTARE DE PEKING	1765	★★★
6	镶白旗图	1788	★★
7	首善全图	1796—1820	★★★
8	京城内外首善全图	1800	★★★★
9	镶白旗居址之图	1805	★★
10	PLAN OF PEKING	1817	★★
11	CHINESE PLAN OF THE CITY OF PEKING	1843	★★★★
12	北京全图	1861—1887	★★★
13	北京地里全图	1865	★★★
14	京师城内首善全图	1870	★★★★
15	京城内外全图	1875—1908	★★★
16	京师城内河道沟渠图	1875—1908	★★★
17	京城全图	1900	★★
18	京师九城全图	1900	★★
19	京城各国暂分界址全图	1900	★★★★
20	THÉÂTRE DES OPÉRATIONS EN CHINE	1900	★
21	订正改版北京详细地图	1900—1911	★★★
22	PLAN DE PÉKIN	1902	★★★
23	北京全图	1903	★★★
24	北京附地	1907	★★★
25	京师全图	1908	★★★
26	最新北京精细全图	1908	★★★★

第三章 古意

古书文献

除留存至今的历史城市及地下遗址中所包含的历史信息外,历史信息的主要来源还有各地方志书、历史舆图、文人随笔、书画诗词、政府文件,以及相关的政治、伦理和经史典籍等(图3-2)。本研究整理了涉及朝阳门内片区的部分古书文献及其基本情况,如表3-2所示,以供参考。

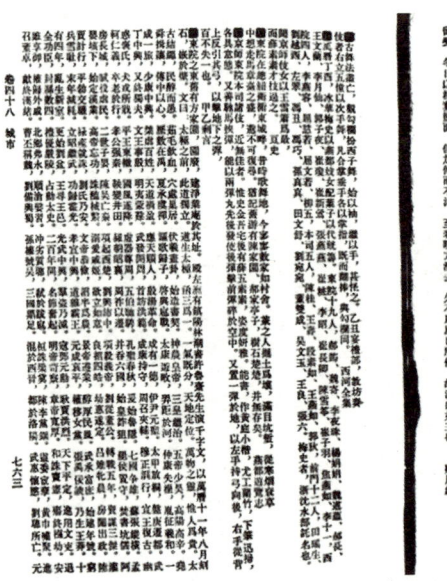

图3-2 研究所用古书示例

表 3-2　涉及朝阳门内的部分古书文献及其基本情况

书名	作者	朝代	简介
《析津志辑佚》	熊梦祥	元	最早记述今北京地区的专门志书
《帝京景物略》	刘侗、于奕正	明	详细记载了明代北京城的风景名胜、民俗民情
《京师五城坊巷胡同集》	张爵	明	记录了明朝嘉靖年间北京内城900多条胡同,外城300多条胡同
《旧京遗事》	史玄	明	以明末北京生活习俗为背景,叙述宫中趣事逸闻及民间生活习俗
《明宫史金鳌退食笔记》	刘若愚、高士奇	明	记录晚明宫廷生活必读
《南村辍耕录》	陶宗仪	明	宋元时期的政治、经济、社会、文化等各个方面的史料
《天府广记》	孙承	明	明代北京城市历史及政府机构的都邑志
《宛署杂记》	沈榜	明	实际是宛平的县志,也是北京最早的史书之一
《长安客话》	蒋一葵	明	大量记载了皇都各处风景及民间、宫中的趣事逸闻
《春明梦余录》	孙承泽	明	记载明代北京的情况,体例似政书,又似方志
《宛平县志》（康熙）	王养廉	清	开创了北京地区官方为附属郭县修志的先例
《八旗通志》	李洵	清	记录清代旗分、政治、经济、军事、文化、氏族、制、教育、宗教等
《宸垣识略》	吴长元	清	记载北京史地沿革和名胜古迹之书
《东华录》	蒋良骐	清	编年体清代史料长编
《国朝宫史》	鄂尔泰、张廷玉	清	记述明清宫廷建筑与历史
《京城古迹考》	励宗万	清	励宗万的京城游记
《旧京琐记》	夏仁虎	清	记录清代北京的历史、掌故、风俗等
《人海记》	查慎行	清	记载地方史和宫廷史的笔记
《日下旧闻考》	英廉	清	迄今所见清代官修的规模最大、编辑时间最长、内容最丰富、考据最翔实的北京史志文献资料集
《藤阴杂记》	戴璐	清	对京师五城沿革,考证精审,陆续增辑,并录了诸多当时名家诗词题咏
《天咫偶闻》	震钧	清	全书按皇城、南城、东城、北城、西城、外城东、外城西、郊坰等地区分卷,分记北京皇宫、官廨、大臣府第、园林、寺庙及诸名胜建置沿革与景观,每涉一处,兼述有关掌故风俗
《啸亭杂录》	昭梿	清	涉及民俗、人物、宗教、传说、重大历史事件、个人生活琐事、读后感等
《燕京岁时记》	富察敦崇	清	记述清代北京岁时风俗的杂记
《阅微草堂笔记》	纪昀	清	主要搜集各种乡野怪沿,或亲身所听闻的奇情逸事
《燕都丛考》	陈宗藩	清民国	记述了北京城区宫殿苑囿、坛庙衙署的建置沿革,以及近四千条街巷胡同的变迁
《北平庙宇通检》	许道龄	民国	分区调查寺观坛庙祠堂并摹拓石刻,调查、编辑、摄影、测绘各庙之平面图
《京师坊巷志》	朱一新、缪荃孙	民国	由分纂《顺天府志·坊巷门》稿本增补而成
《旧都文物略》	汤用彬	民国	详细记载了早先京兆20多个城镇和市内坊巷等
《玄览堂丛书》	郑振铎	民国	内容以明史为主,是古籍整理丛书

第三章 古意

针对古书文献具体内容的整理分为以下几个步骤。

第一步，对朝阳门内片区的历史建筑进行梳理；

第二步，对可能涉及朝阳门内相关意象的古文古籍进行整理，针对其中有关朝阳门内地区的部分进行分析，找出古籍中记载的地理信息和城市意象信息，进行提取；

第三步，根据现状历史建筑，梳理所提取到的城市意象信息，进行归纳；

第四步，根据归纳得出的表格对现状历史建筑在不同时期的城市意象进行分析。

例如，古书文献中都对朝阳门、智化寺、四牌楼等重要意象有所述及，则选作第四章重点分析变迁过程的建筑与院落样本，充分利用这些历史信息。

此外，还有不少文献述及如以灯市为代表的日常生活或城市节庆场景（图3-3），以及朝阳门外十分著名的东岳庙、黄金台等意象，但由于并非位于本研究划定的核心范围之内，暂时割舍不再赘述。

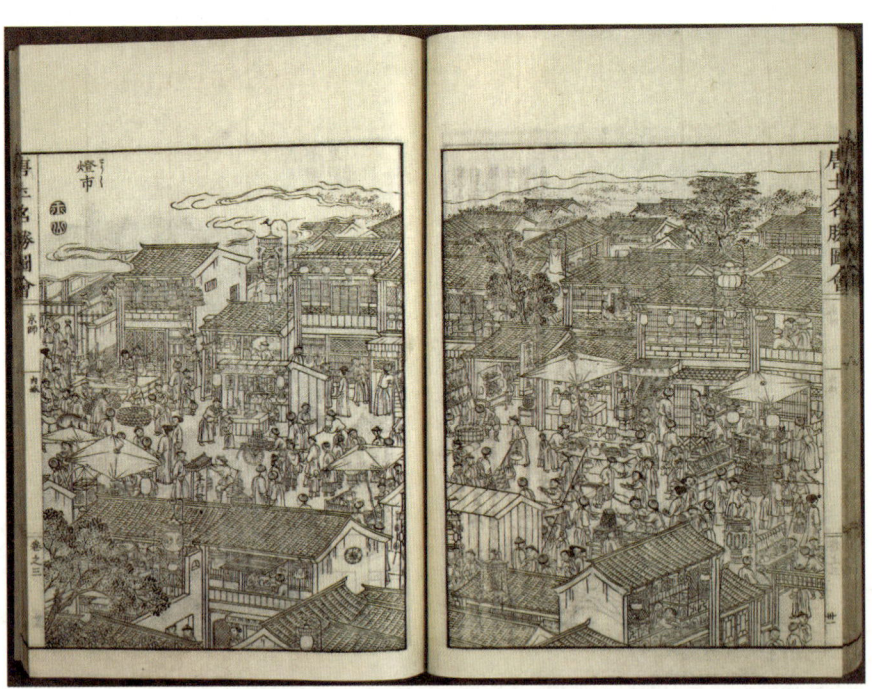

图3-3　1805年由日本人冈田玉山等编绘的灯市生活场景图像（来源：《唐土名胜图会》）

张灯之始也，汉祀太乙，自昏至明。僧史谓西域腊月晦日，名大神变，烧灯表佛，汉明因之，然腊月也。梁简文有列灯赋，陈后主有山灯诗，亦复未知岁灯何时，月灯何夕也。张灯之始上元，初唐也，睿宗景云二年正月望日，胡人婆陀请燃千灯，帝御安福门纵观。上元三夜灯之始，盛唐也，玄宗正月十五前后二夜，金吾弛禁，开市燃灯，永为式。上元五夜灯之始，北宋也，乾德五年，太祖诏曰：朝廷无事，年谷屡登，上元可增十七十八两夜。上元六夜灯之始，南宋也，理宗淳祐三年，请预放元宵，自十三日起，巷陌桥道，皆编竹张灯。而上元十夜灯，则始我朝，太祖初建南都，盛为彩楼，招徕天下富商，放灯十日。今北都灯市，起初八，至十三而盛，迄十七乃罢也。灯市者，朝逮夕，市；而夕逮朝，灯也。市在东华门，东亘二里。市之日，省直之商旅，夷蛮闽貊之珍异，三代八朝之骨董，五等四民之服用物，皆集。衢三行，市四列，所称九市开场，货随队分，人不得顾，车不能旋，阗城溢郭，旁流百廛也。市楼南北相向，朱扉，绣栋，素壁，绿绮疏，其设氍毹帘幕者，勋家、戚家、宦家、豪右家眷属也。向夕而灯张（灯则烧珠，料丝则夹画、堆墨等，纱则五色，明角及纸及麦稭，通草则百花、鸟兽、虫鱼及走马等），乐作（乐则鼓吹、杂耍、弦索，鼓吹则橘律阳、撼东山、海青、十番，杂耍则队舞、细舞、筒子、筋斗、蹬坛、蹬梯，弦索则套数、小曲、数落、打碟子，其器则胡拨四、土儿密失、义儿机等），烟火施放（烟火则以架以盒，架高且丈，盒层至五，其所藏械：寿带、葡萄架、珍珠帘、长明塔等）。于斯时也，丝竹肉声，不辨拍煞，光影五色，照人无研媸，烟胃尘笼，月不得明，露不得下。永乐七年，令元宵节赐百官假十日。今市十日，赐百官假五日。内臣自秉笔篆近侍，朝臣自阁部正，外臣自计吏，不得过市，犹古罚帘幕盖帷意。其他，例得与吏士军民等过市。楼而檐齐，衢而肩踵接也。市楼价高，岁则丰，民乐。楼一楹，日一夕，赁至数百缗者。童子捶鼓，傍夕向晓，曰太平鼓。二童子引索略地，如白光轮，一童子跳光中，曰跳白索。妇女相率宵行，以消疾病，曰走百病，又曰走桥。金元时，三日放偷，偷至，笑遣之，虽窃至妻女不加罪，夷俗哉。

——《帝京景物略》

自十三以至十七均谓之灯节，惟十五日谓之正灯耳。每至灯节，内廷筵宴，放烟火，市肆张灯。而六街之灯以东四牌楼及地安门为最盛，工部次之，兵部又次之，他处皆不及也（兵部灯于光绪九年经阁文介禁止）。

——《燕京岁时记》

第三章 古意

历史照片

摄影术最早是由法国人于1839年发明的,据考证约在1844年传入我国,已时值清末,距离较为广泛的普及还有许多时日,可以获得的古代意象则显得比较有限,由于其具有真实而精细的特点,也是十分具有历史价值的珍贵资料,本研究亦多方收集了历史照片若干,陈列部分如下。

接下来展示的照片来自中国文化遗产研究院(前身是北京文物整理委员会)编纂的《北平庙宇调查资料汇编》。这些照片是在1930—1932年,国立北平研究院史学研究会为编写《北平志》所做准备工作中拍摄的,工作人员当时完成了882处北平庙宇的调查,曾绘制庙宇平面图700余幅,摄影3000多张,金石拓片4000余张,记录800余份,留下了极为珍贵的成果。其中在朝阳门内片区,研究会曾调研了13处庙宇,分别是智化寺、铜关帝庙、土地庙、双关帝庙、城隍庙、弥勒院、财神庙、2座土地祠、观音寺、关帝庙、延寿院、二郎庙。在此仅展示其照片与拓片若干,如图3-4—图3-19所示。

图3-4 智化寺山门(来源:《北平庙宇调查资料汇编》)

图 3-5　智化寺如来殿万佛阁（来源：《北平庙宇调查资料汇编》）

图 3-6　左阳右阴的智化寺圣旨碑（来源：《北平庙宇调查资料汇编》）

第三章 古意

图 3-7　铜关帝庙庙门（来源：《北平庙宇调查资料汇编》）

图 3-8　铜关帝庙正殿（来源：《北平庙宇调查资料汇编》）

图 3-9 土地庙山门（来源：《北平庙宇调查资料汇编》）

图 3-10 双关帝庙旁门（来源：《北平庙宇调查资料汇编》）

图 3-11 双关帝庙后殿（来源：《北平庙宇调查资料汇编》）

图 3-12 财神庙庙门（来源：《北平庙宇调查资料汇编》）

图 3-13 财神庙木刻财神像（来源：《北平庙宇调查资料汇编》）

图 3-14　土地祠祠门（来源：《北平庙宇调查资料汇编》）

图 3-15　观音寺配殿（来源：《北平庙宇调查资料汇编》）

图 3-16 延寿院院门（来源：《北平庙宇调查资料汇编》）

图 3-17 土地祠（来源：《北平庙宇调查资料汇编》）

图 3-18 二郎庙（来源：《北平庙宇调查资料汇编》）

图 3-19 左阳右阴的重建二郎神庙碑记（来源：《北平庙宇调查资料汇编》）

第三章 古意

下面展示的老照片由北京城市规划设计研究院提供,分别展示了东四清真寺和朝阳门内大街东口路北商业点在20世纪五六十年代的风貌(图3-20—图3-22)。

图3-20 1956年东四清真寺(来源:北京城市规划设计研究院)

图 3-21　1961 年东四清真寺（来源：北京城市规划设计研究院）

图 3-22　1961 年朝阳门内大街东口路北商业点（来源：北京城市规划设计研究院）

二、 转译方法

若以今天的标准衡量,中国古代志书中常见的城市舆图,在形状、尺度、方位等很多方面都并非精准,很多时候只是一种认知意象,甚至理想概念的表达。历史信息转译就是综合各类历史信息进行反复的对比、分析和验证,并最终将转译结果落实到可视的空间层面上的过程。通过转译将历史信息更直观清晰地呈现,以便历史信息在未来工作中取用。

其具体方法是,首先从古代舆图中对表达朝阳门内片区的范围进行截取,然后提取关键的意象信息,再结合朝阳门内地区的现状遗存调研,综合历史文献记载,将信息标注在基于CAD的精确、真实的现状地形图上。这项操作从建筑与院落、街巷及其他两类意象展示出拥有丰富历史层积的城市肌理在不同历史时期的不断变迁。

转译工作的第一步就是筛选古代舆图中的历史信息,并对所有可能的历史痕迹进行标识,如图3-23、图3-24所示。

第三章 古意

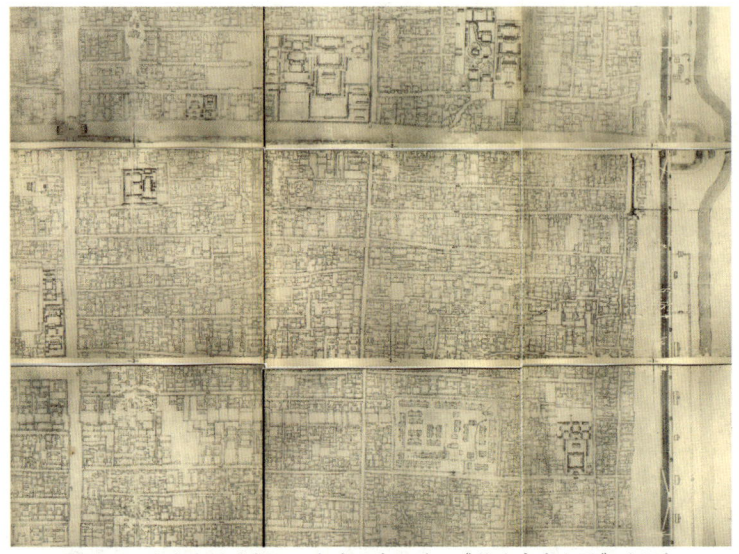

图 3-23 古代舆图的朝阳门内片区截取(以《乾隆京城全图》为例)

图 3-24 古代舆图中意象信息的初步筛选(以《乾隆京城全图》为例)

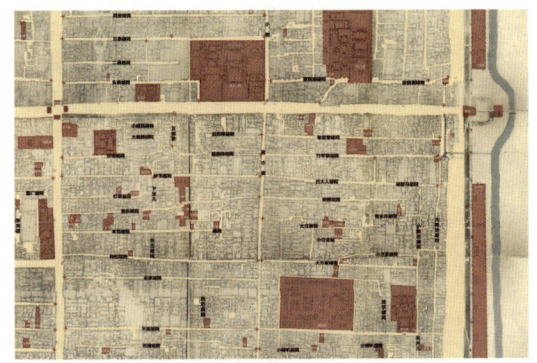

图 3-25　古代舆图中的历史意象分布图
（以《乾隆京城全图》为例）

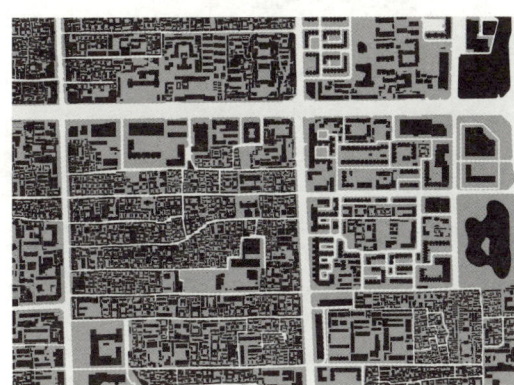

图 3-26　朝阳门内片区的现状地形图

转译工作的第二步是将之前得到的历史意象分布图与基于 CAD 的现状城市地形图以及现状卫星图叠合在一起相互校验，如图 3-25 至图 3-27 所示。在叠合过程中，以未发生变化的街巷、建筑及院落等为参照，尽可能精确地将历史意象在地形图上定位。

图 3-27　朝阳门内片区的现状卫星图

第三章 古意

转译工作的第三步是以现状城市肌理图为底,将建筑与院落意象、街巷及其他意象分别定位,得到朝阳门内片区建筑与院落意象分布图和街巷及其他意象分布图,如图3-28、图3-29以《乾隆京城全图》中提取的历史意象所示。

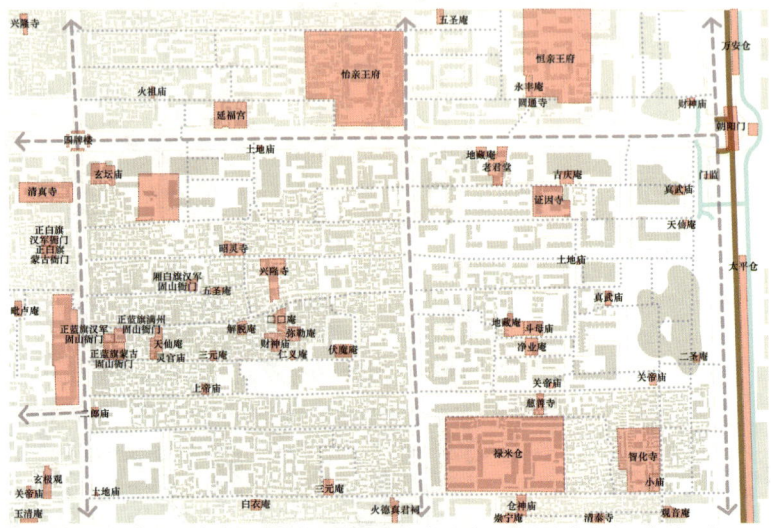

图3-28 朝阳门内片区建筑与院落意象分布图(以《乾隆京城全图》为例)

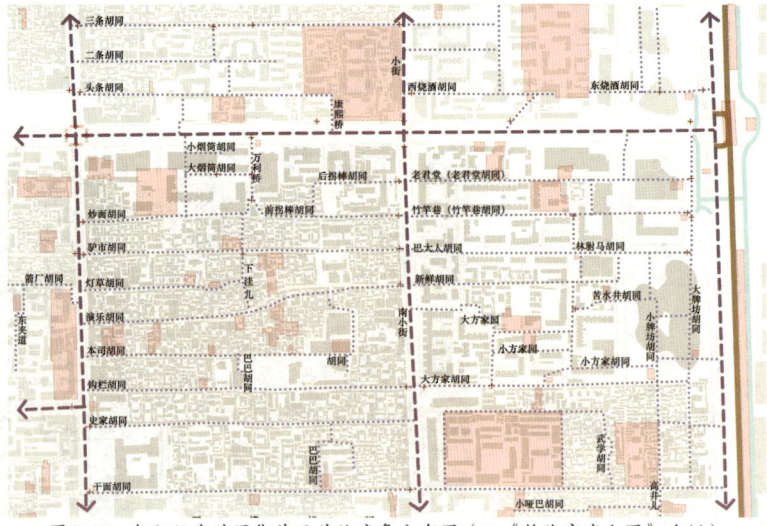

图3-29 朝阳门内片区街巷及其他意象分布图(以《乾隆京城全图》为例)

三、 过程详解

  对于上文中提到的1912年以前26张能较好体现朝阳门内意象变迁的朝阳门内古代舆图采用上节详细讲述的历史信息转译方法进行转译,每张古代舆图都分别得到建筑与院落意象分布图和街巷及其他意象分布图。

  26张历史舆图分别为1738年《镶白旗满洲蒙古汉军地图》、1750年《京城全图》、1750年《乾隆京城全图》、1752年《PLAN DE LA VILLE TARTARE ET CHINOISE DE PEKIN》、1765年《PLAN DE LA VILLE TARTARE DE PEKING》、1788年《镶白旗图》、1796—1820年《首善全图》、1800年《京城内外首善全图》、1805年《镶白旗居址之图》、1817年《PLAN OF PEKING》、1843年《CHINESE PLAN OF THE CITY OF PEKING》、1861—1887年《北京全图》、1865年《北京地里全图》、1870年《京师城内首善全图》、1875—1908年《京城内外全图》、1875—1908年《京师城内河道沟渠图》、1900年《京城全图》、1900年《京师九城全图》、1900年《京城各国暂分界址全图》、1900年《THÉÂTRE DES OPÉRATIONS EN CHINE》、1900—1911年《订正改版北京详细地图》、1902年《PLAN DE PÉKIN》、1903年《北京全图》、1907年《北京附地》、1908年《京师全图》和1908年《最新北京精细全图》。

1738年《镶白旗满洲蒙古汉军地图》

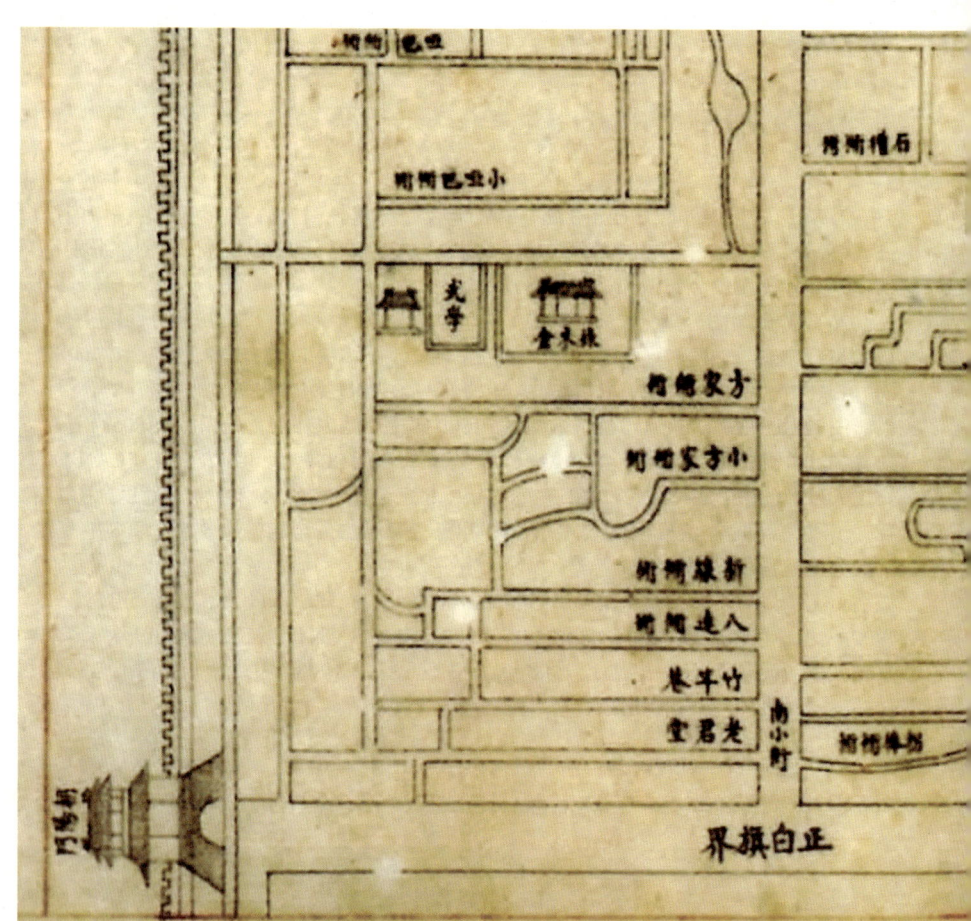

图 3-30　1738年《镶白旗满洲蒙古汉军地图》朝阳门内片区节选

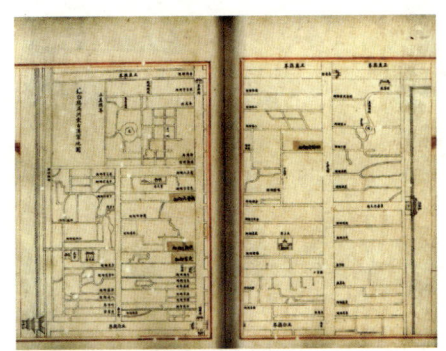

图 3-31　《镶白旗满洲蒙古汉军地图》

选自：《八旗通志初集》
时间：（清）乾隆四年（1738 年）
纂修者：（清）鄂尔泰、涂天祖等

　　《八旗通志初集》中收录有《八旗方位全图》9 幅，其中第一幅为总图，后 8 幅为分图。该地图采用了分幅方式绘制，克服了版面限制，也是迄今所见最早的、详细绘出清初内城八旗驻防与居住格局的北京城地图。

　　朝阳门内片区即位于分图之一的《镶白旗满洲蒙古汉军地图》，总图亦有标明"镶白旗居朝阳门内，北至朝阳门大街南"。图面呈现为上南下北的视角，十分独特（图 3-31）。将朝阳门、四牌楼、二郎庙等重要建筑的立面一并绘出，另有"正白旗界"等反映绘制目的的文字信息注明（图 3-30）。

　　总体而言，该舆图片段反映了乾隆年间的朝阳门内城市意象，表达信息的完整程度一般，其中建筑与院落意象较粗略，街巷意象较精细。

《镶白旗满洲蒙古汉军地图》的转译

图中表达出的建筑与院落意象包括：二郎庙、四牌楼、禄米仓、武学、智化寺（未标注）、朝阳门和城墙等（图3-32）。

图中表达出的街巷意象包括：南小街、头条胡同、二条胡同、三条胡同、烧酒胡同、斜街、豆瓣胡同、豆芽菜胡同、拐棒胡同、炒面胡同、驴市胡同、灯草胡同、演乐胡同、本司胡同、钩栏胡同（勾阑胡同）、史家胡同、干面胡同、老君堂、竹竿巷、巴大人胡同（八达胡同）、新鲜胡同、小方家胡同、方家胡同和小哑巴胡同（图3-33）。

图中表达的其他意象包括：正白旗界（图3-33）。

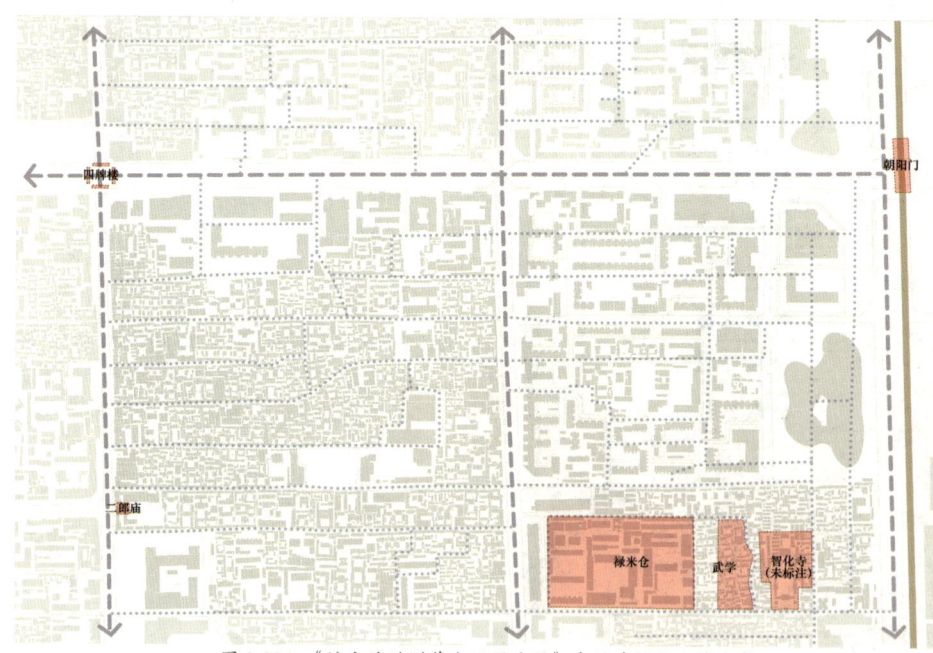

图3-32 《镶白旗满洲蒙古汉军地图》中的建筑与院落意象

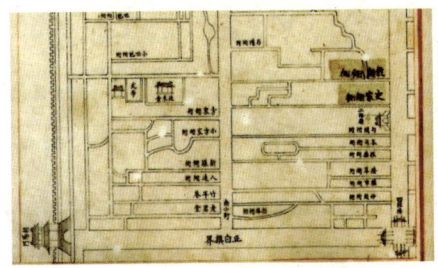

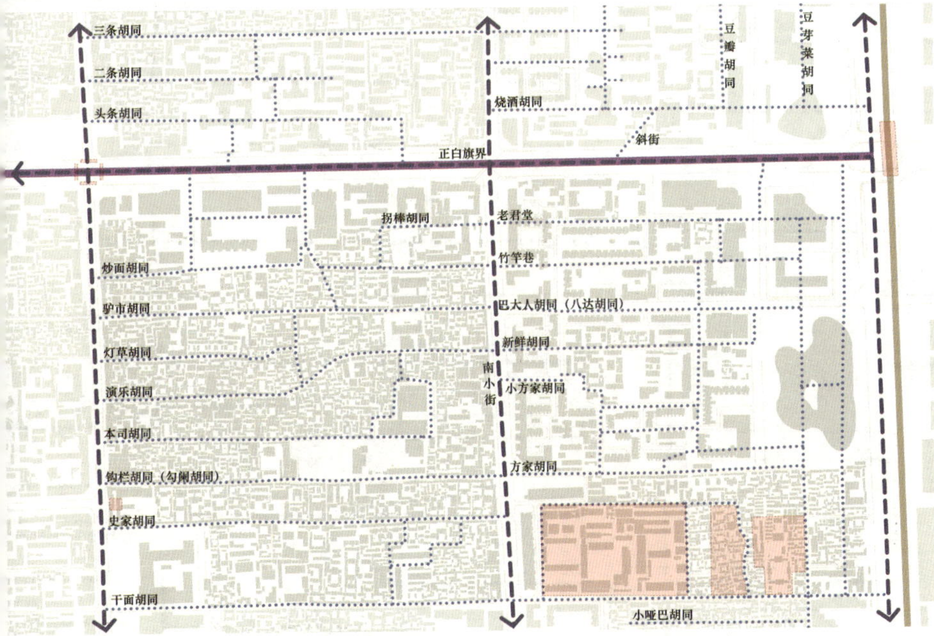

图 3-33 《镶白旗满洲蒙古汉军地图》中的街巷及其他意象

1750年《京城全图》

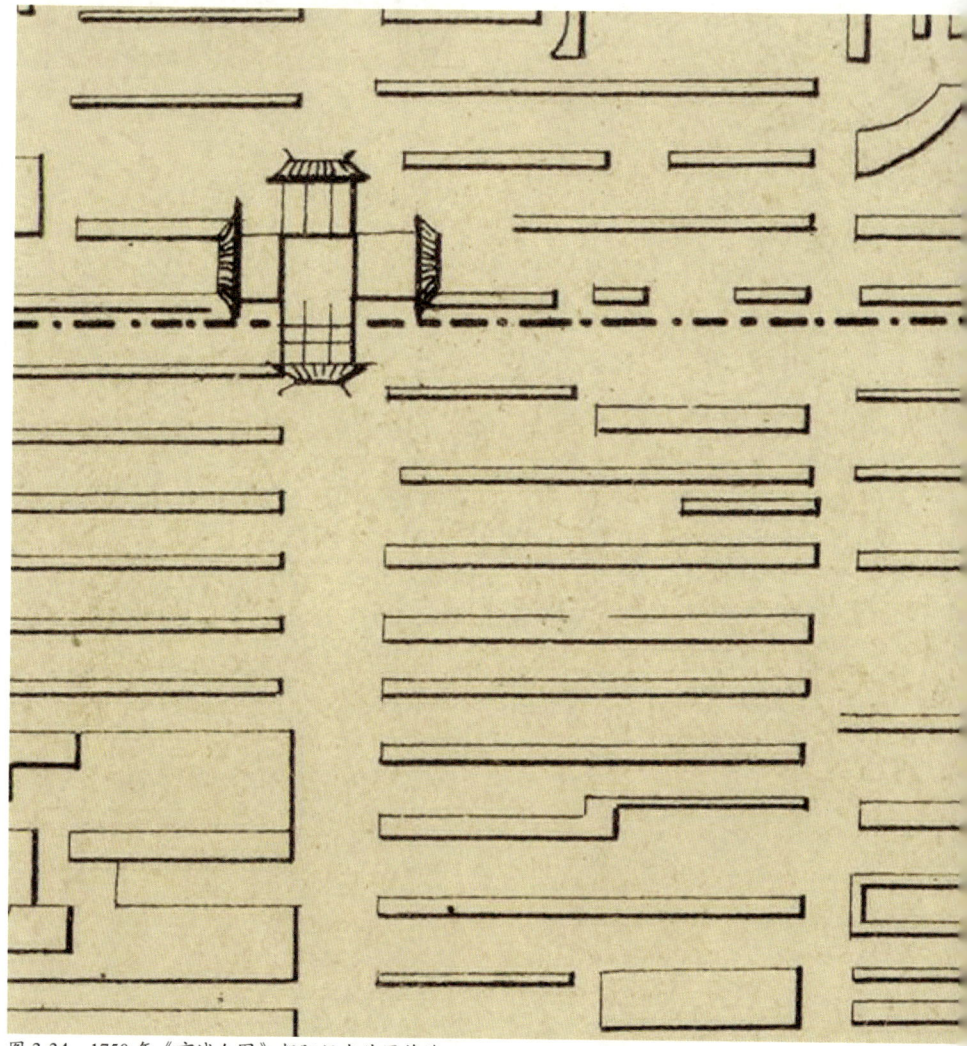

图3-34　1750年《京城全图》朝阳门内片区节选

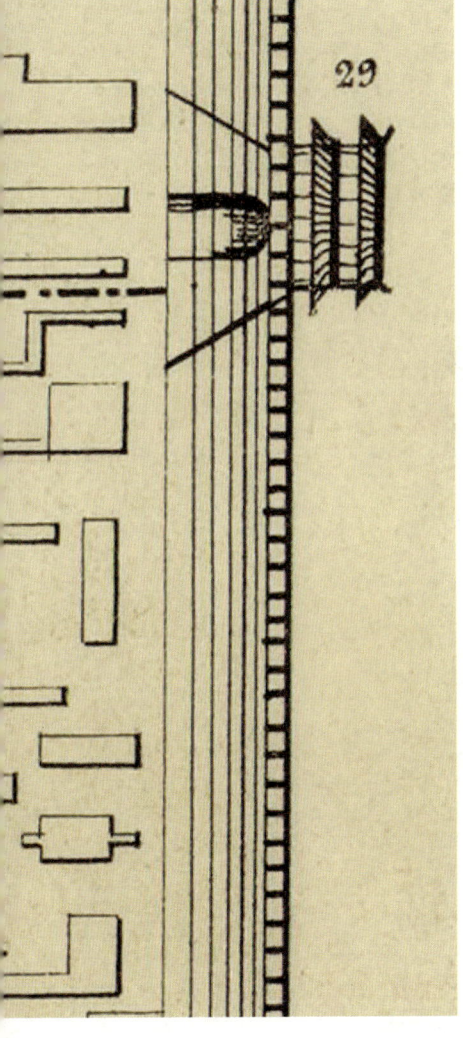

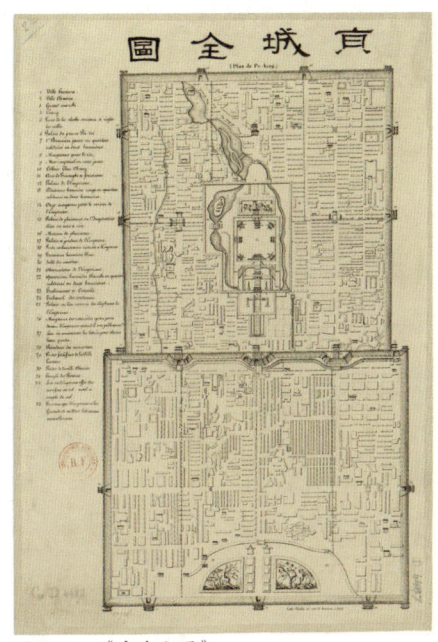

图 3-35 《京城全图》

时间：1750 年

　　《京城全图》似为法国人纂修，但具体的纂修者及出处不详。舆图重点标注了包括朝阳门在内的重要城市级别设施（图 3-35）。

　　朝阳门内片区的绘制精度一般，四牌楼和朝阳门是以建筑立面的形象展现（图 3-34）。

　　总体而言，该舆图片段反映了乾隆年间的朝阳门内城市意象，表达信息的完整程度一般，其中建筑与院落意象较粗略，街巷意象较粗略。

《京城全图》的转译

图中表达出的建筑与院落意象只有四牌楼（未标注）、朝阳门（Portes fortifiees de Pa Ville Laetare）和城墙（图 3-36）。

图中表达出的街巷意象包括：朝阳门内大街、南小街、拐棒胡同、炒面胡同、驴市胡同、灯草胡同、演乐胡同、本司胡同、勾阑胡同、史家胡同、干面胡同、老君堂、竹竿巷和巴大人胡同等，但均未标注名称（图 3-37）。

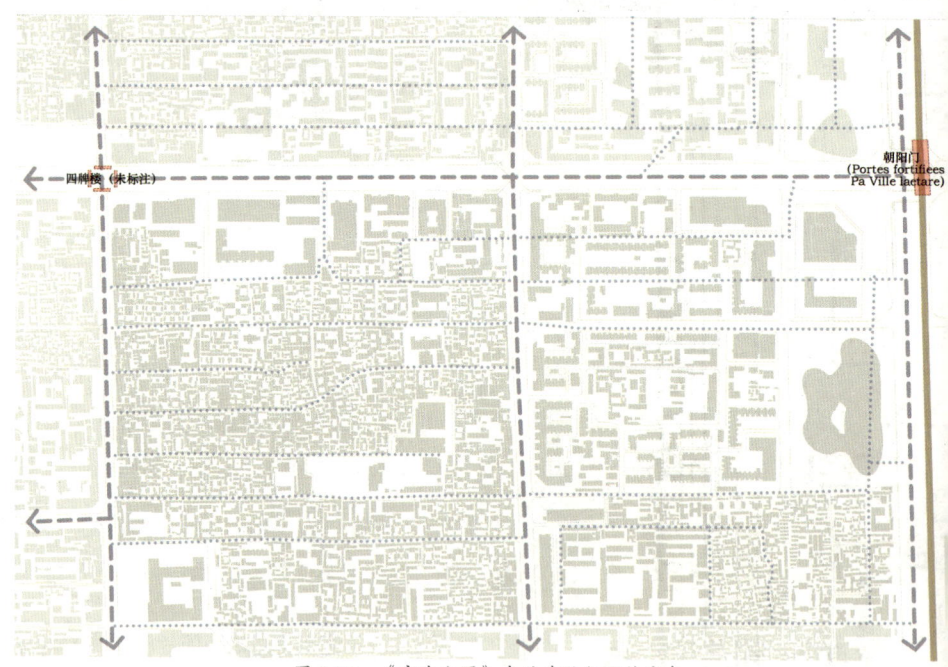

图 3-36 《京城全图》中的建筑与院落意象

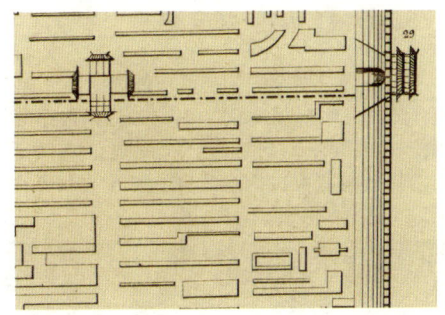

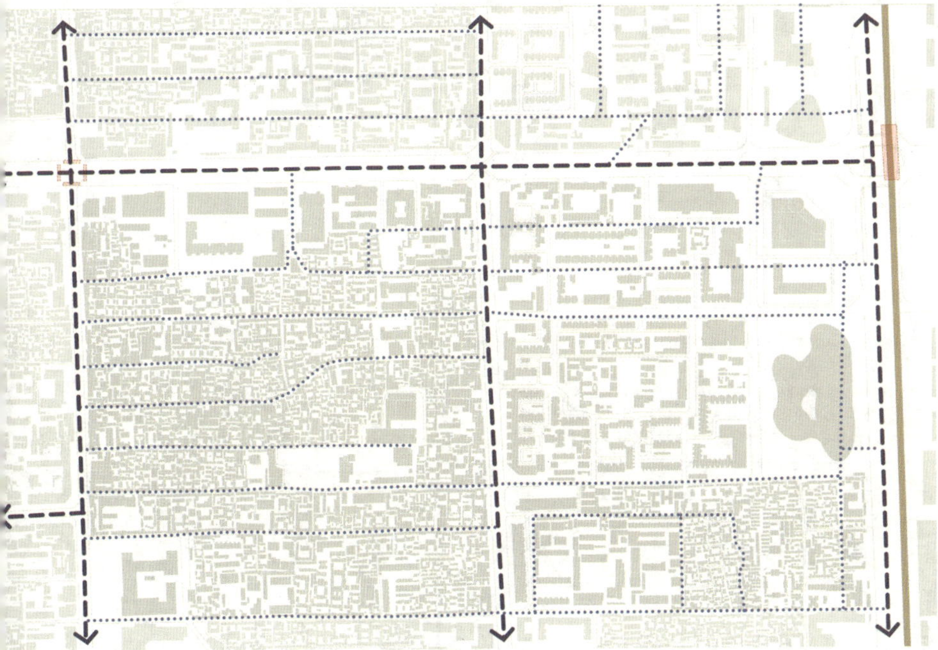

图 3-37 《京城全图》中的街巷及其他意象

1750 年《乾隆京城全图》

《乾隆京城全图》是清代乾隆时期大规模地图测绘工作的产物,完成于乾隆十五年。原图存清内务府造办处舆图房,1935 年在北京故宫博物院文献馆发现。原图由 51 帙拼合而成,每帙长 84 厘米,宽 25 厘米,图幅总长 1402 厘米,宽 1326 厘米,比例尺约为 1∶650。该舆图以其画幅之大、内容之详、测绘之精,在中国现存古代城市地图中首屈一指,堪称空前绝后(图 3-38—图 3-41)。

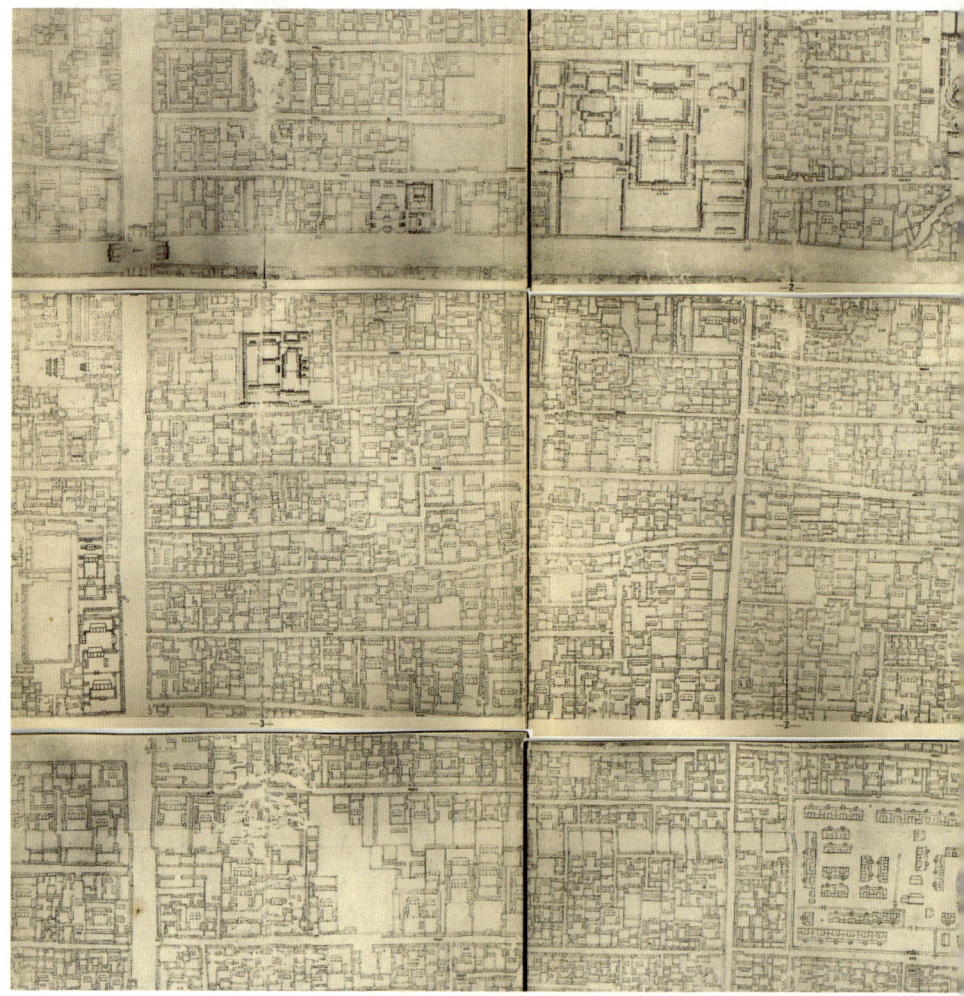

图 3-38　1750 年《乾隆京城全图》朝阳门内片区节选

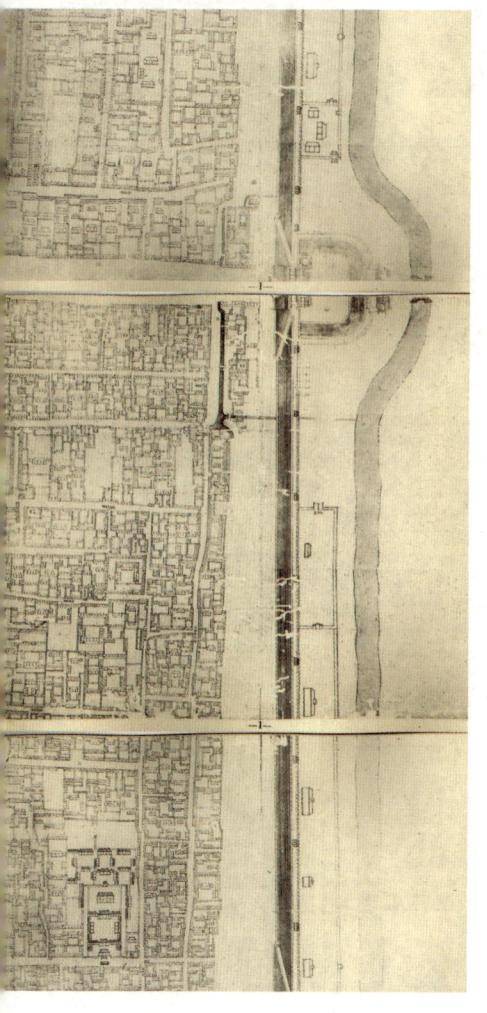

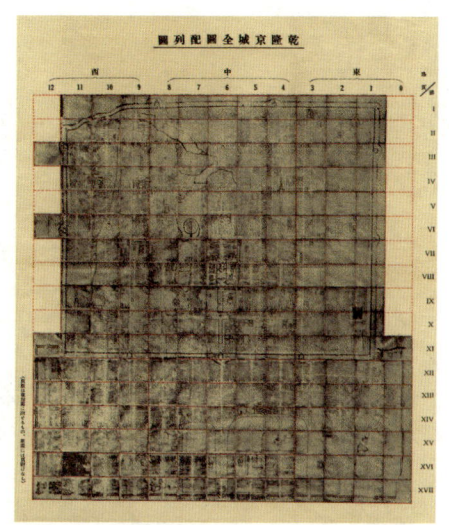

图 3-39 《乾隆京城全图》

时间：1750 年
纂修者：（清）海望、郎士宁、沈源等

《乾隆京城全图》主要表现官署衙门、王宫府第、街区道路、寺观庙宇、水道湖池、桥梁、民居房舍等自然景观、人文景观。后来日本兴亚院、我国故宫博物院先后对其进行了影印、再版等工作，以便传播。

朝阳门内片区在故宫博物院的再版散页函装版的 208 张排列图中，位于东 1、2、3 列与Ⅵ、Ⅶ、Ⅷ排的范围，拼合如图 3-38 所示。采用了平面与立面相结合的方法，表现建筑、街巷的分布位置与结构形态，并拥有大量文字注记，还有河道、水井等各类信息。

总体而言，该舆图片段反映了乾隆十年末至十五年间的朝阳门内城市意象，表达信息的完整程度极高，有精准而丰富的建筑与院落意象及街巷意象。

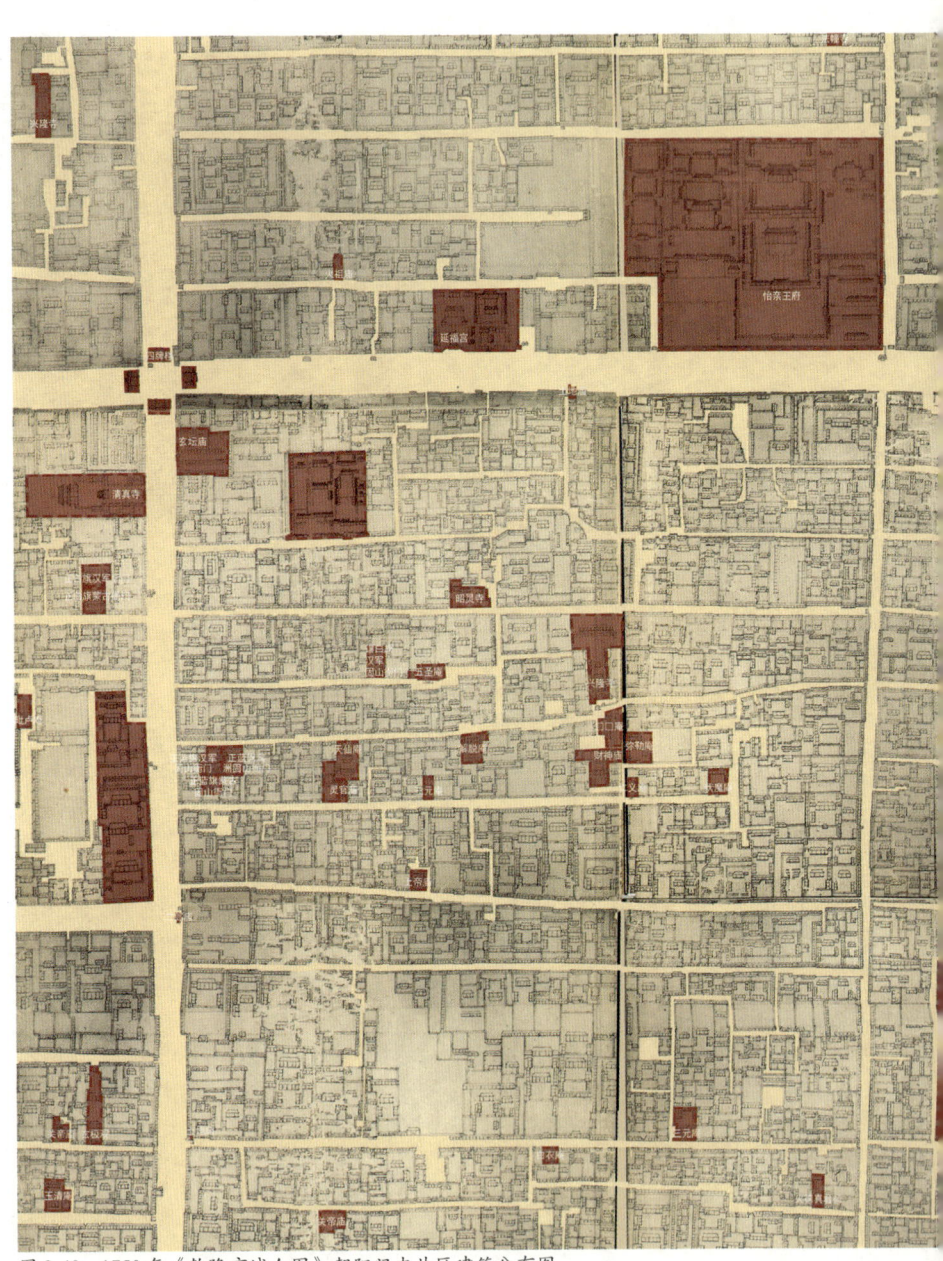

图 3-40　1750 年《乾隆京城全图》朝阳门内片区建筑分布图

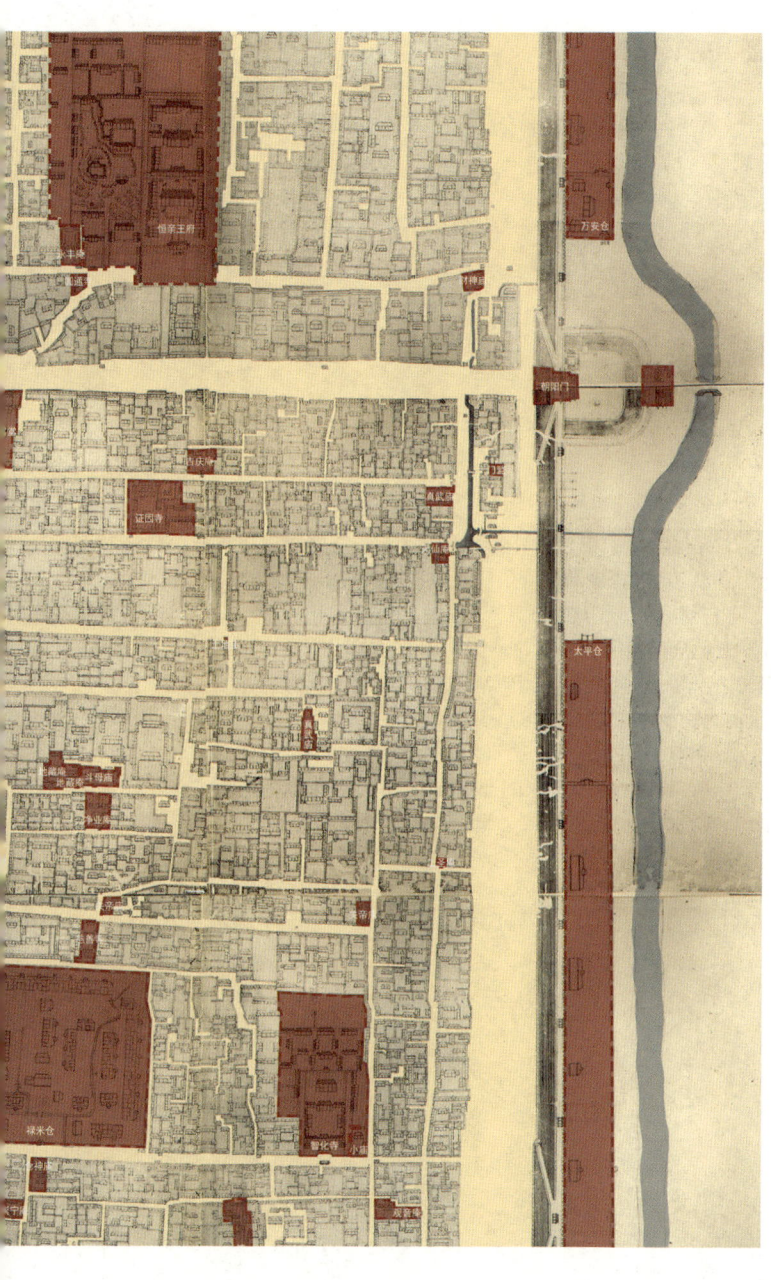

"古代图文中的朝阳门内意象(1267—1912)"历史空间研究

第三章 古意

《乾隆京城全图》的转译

图中表达出的建筑与院落意象包括：兴隆寺（1）、四牌楼、火祖庙、延福宫、怡亲王府、五圣庵（1）、永丰庵、圆通寺、恒亲王府、财神庙（1）、万安仓、清真寺、正白旗汉军衙门、正白旗蒙古衙门、毗卢庵、箭厂（未标注）、关帝庙（1）、玄极观、玉清庵、玄坛庙、土地庙（1）、昭灵寺、镶白旗汉军固山衙门、五圣庵（2）、兴隆寺（2）、正蓝旗汉军固山衙门、正蓝旗满州固山衙门、正蓝旗蒙古固山衙门、天仙庵（1）、灵官庙、解脱庵、三元庵（1）、□□庵、二郎庙、财神庙（2）、弥勒庵、仁义庵、伏魔庵、上帝庙、白衣庵、火德真君祠、地藏庵（1）、老君堂、吉庆庵、证因寺、天仙庵（2）、真武庙（1）、门监、土地庙（2）、真武庙（2）、地藏庵（2）、斗母庙、净业庵、二圣庵、慈善寺、禄米仓、智化寺、小庙、仓神庙、崇宁庵、关帝庙（2）、观音庵、太平仓、三元庵（2）、关帝庙（3）、土地庙（3）、朝阳门、朝阳门箭楼和城墙等（图3-41）。

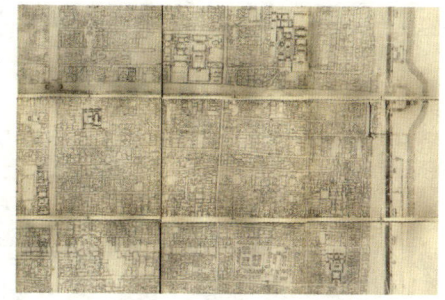

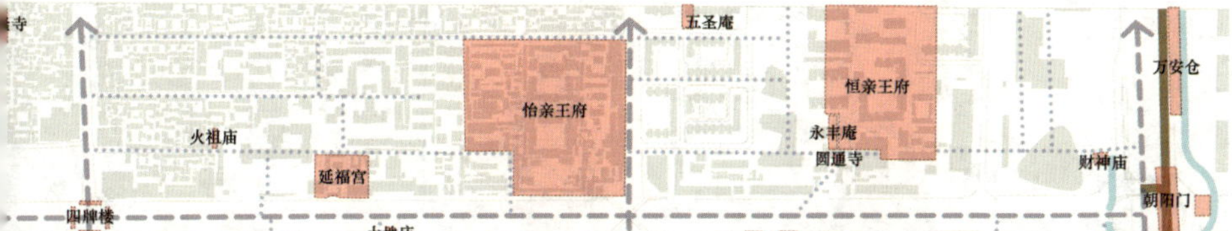

图 3-41 《乾隆京城全图》中的建筑与院落意象

"古代图文中的朝阳门内意象(1267—1912)"历史空间研究

图 3-42 1750 年《乾隆京城全图》朝阳门内片区街巷分布图

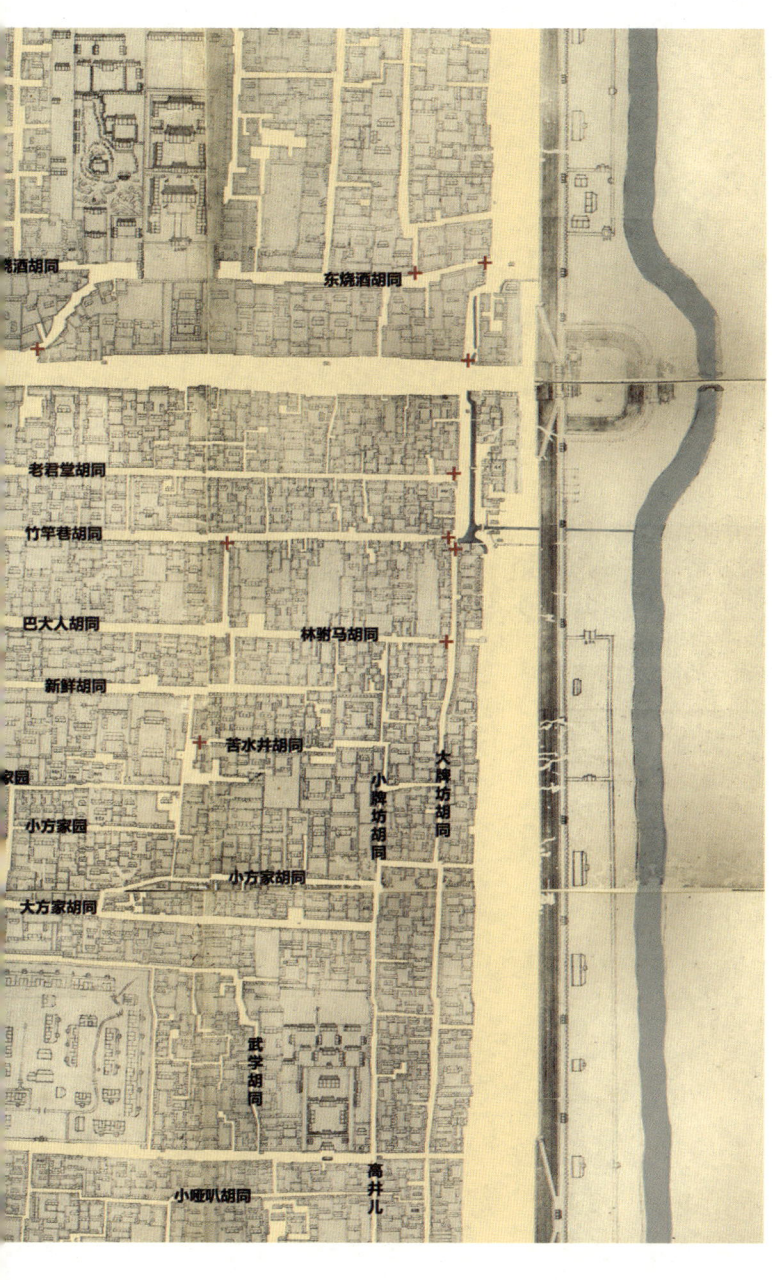

"古代图文中的朝阳门内意象(1267—1912)"历史空间研究

第三章 古意

《乾隆京城全图》的转译

  图中表达出的街巷意象包括：小街、南小街、头条胡同、二条胡同、三条胡同、四条胡同、西烧酒胡同、东烧酒胡同、箭厂胡同、东夹道、小烟筒胡同、大烟筒胡同、万利桥、后拐棒胡同、前拐棒胡同、胡同、炒面胡同、驴市胡同、灯草胡同、下洼儿、演乐胡同、本司胡同、胡同、巴巴胡同（1）、钩栏胡同、史家胡同、干面胡同、巴巴胡同（2）、老君堂胡同、竹竿巷胡同、巴大人胡同、林驸马胡同、新鲜胡同、苦水井胡同、大方家园、小方家园、大方家胡同、小方家胡同、小牌坊胡同、大牌坊胡同、武学胡同、高井儿、小哑叭胡同（图3-43）。

  图中表达的其他意象包括：护城河和共计46处牌楼（图3-43）。

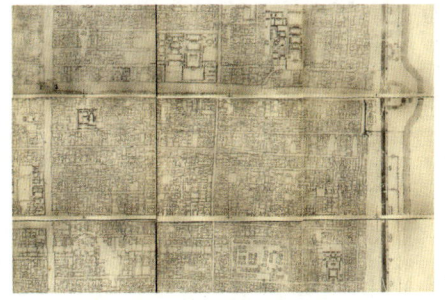

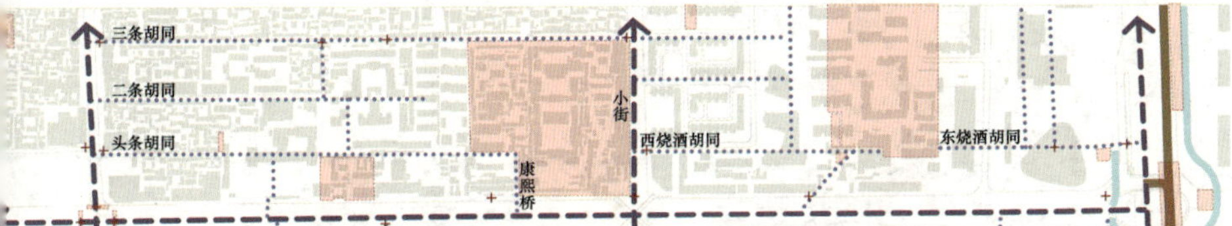

图 3-43 《乾隆京城全图》中的街巷及其他意象

"古代图文中的朝阳门内意象(1267—1912)"历史空间研究

第三章 古意

1752年《PLAN DE LA VILLE TARTARE ET CHINOISE DE PEKIN》

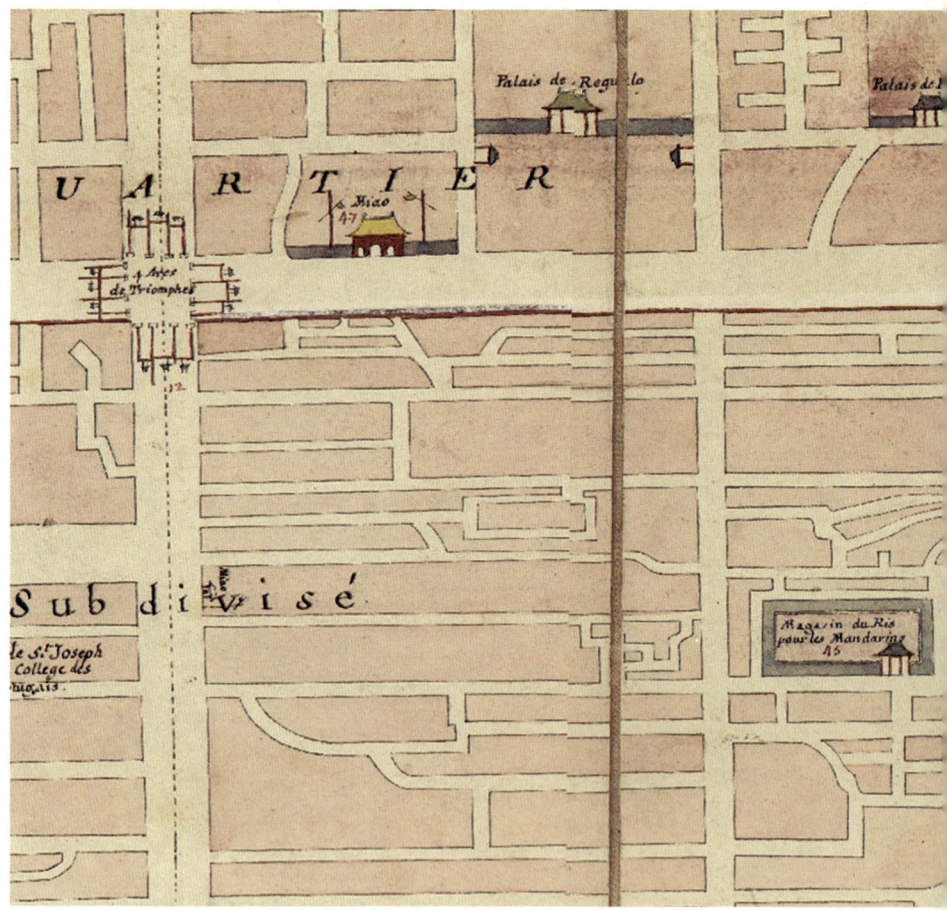

图3-44　1752年《PLAN DE LA VILLE TARTARE ET CHINOISE DE PEKIN》朝阳内门内片区节选

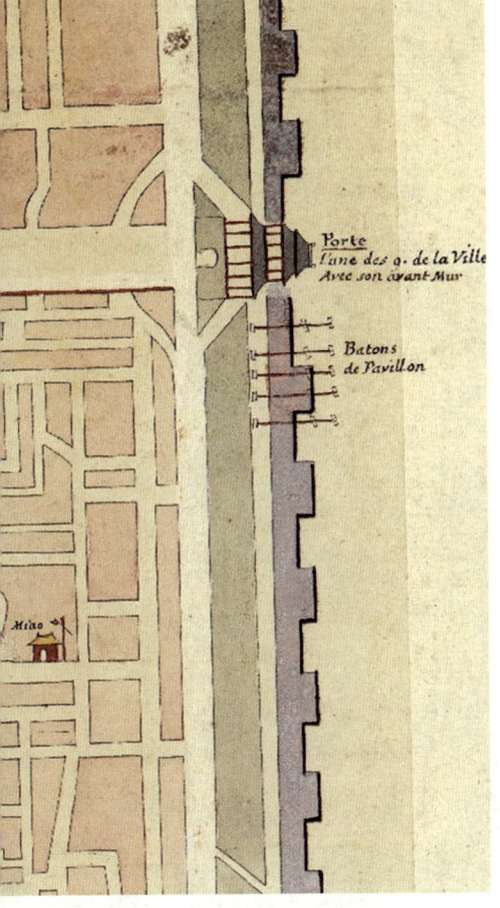

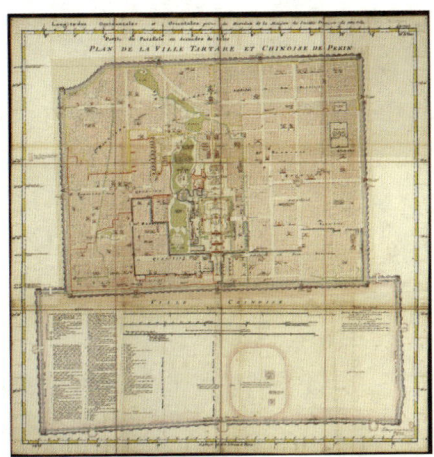

图 3-45 《PLAN DE LA VILLE TARTARE ET CHINOISE DE PEKIN》

时间：1752 年
纂修者：M. Delisle; Philippe Buache

该舆图为法国人纂修，重点标注了包括朝阳门、四牌楼在内的重要城市级别设施，以及官署、王府、仓库、寺庙等信息，并以法文注记（图 3-45）。

朝阳门内片区的绘制精度一般，除四牌楼和朝阳门是以建筑立面的形象展现外，还以极为简略的建筑立面和院墙立面共同标识了若干重要院落的位置和范围（图 3-44）。

总体而言，该舆图片段反映了乾隆年间的朝阳门内城市意象，表达信息的完整程度一般，其中建筑与院落意象一般，街巷意象较精细。

《PLAN DE LA VILLE TARTARE ET CHINOISE DE PEKIN》的转译

图中表达出的建筑与院落意象包括：延福宫（Miao）、怡亲王府（Palais de Regulo）、恒亲王府（Palais de Regulo）、四牌楼（4 Ares de Triomphes）、二郎庙（Miao）、禄米仓（Maga/in du Ris paurles Mandarins）、智化寺（Miao）、朝阳门（Porte）和城墙，均为法语标注（图3-46）。

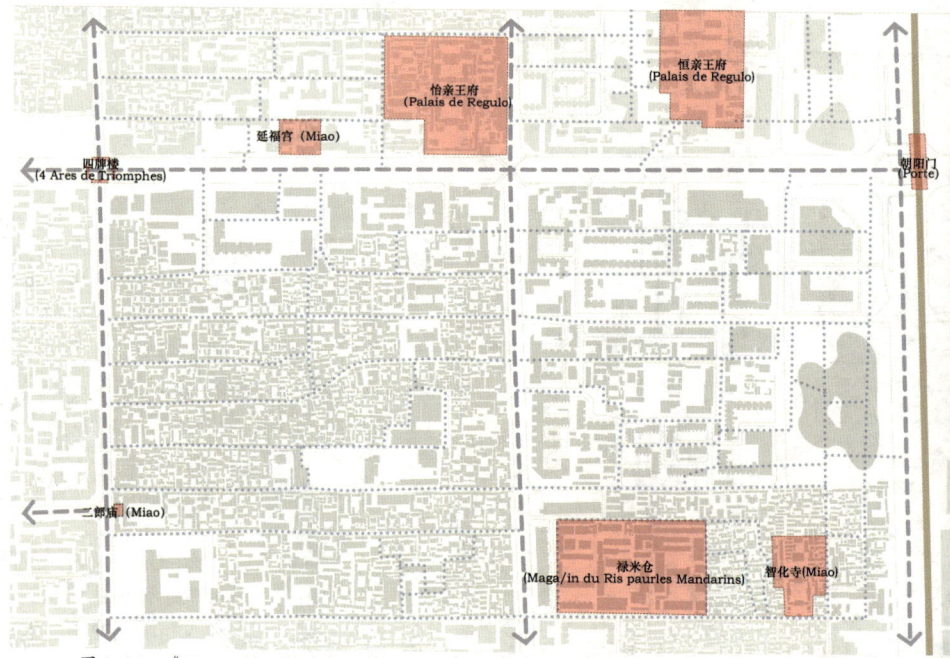

图3-46　《PLAN DE LA VILLE TARTARE ET CHINOISE DE PEKIN》中的建筑与院落意象

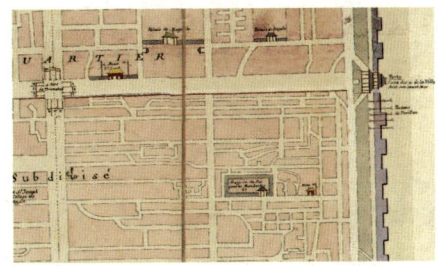

图中表达出的街巷意象包括：朝阳门内大街、东四南大街、南小街等，但均未标注名称（图3-47）。

图中表达的其他意象包括：正白旗界，但未标注名称（图3-47）。

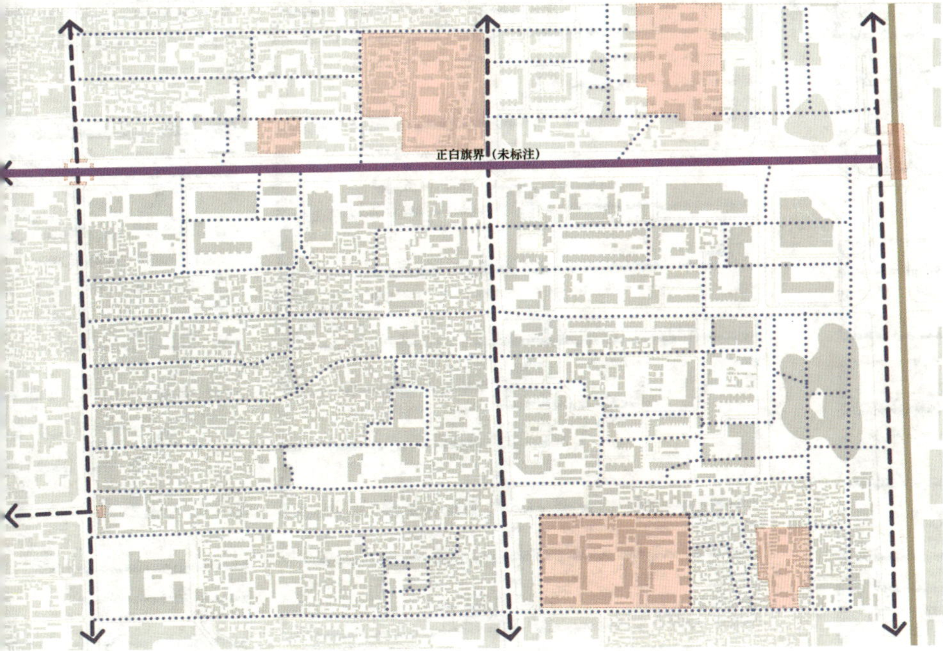

图 3-47 《PLAN DE LA VILLE TARTARE ET CHINOISE DE PEKIN》中的街巷及其他意象

1765 年《PLAN DE LA VILLE TARTARE DE PEKING》

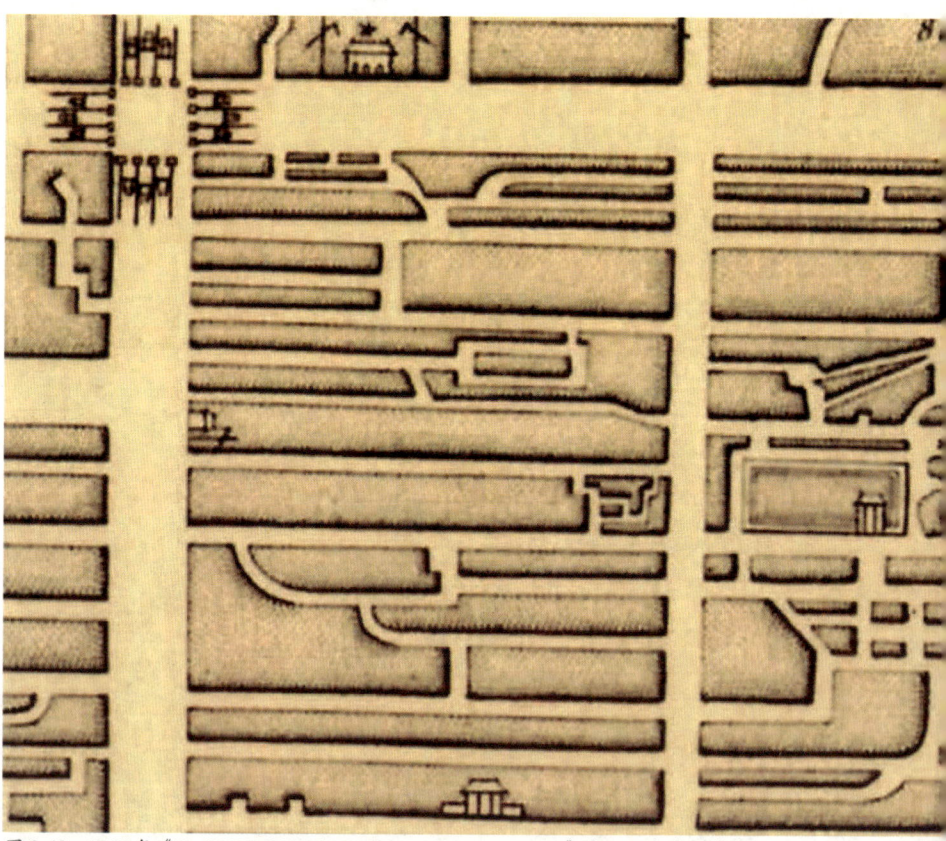

图 3-48　1765 年《PLAN DE LA VILLE TARTARE DE PEKING》朝阳门内片区节选

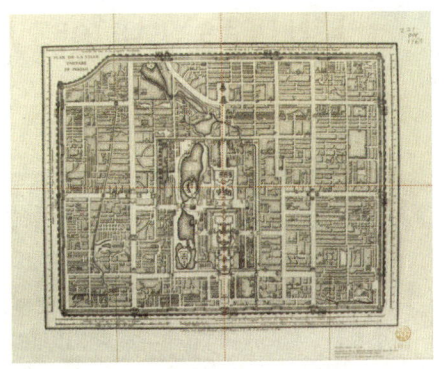

图 3-49 《PLAN DE LA VILLE TARTARE DE PEKING》

时间：1765 年
纂修者：Lattre

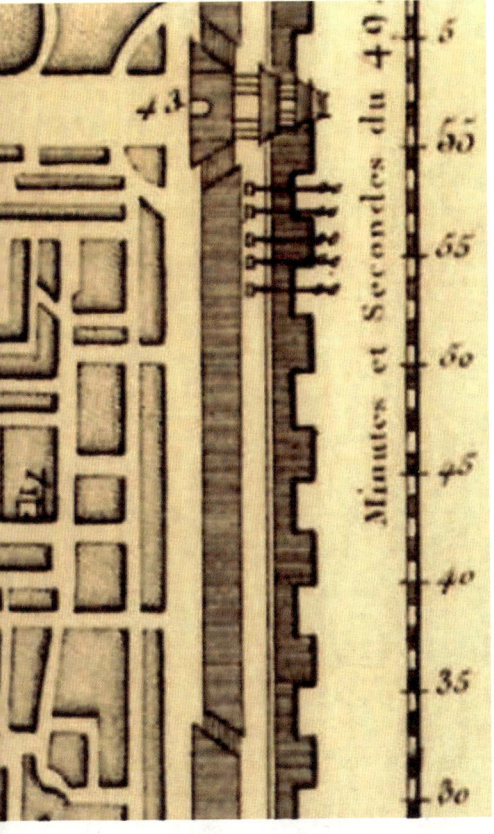

《PLAN DE LA VILLE TARTARE DE PEKING（北京内城地图）》的原图是由法国的拉特雷于 1765 年雕刻，1965 年美国纽约州伊萨卡市历史城市地图复制公司依据美国康奈尔大学图书馆所藏刻本复制，限量 500 张，其中中国国家图书馆馆藏的编号为 411。该图廓纵 38 厘米，横 48.7 厘米，以法文注记。该图标有经纬度和比例尺，已初具现代地图的特征，不过局部仍采用形象绘法。图中重要建筑标有数字或字母编号，但没有相应的数字或编号的文字说明（图 3-49）。

朝阳门内片区的局部也可以看出该舆图比较注重细节刻绘，街巷牌楼，乃至城墙上的阶梯、城垛均有绘制（图 3-48）。

总体而言，该舆图片段反映了乾隆年间的朝阳门内城市意象，表达信息的完整程度一般，其中建筑与院落意象一般，街巷意象较精细。

《PLAN DE LA VILLE TARTARE DE PEKING》的转译

图中表达出的建筑与院落意象包括：延福宫、怡亲王府、恒亲王府、四牌楼、禄米仓、二郎庙、智化寺、朝阳门和城墙，但均未标注出名称（图3-50）。

图中表达出的街巷意象包括：朝阳门内大街、东四南大街、南小街等，但均未标注出名称（图3-51）。

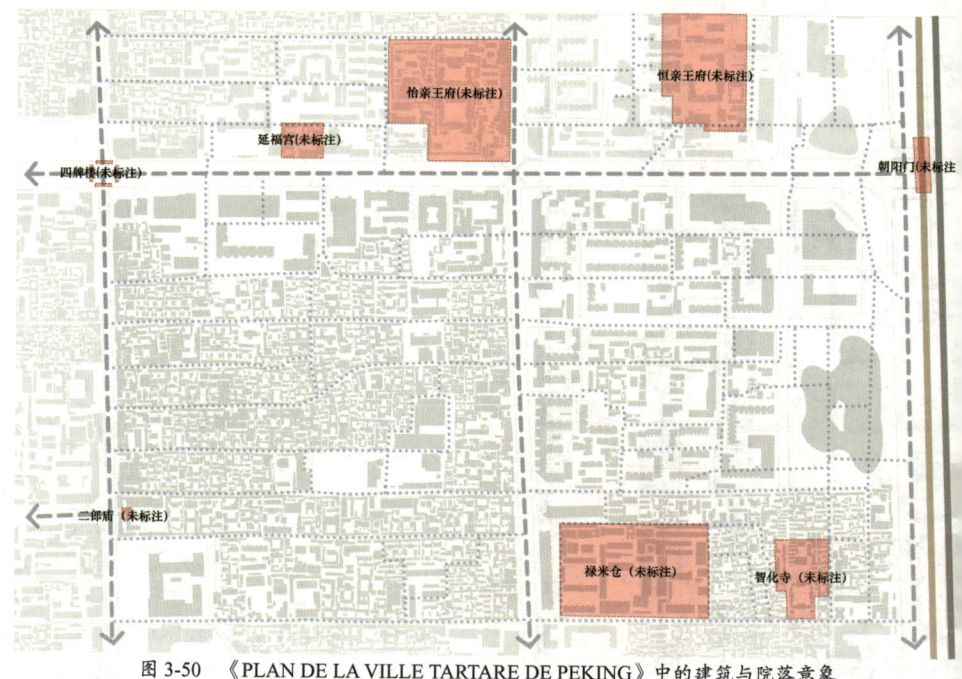

图3-50 《PLAN DE LA VILLE TARTARE DE PEKING》中的建筑与院落意象

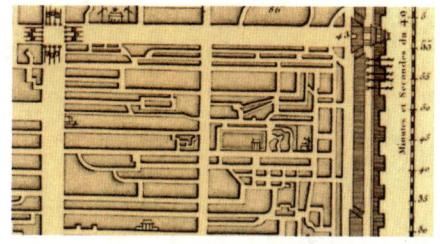

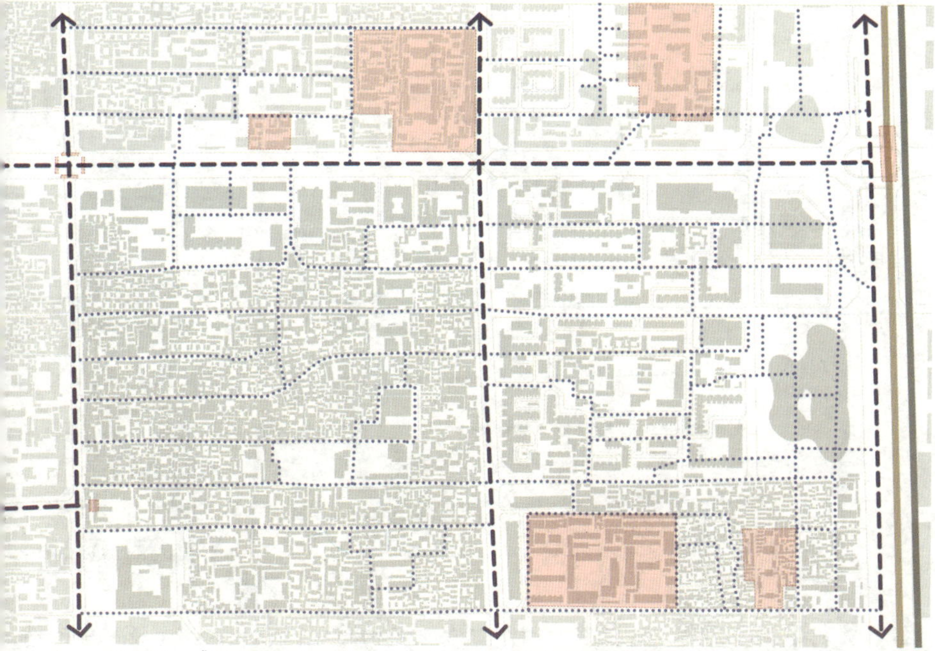

图 3-51 《PLAN DE LA VILLE TARTARE DE PEKING》中的街巷及其他意象

"古代图文中的朝阳门内意象(1267—1912)"历史空间研究

1788年《镶白旗图》

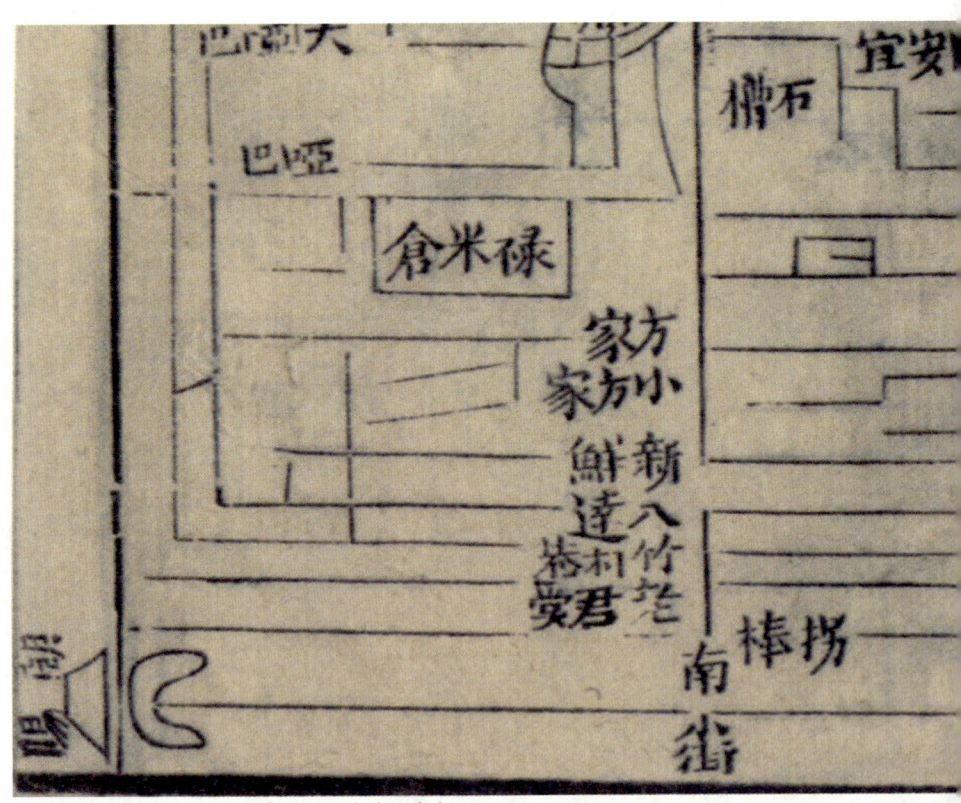

图 3-52　1788年《镶白旗图》朝阳门内片区节选

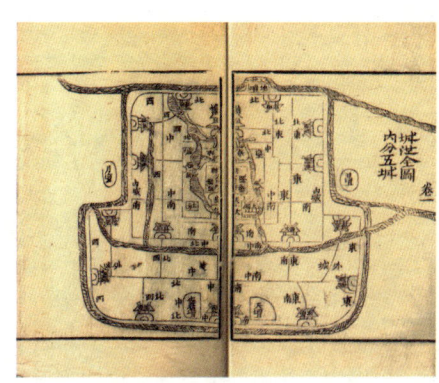

图 3-53 《城池全图》

选自：《宸垣识略》
时间：1788 年

吴长元的《宸垣识略》是对老北京历史研究具有重要史料价值的文献，其中共收录了 18 幅北京城区地图，包括城池全图（图 3-53）、皇城图、大内图、内城图、八旗居址图、外城图以及西山图等。

朝阳门内片区即位于八旗居址图之一的《镶白旗图》，由于采用了分幅方式绘制，克服了版面限制，图中重要地物及街道胡同均有表达。与前述的 1738 年《镶白旗满洲蒙古汉军地图》相仿，图面呈现为上南下北的视角，较为独特（图 3-52）。

总体而言，该舆图片段反映了乾隆年间的朝阳门内城市意象，表达信息的完整程度一般，其中建筑与院落意象较粗略，街巷意象一般。

《镶白旗图》的转译

图中表达出的建筑与院落意象包括：延福宫（三官庙）、箭厂、弓匠营（马匠营）、四牌楼（东四牌楼）、禄米仓、朝阳门和城墙（图3-54）。

图中表达出的街巷意象包括：头条胡同、二条胡同、三条胡同、北小街、南小街、豆瓣胡同、豆芽菜胡同、斜街、烧酒胡同、拐棒胡同、炒面胡同、驴市胡同（利市胡同）、灯草胡同、演乐胡同（眼药胡同）、本司胡同（木司胡同）、钩栏胡同（勾阑胡同）、史家胡同、干面胡同、老君堂、竹竿巷（竹杆巷）、巴大人胡同（八达胡同）、新鲜胡同、小方家胡同、方家胡同和小哑巴胡同（哑巴胡同）等（图3-55）。

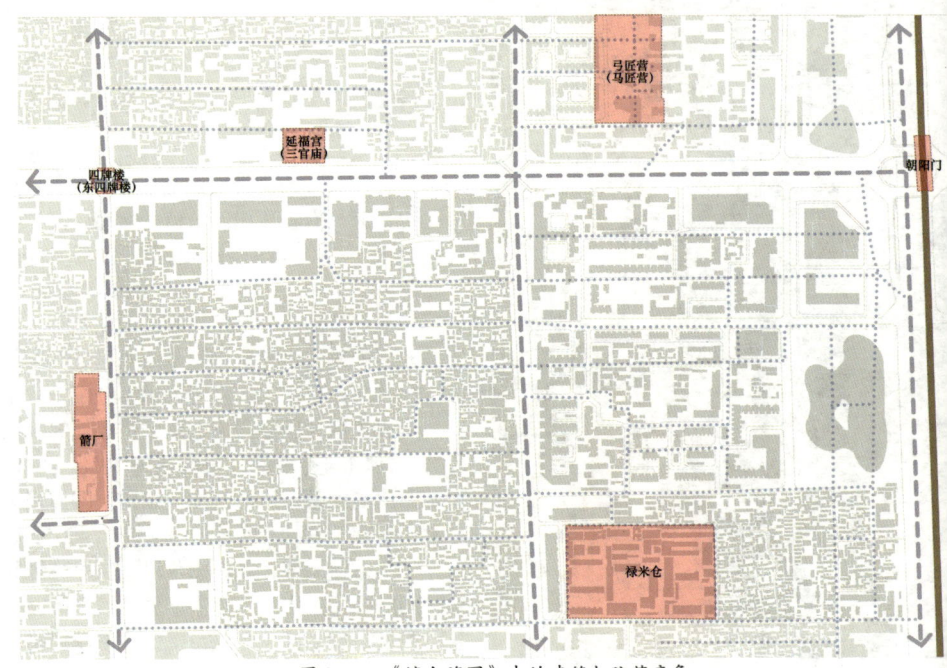

图3-54 《镶白旗图》中的建筑与院落意象

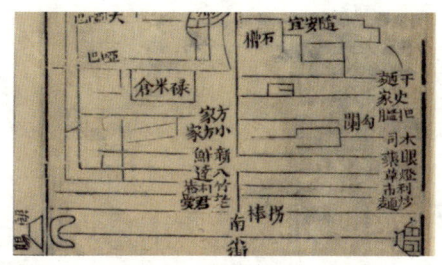

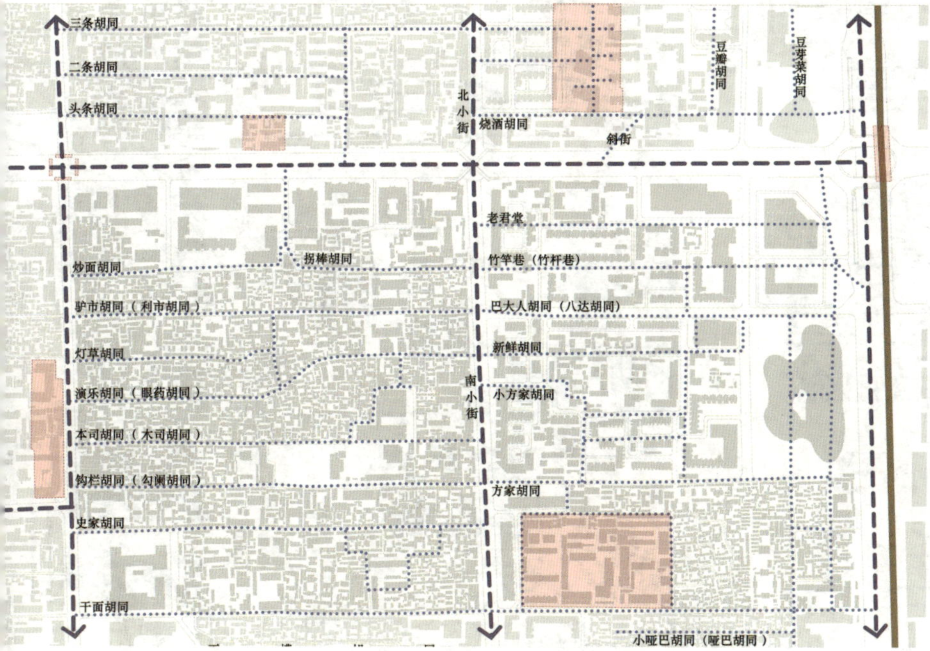

图 3-55 《镶白旗图》中的街巷及其他意象

1796—1820 年《首善全图》

《首善全图》的原图是丰斋木刻本,墨印设色,图纵 99 厘米,横 64 厘米。以"首善"指代"京师",是北京内外城图(图 3-57)。该图虽然反映了北京城的情况,但比例并不准确。另外,相对而言,外城比内城标识更加详细,内城个别地方则有图无说。从绘图情况推断,应为嘉庆年间民间绘制而成。

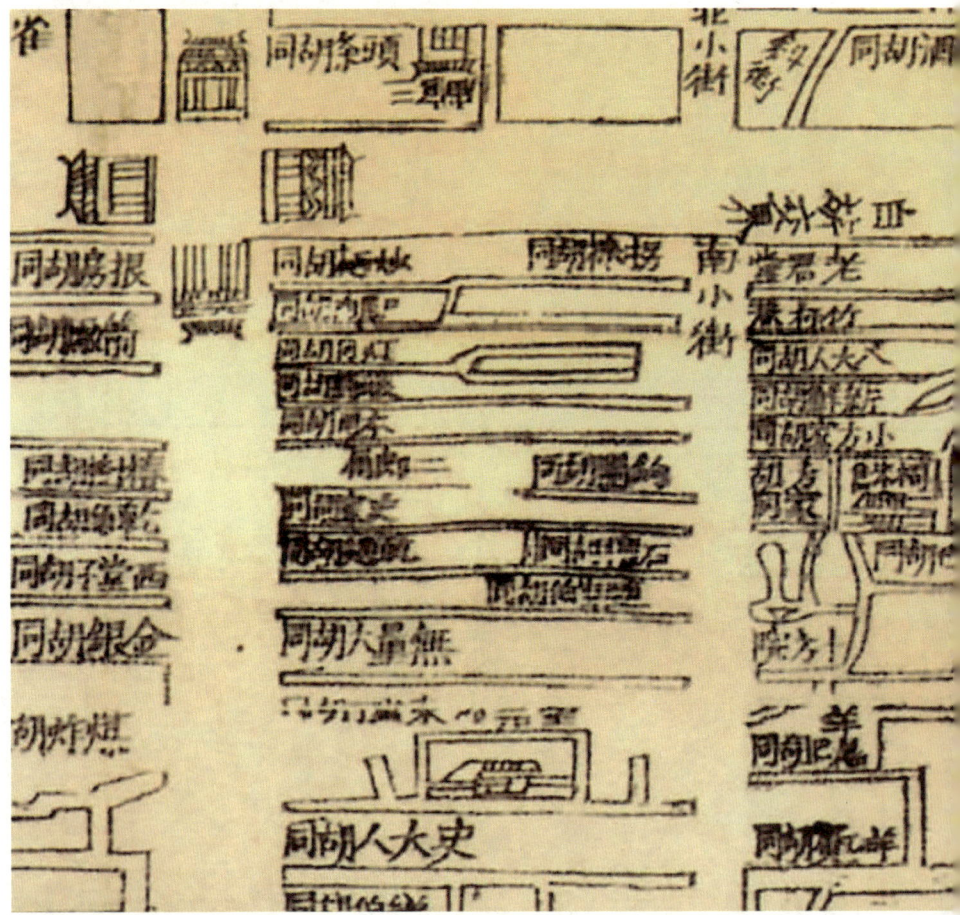

图 3-56 1796—1820 年《首善全图》朝阳门内片区节选

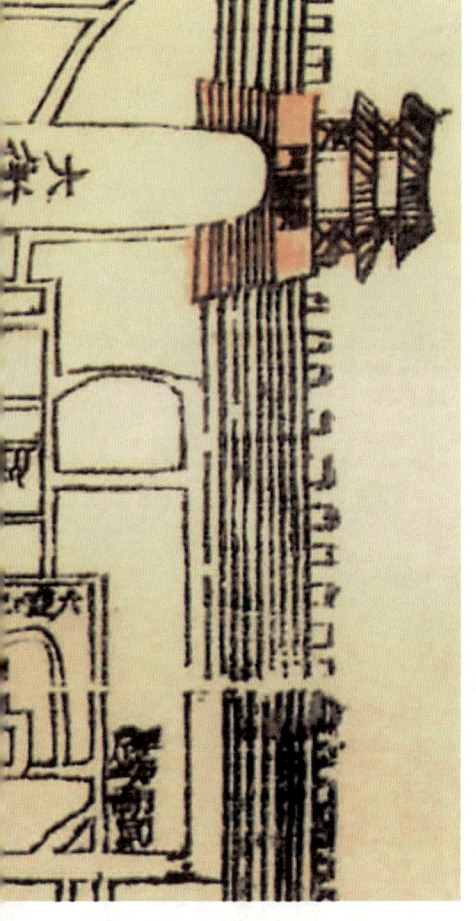

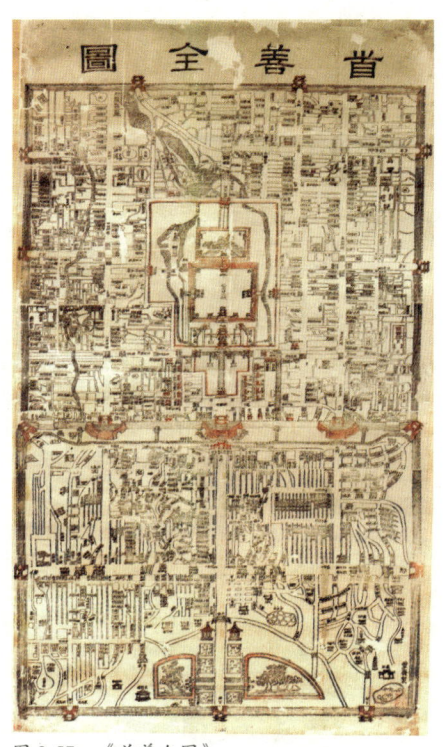

图 3-57 《首善全图》

时间：1796—1820 年

朝阳门内片区的局部也可以看出该舆图中，各座城门涂红，城内各胡同、坛庙等标注清楚，采用了平、立面结合的形象绘法（图 3-56）。

总体而言，该舆图片段反映了嘉庆年间的朝阳门内城市意象，表达信息的完整程度一般，其中建筑与院落意象一般，街巷及其他意象较精细。

"古代图文中的朝阳门内意象(1267—1912)"历史空间研究

《首善全图》的转译

图中表达出的建筑与院落意象包括：延福宫（三官庙）、四牌楼（未标注）、朝阳门、二郎庙、禄米仓、武学和城墙（图3-58）。

图中表达出的街巷意象包括：朝阳门内大街（大街）、头条胡同、二条胡同、三条胡同、北小街、南小街、烧酒胡同、斜街、豆芽菜胡同、豆瓣胡同、马匠营胡同（弓箭营）、拐棒胡同、炒面胡同、驴市胡同、灯草胡同（灯同胡同）、演乐胡

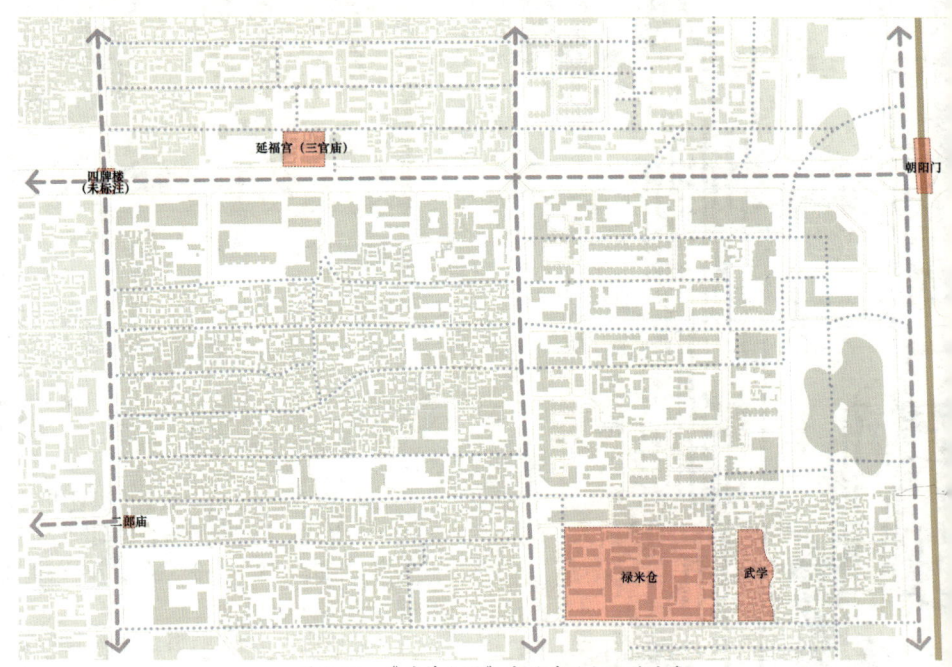

图 3-58　《首善全图》中的建筑与院落意象

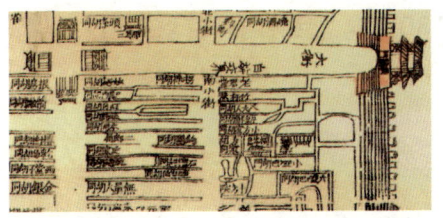

同（眼药胡同）、本司胡同（本同胡同）、钩栏胡同（钩阑胡同）、史家胡同、干面胡同、老君堂、竹竿巷（竹杆巷）、巴大人胡同（八大人胡同）、新鲜胡同、牌坊胡同、小方家胡同、方家胡同和小哑巴胡同等（图3-59）。

图中表达的其他意象包括：正白旗界（白旗交界）（图3-59）。

图3-59 《首善全图》中的街巷及其他意象

1800年《京城内外首善全图》

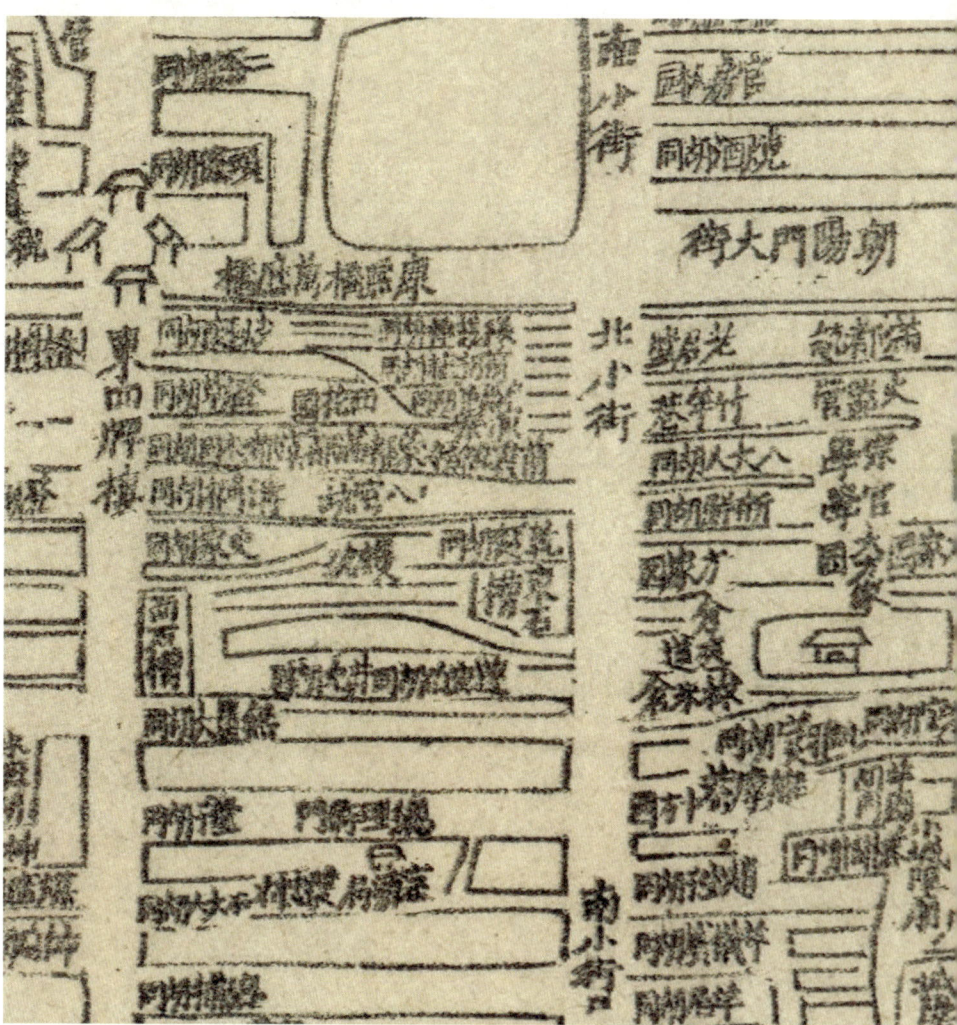

图 3-60　1800 年《京城内外首善全图》朝阳门内片区节选

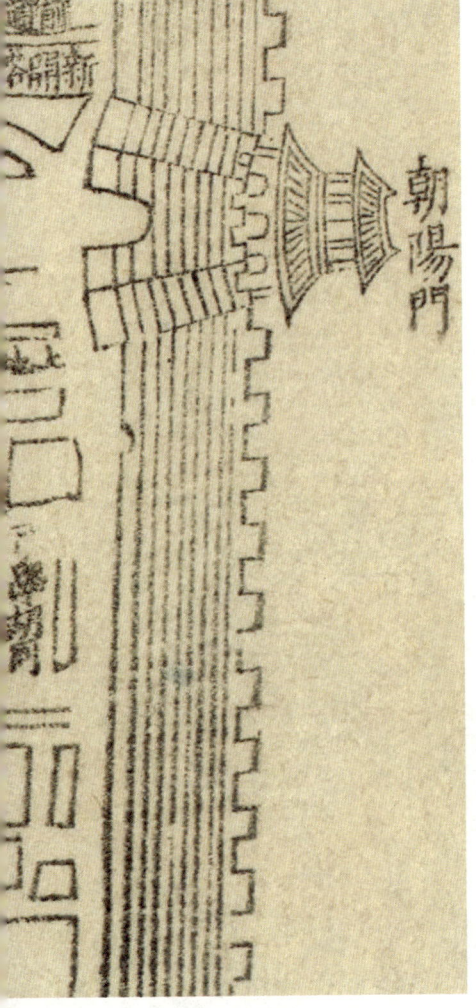

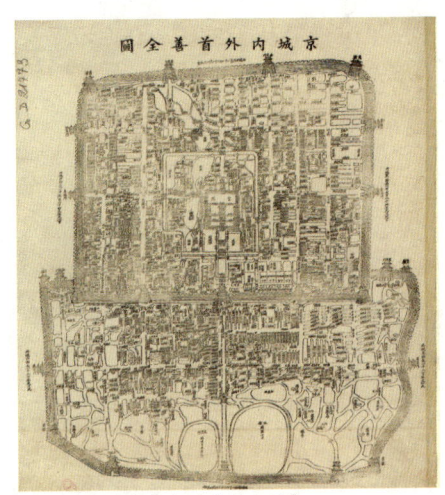

图 3-61 《京城内外首善全图》

时间：1800 年
纂修者：谈梅庆绘，古吴、谈梅庆摹刻

《京城内外首善全图》是晚清嘉庆时期，由手绘石板印刷的古地图，较为完善地表达了北京内城与外城的街巷胡同及重要城市设施（图 3-61）。

朝阳门内片区的局部采用比较简洁概略的平、立面结合绘制方法，表达了胡同以及若干重要建筑与院落的大致位置（图 3-60）。

总体而言，该舆图片段反映了嘉庆年间的朝阳门内城市意象，表达信息的完整程度一般，其中建筑与院落意象一般，街巷意象较精细。

"古代图文中的朝阳门内意象(1267—1912)"历史空间研究

第三章 古意

《京城内外首善全图》的转译

图中表达出的建筑与院落意象包括:四牌楼(东四牌楼)、弓匠营、禄米仓、土地庙、方家园、宗学、官学、朝阳门和城墙,均标注名称但位置范围粗略(图3-62)。

图中表达出的街巷意象包括:朝阳门内大街(朝阳门大街)、北小街(南小街)、南小街(北小街)、头条胡同、二条胡同、三条胡同、烧酒胡同、鸡爪胡同、官房大园、前拐棒胡同、后拐棒胡同、万利桥(万历桥)、康熙桥、炒面胡同、驴市胡同、灯草

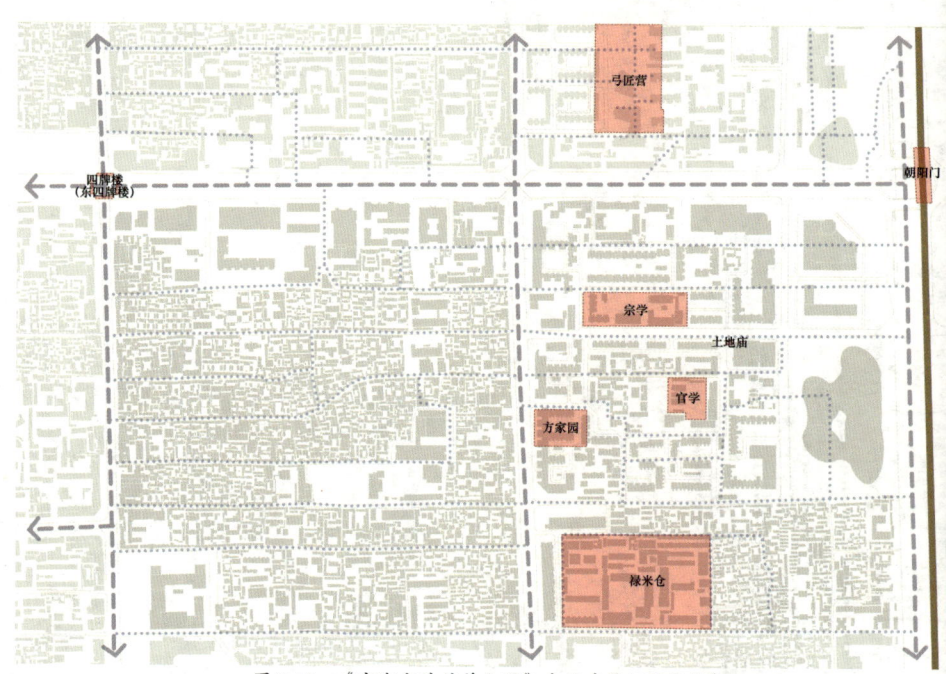

图3-62 《京城内外首善全图》中的建筑与院落意象

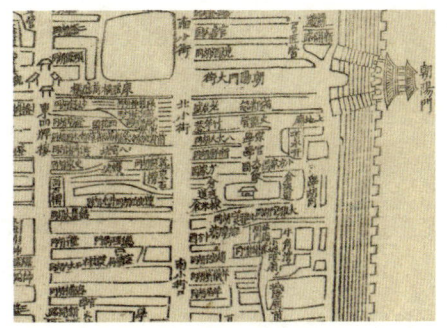

胡同、演乐胡同、本司胡同、钩栏胡同（勾阑胡同）、史家胡同、干面胡同、老君堂胡同、竹竿巷胡同、巴大人胡同（八大人胡同）、新鲜胡同、苦水井胡同（苦水井）、小方家园、大方家园、仓夹道和武学胡同（图 3-63）。

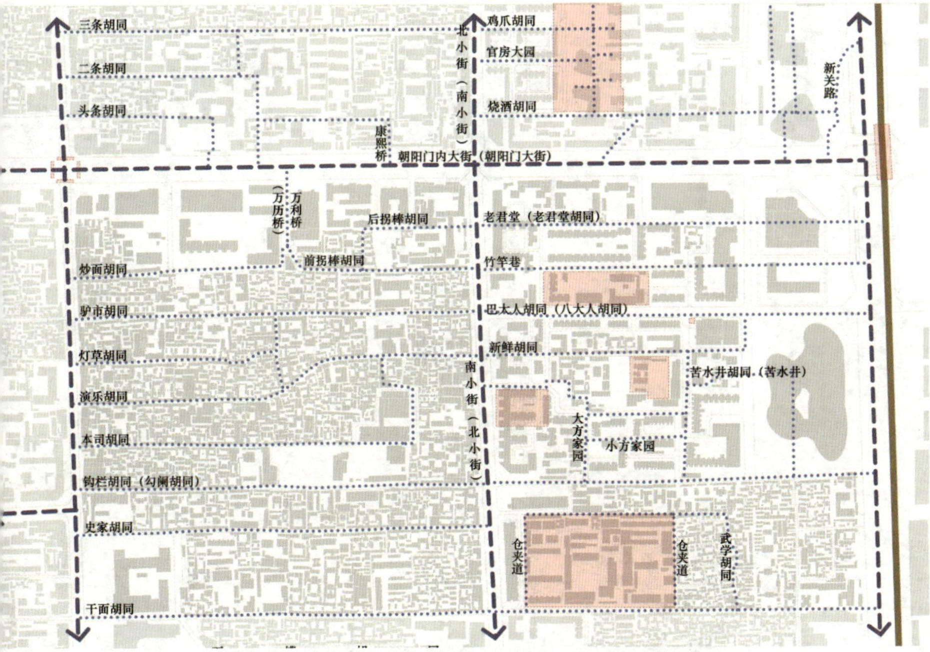

图 3-63 《京城内外首善全图》中的街巷及其他意象

1805年《镶白旗居址之图》

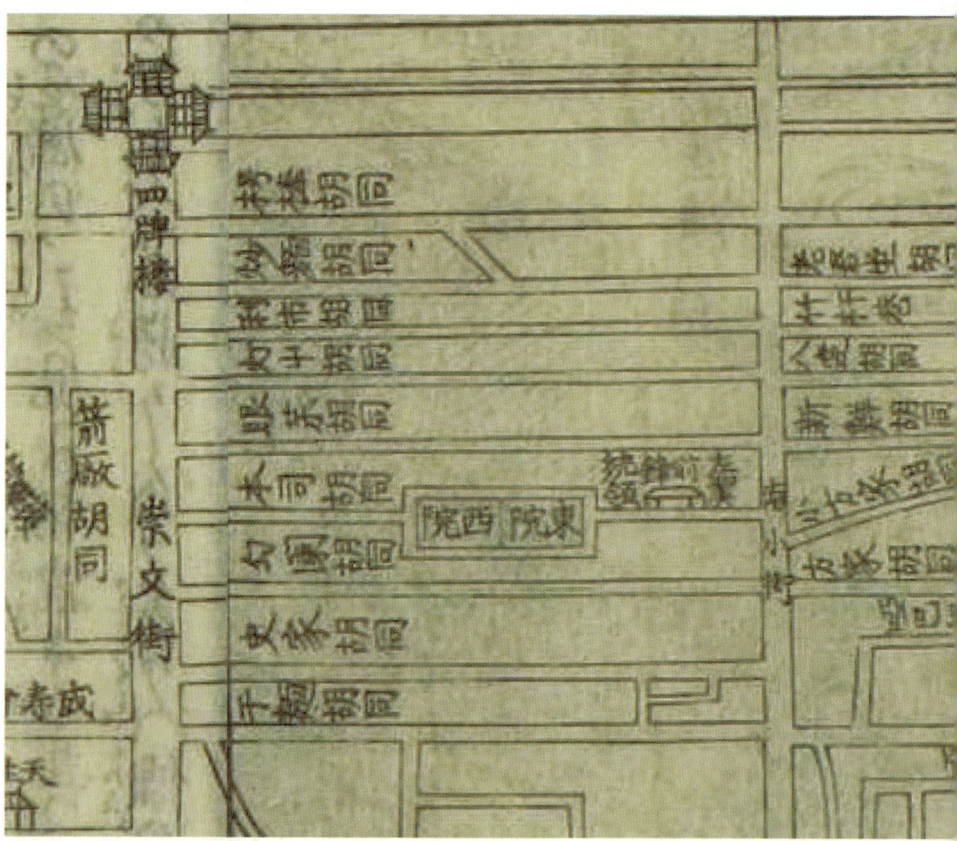

图 3-64　1805年《镶白旗居址之图》朝阳门内片区节选

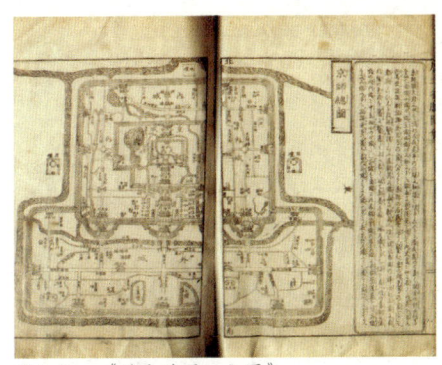

图 3-65 《镶白旗居址之图》

选自：《唐土名胜图会》
时间：1805 年
纂修者：〔日〕冈田玉山等

　　《唐土名胜图会》是由日本人编绘的有关中国的版画集，共 6 集，原拟从京师、直隶开始，陆续出版中国各地府县卷，实际仅出版京师、直隶部分。其中，前 4 集都是北京名胜古迹的介绍。书中收录大量版画和地图。书中版画与地图按一定比例绘制，绘图风格和所表示内容与现存清中期地图近似。

　　朝阳门内片区的局部内容虽总体与《宸垣识略》中编绘的《镶白旗图》相似，但二者绘制风格和图幅方位不同，内容也有出入（图 3-64、图 3-65）。

　　总体而言，该舆图片段反映了嘉庆年间的朝阳门内城市意象，表达信息的完整程度一般，其中建筑与院落意象较粗略，街巷意象较精细。

《镶白旗居址之图》的转译

图中表达出的建筑与院落意象包括：四牌楼、东院、西院、左翼前锋统领衙门、朝阳门和城墙（图 3-66）。

图中表达出的街巷意象包括：东四南大街（崇文街）、南小街、头条胡同、二条胡同、三条胡同、斜街、烧酒胡同、马匠营胡同、豆瓣胡同、豆芽菜胡同、拐棒胡同、炒面胡同、驴市胡同、灯草胡同、演乐胡同（眼药胡同）、本司胡同、钩栏

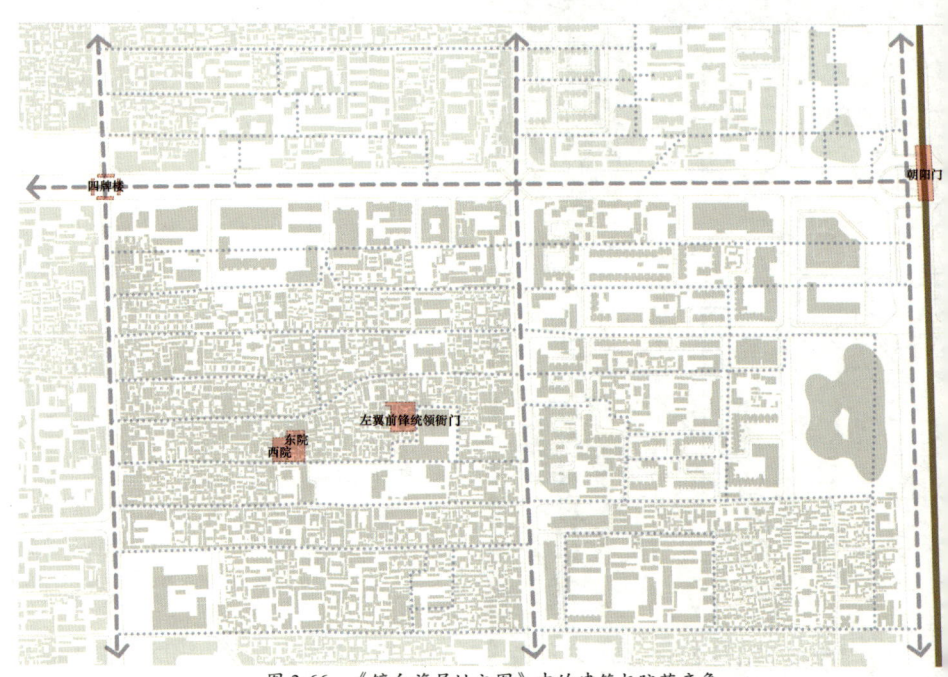

图 3-66 《镶白旗居址之图》中的建筑与院落意象

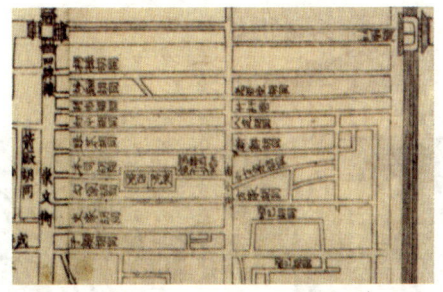

胡同（勾阑胡同）、史家胡同、干面胡同、老君堂（老君堂胡同）、竹竿巷（竹杆巷）、巴大人胡同（八达胡同）、新鲜胡同、小方家胡同、方家胡同、哑巴胡同（图3-67）。

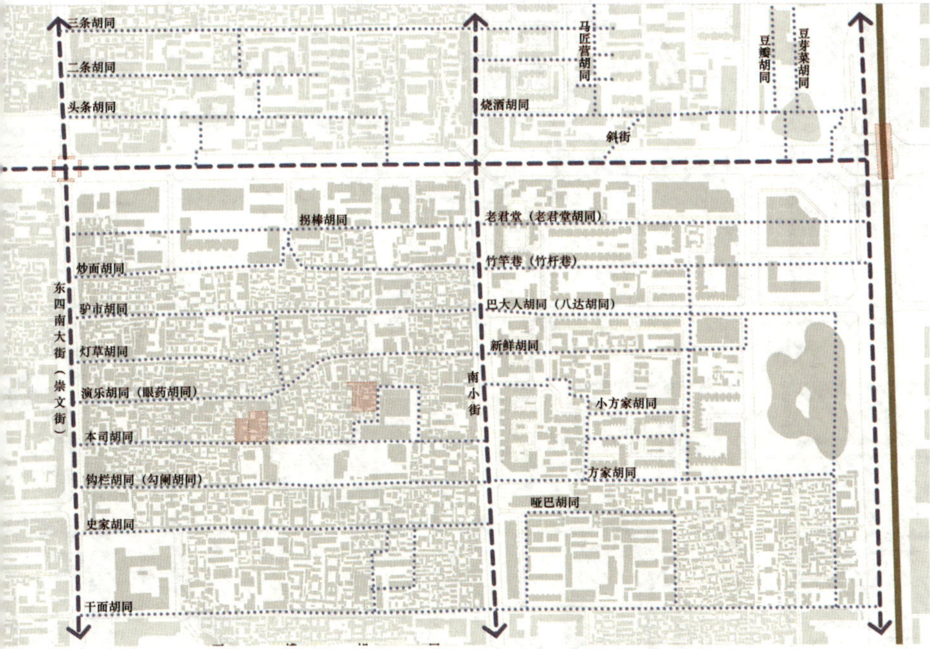

图3-67 《镶白旗居址之图》中的街巷及其他意象

1817年《PLAN OF PEKING》

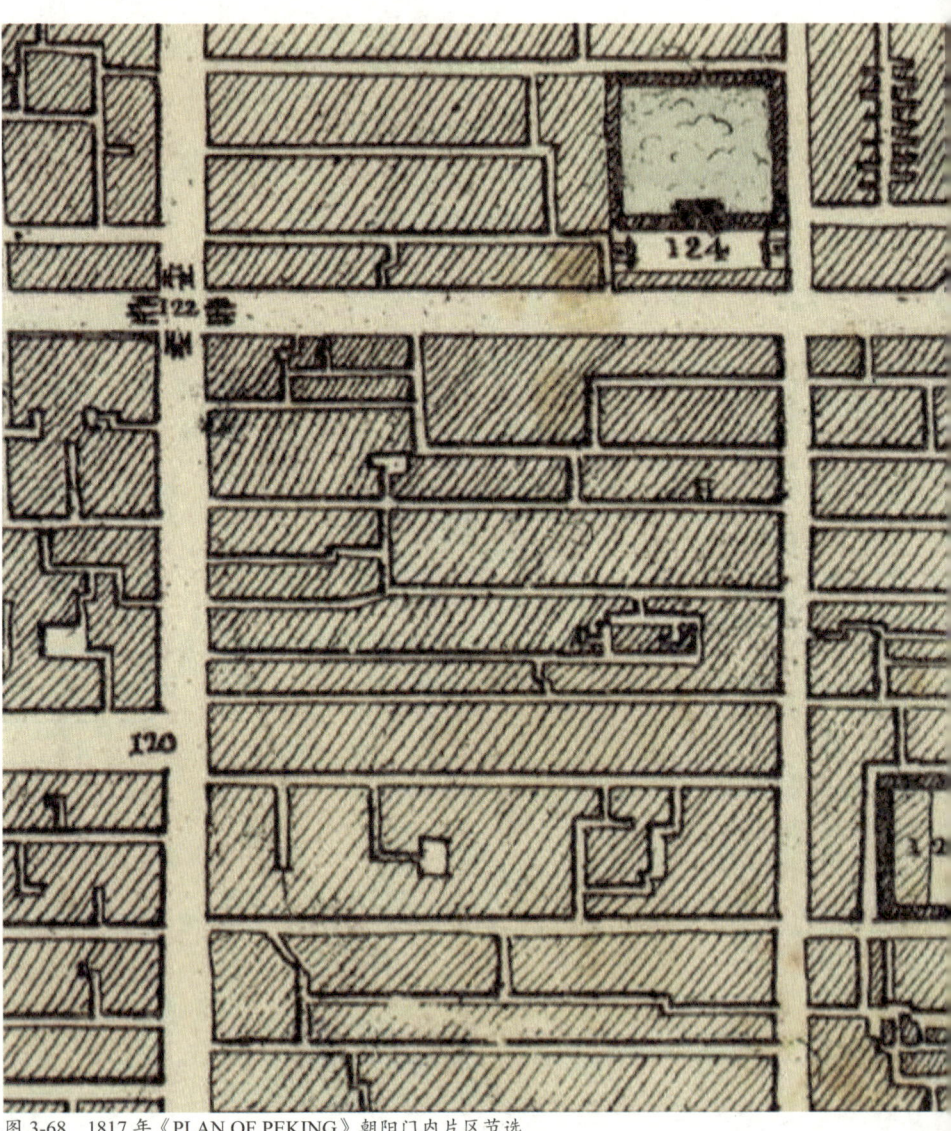

图 3-68　1817年《PLAN OF PEKING》朝阳门内片区节选

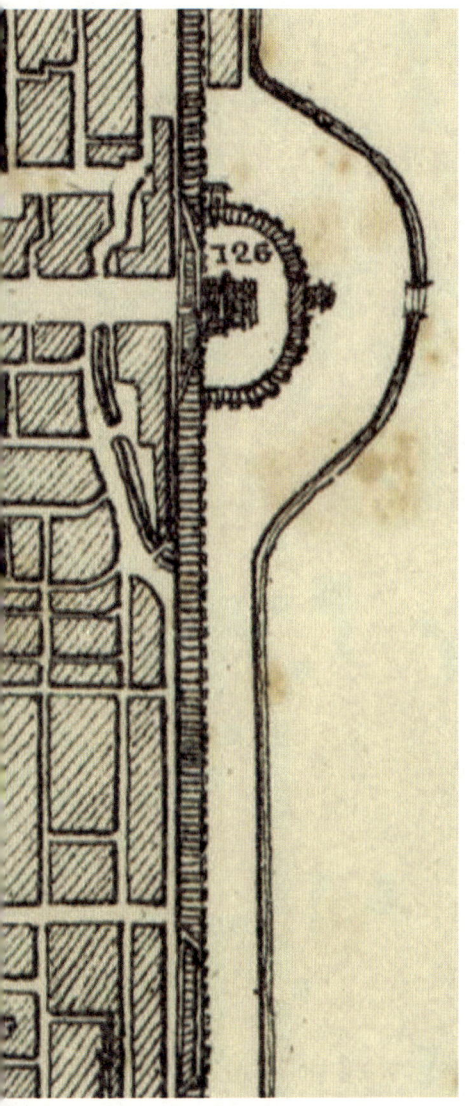

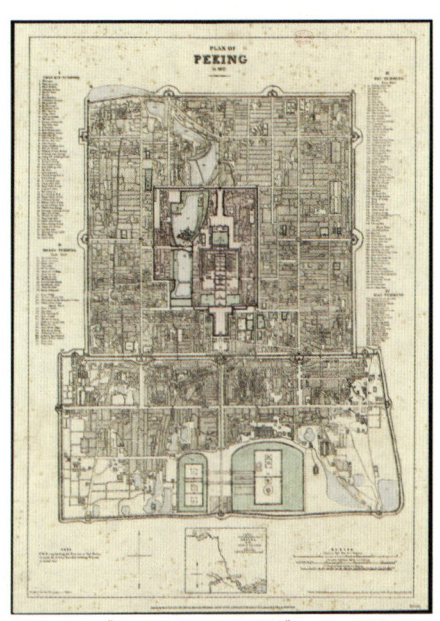

图 3-69 《PLAN OF PEKING》

时间：1817 年

  《PLAN OF PEKING》图廓纵 123 厘米，横 98 厘米，俄、法双语版。中轴线上主要建筑物均绘成立体图样。图为彩印版，寺庙建筑描以黄色，水系示以蓝色，并以绿色点染园林（图 3-69）。

  朝阳门片区的局部亦可看出该图绘制之详细。应以城墙为最细，垛口、城门、城楼、瓮城、马道等一应俱全。怡亲王府与恒亲王府均以绿色点染了后花园，从画面中凸显出生机（图 3-68）。

  总体而言，该舆图片段反映了嘉庆年间的朝阳门内城市意象，表达信息的完整程度一般，其中建筑与院落意象较粗略，街巷意象较精细。

"古代图文中的朝阳门内意象 (1267—1912)" 历史空间研究

《PLAN OF PEKING》的转译

图中表达出的建筑与院落意象包括：怡亲王府（Palais de Regulo）、恒亲王府（Heng-thsin-wang-fou）、四牌楼（Toung-sse-phai-leou）、禄米仓（Maga/in du Ris paurles Mandarins）、朝阳门（Tchhao-iang-men），另有朝阳门箭楼和城墙未标注名称（图 3-70）。

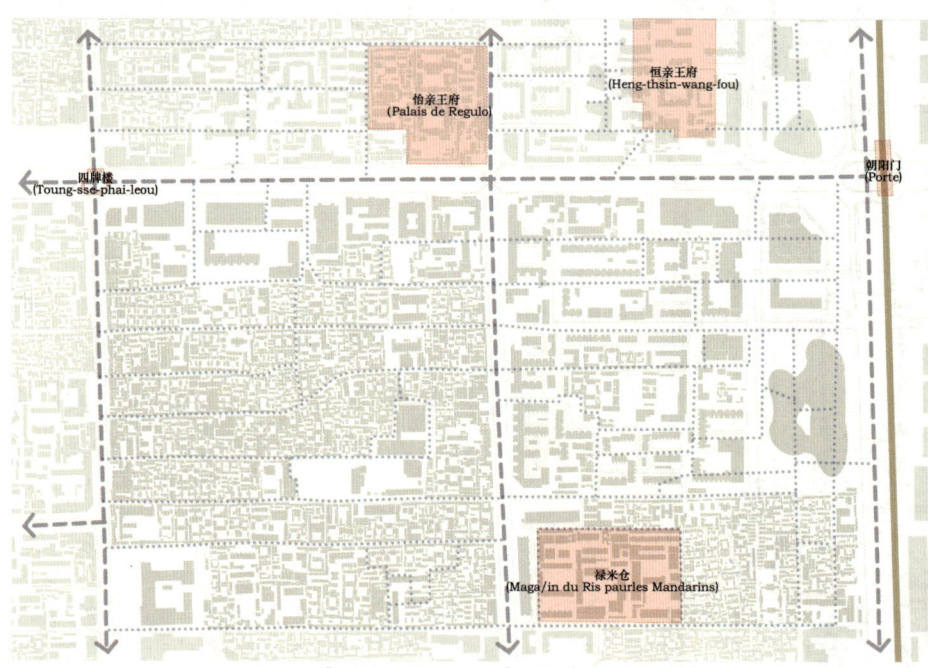

图 3-70　《PLAN OF PEKING》中的建筑与院落意象

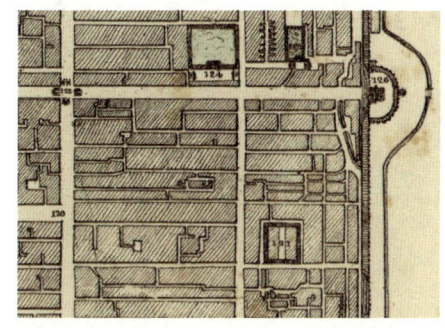

图中表达出的街巷意象包括：灯市口（Teng-chi），另有朝阳门内大街、东四南大街、南小街等，但均未标注名称（图 3-71）。

图中表达出的其他意象为护城河（图 3-71）。

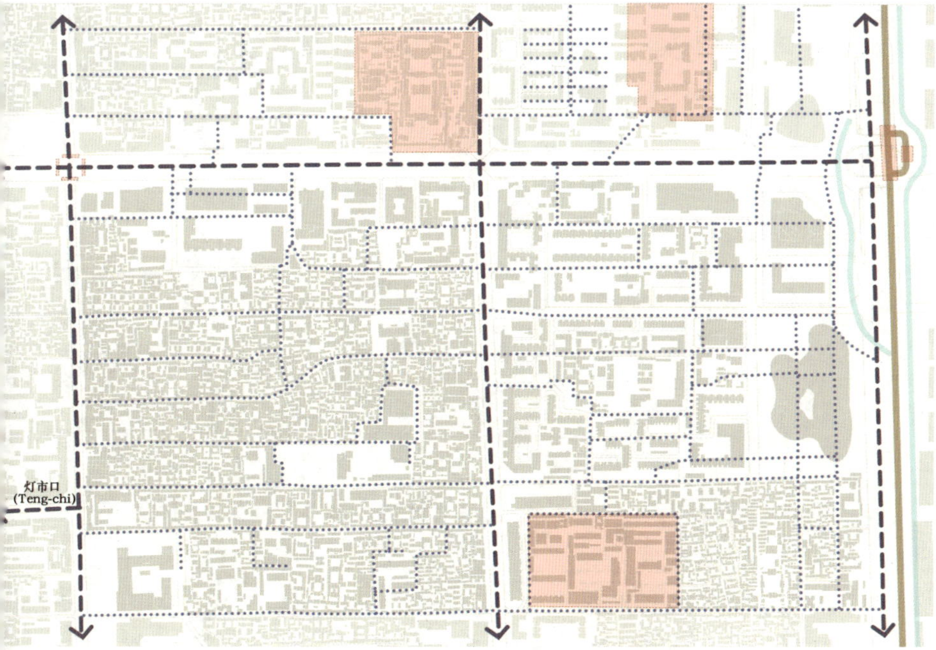

图 3-71 《PLAN OF PEKING》中的街巷及其他意象

第三章　古意

1843年《CHINESE PLAN OF THE CITY OF PEKING》

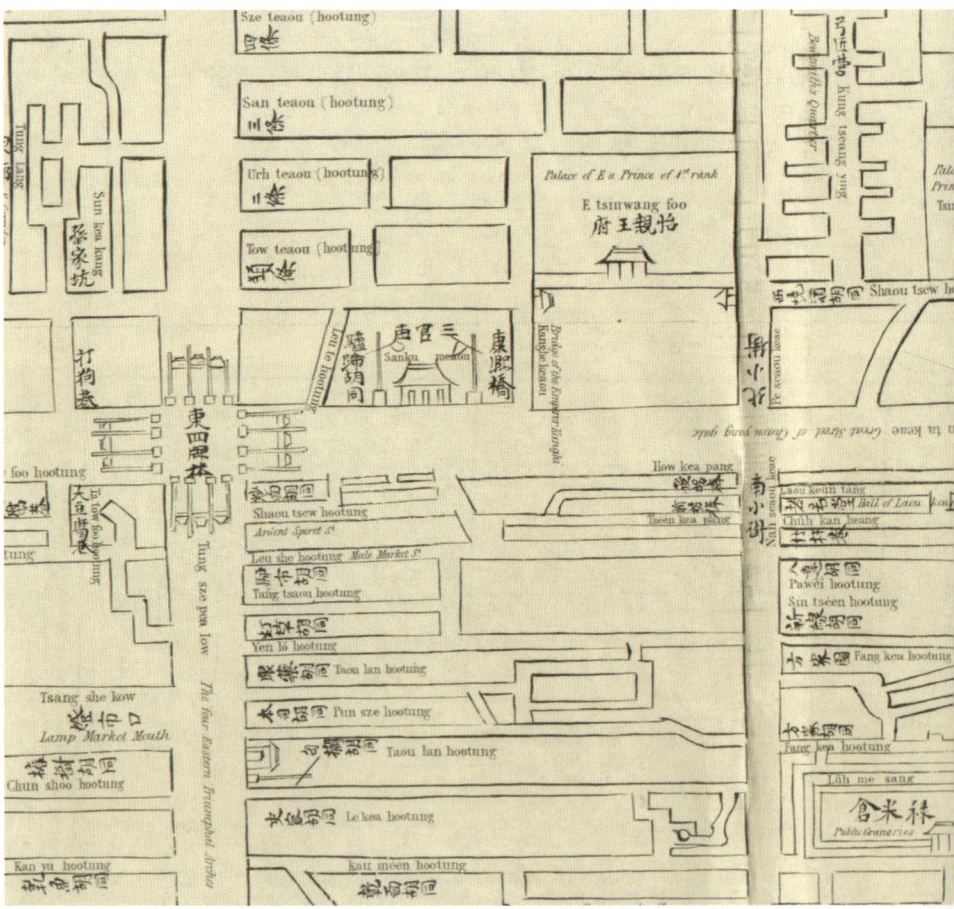

图 3-72　1843 年《CHINESE PLAN OF THE CITY OF PEKING》朝阳门内片区节选

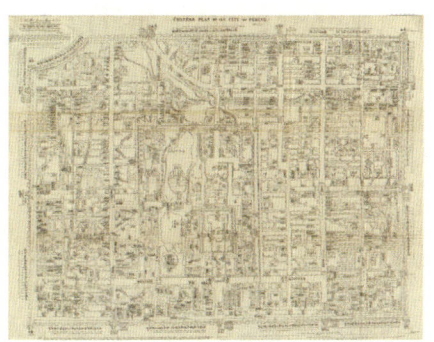

图 3-73 《CHINESE PLAN OF THE CITY OF PEKING》

时间：1843 年

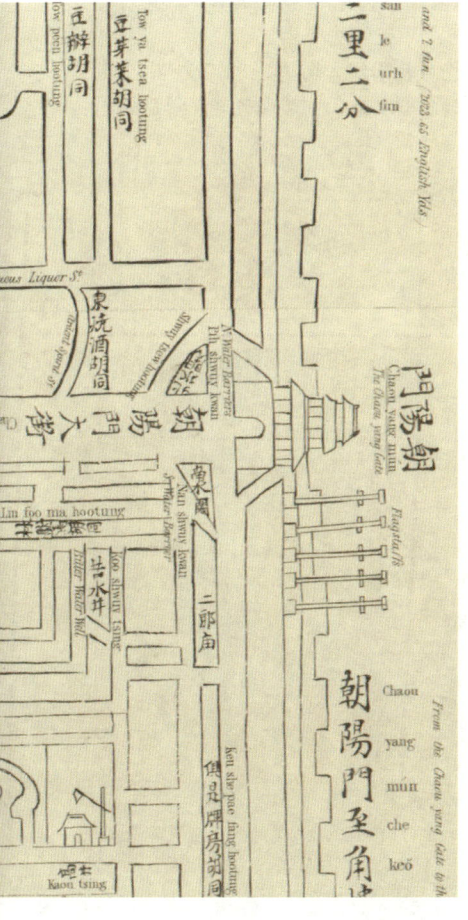

  《CHINESE PLAN OF THE CITY OF PEKING》墨书于图上方，全图主要描绘清代后期北京城内、外城的城墙轮廓、水系分布、城垣街道与建筑布局，且其意象均以中文与字母拼音双语标注。该地图周边特别标注了东西南北各段城墙准确长度。现藏于美国国会图书馆（图 3-73）。

  朝阳门内片区的局部亦清晰秀丽，具有中国传统地图的特点，且绘图线条与中英文的书写均十分工整（图 3-72）。

  总体而言，该舆图片段反映了道光年间的朝阳门内城市意象，表达信息的完整程度一般，其中建筑与院落意象一般，街巷意象较精细。

"古代图文中的朝阳门内意象 (1267—1912)" 历史空间研究

《CHINESE PLAN OF THE CITY OF PEKING》的转译

图中表达出的建筑与院落意象包括：延福宫（三官庙）、怡亲王府、恒亲王府、四牌楼（东四牌楼）、二郎庙（未标注）、禄米仓、智化寺（未标注）、北水关、南水关、朝阳门和城墙（图3-74）。

图中表达出的街巷意象包括：朝阳门内大街（朝阳门大街）、灯市口、南小街、北小街、头条胡同、二条胡同、三条胡同、东烧酒胡同、西烧酒胡同、驴蹄胡同、

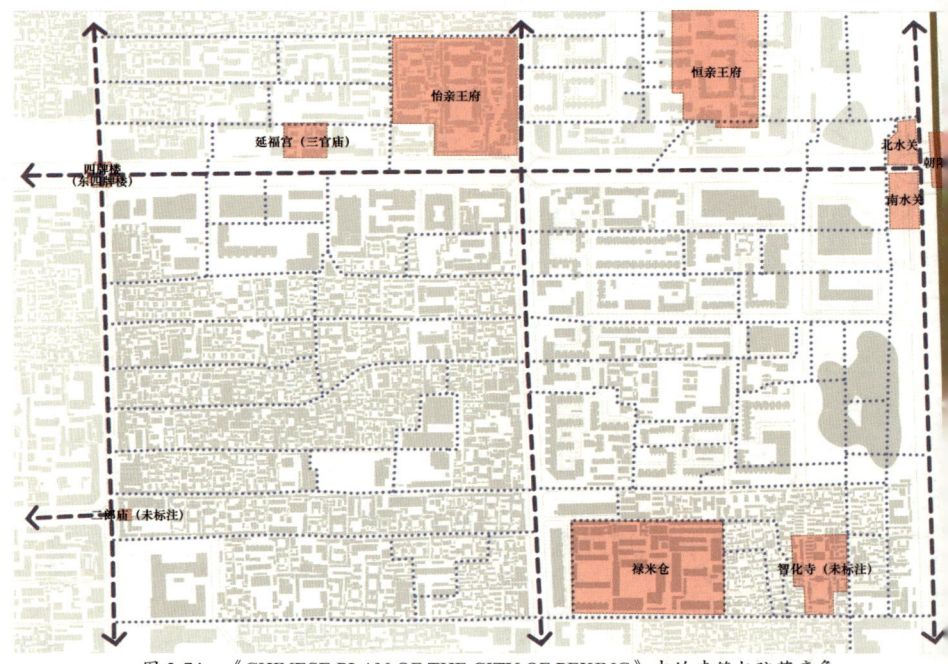

图3-74 《CHINESE PLAN OF THE CITY OF PEKING》中的建筑与院落意象

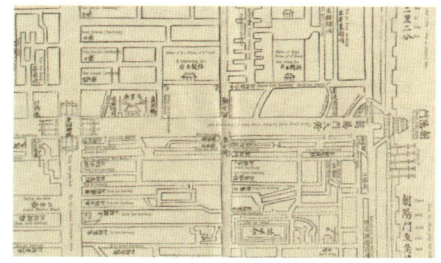

康熙桥、前拐棒胡同、后拐棒胡同、炒面胡同、驴市胡同、灯草胡同、演乐胡同（眼药胡同）、本司胡同、钩栏胡同（勾阑胡同）、史家胡同、干面胡同、老君堂、竹竿巷、苦水井、林驸马胡同、巴大人胡同（八达胡同）、新鲜胡同、方家园、方家胡同、高井和大牌坊胡同（俱是牌房胡同）等（图3-75）。

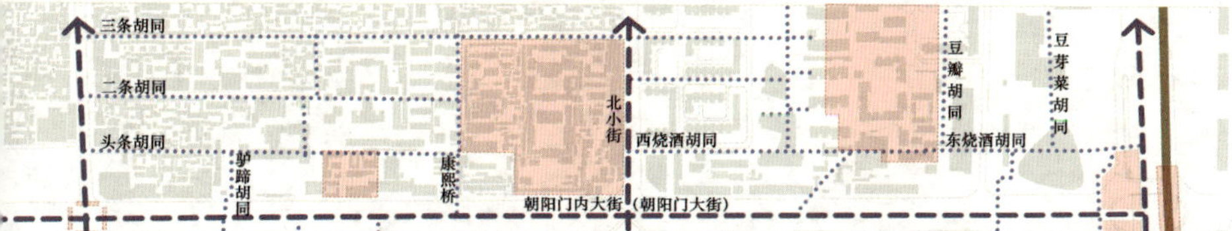

图 3-75 《CHINESE PLAN OF THE CITY OF PEKING》中的街巷及其他意象

1861—1887 年《北京全图》

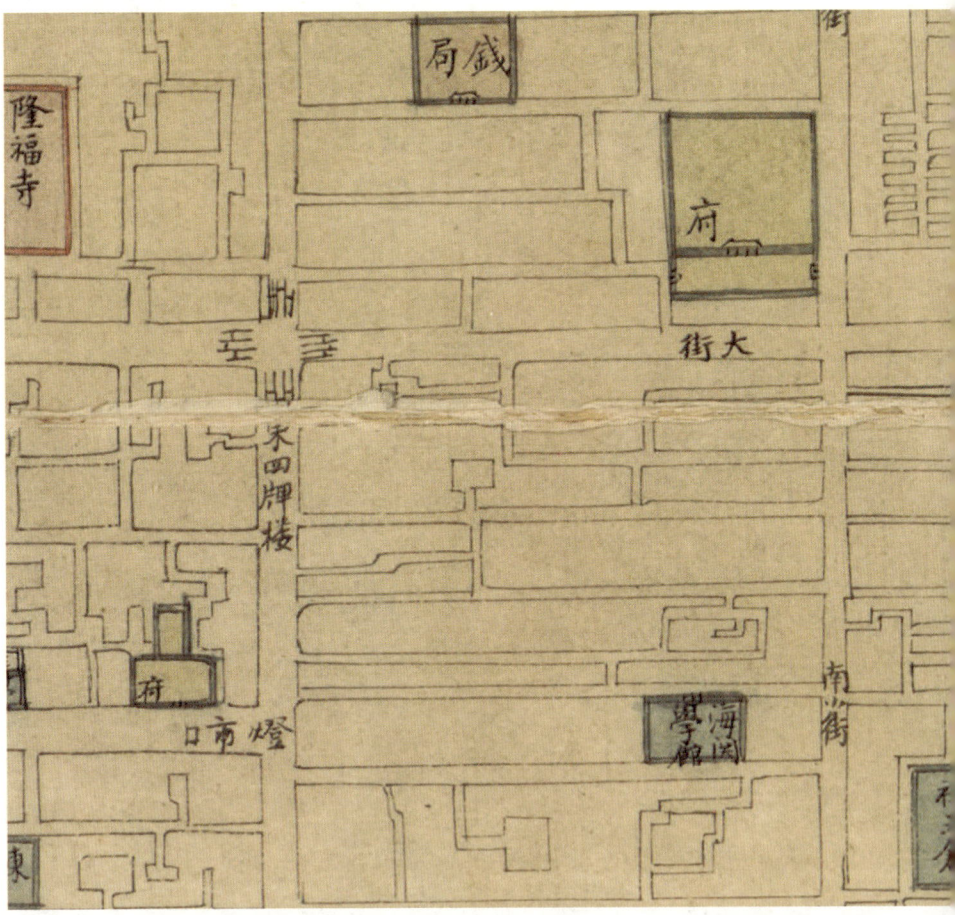

图 3-76　1861—1887 年《北京全图》朝阳门内片区节选

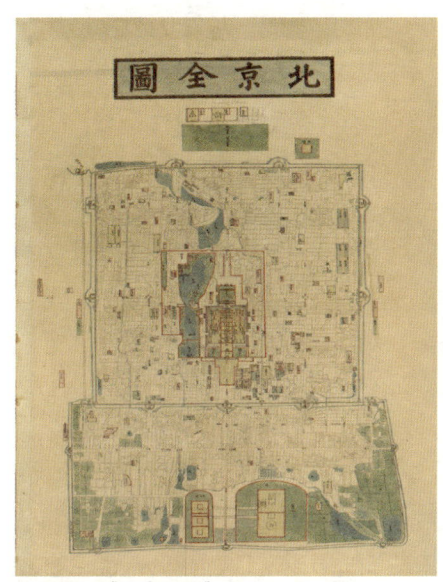

图 3-77 《北京全图》

时间：1861—1887 年
纂修者：李明智

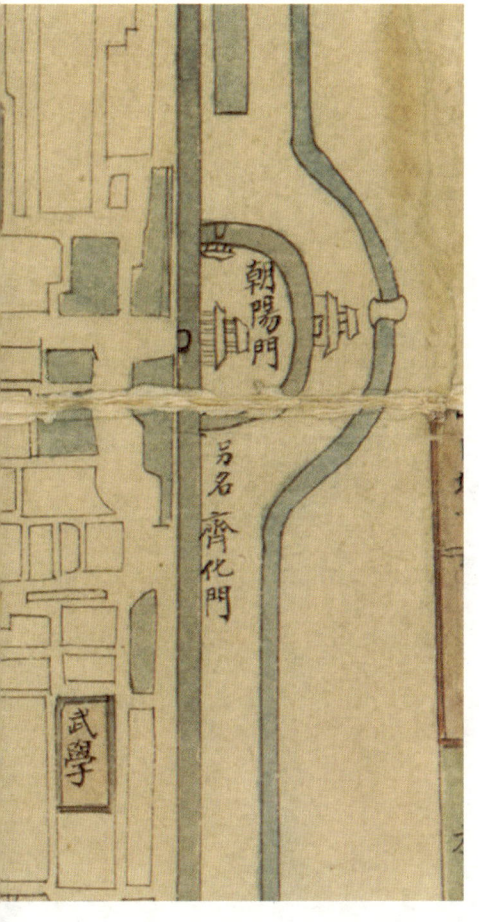

　　《北京全图》为彩印版，线稿与《PLAN OF PEKING》相仿，略有简化，设色于重要城市设施及官署府衙等（图 3-77）。

　　朝阳门内片区的局部重点标识了城墙城门、主要街道及官府衙署（图 3-76）。

　　总体而言，该舆图片段反映了同治到光绪年间的朝阳门内城市意象，表达信息的完整程度一般，其中建筑与院落意象一般，街巷及其他意象一般。

《北京全图》的转译

图中表达出的建筑与院落意象包括：怡亲王府（府）、恒亲王府（府）、四牌楼（东四牌楼）、相府（府）、海关学馆、禄米仓、武学、朝阳门（另名齐化门），另有未标注名称的朝阳门箭楼和城墙等（图3-78）。

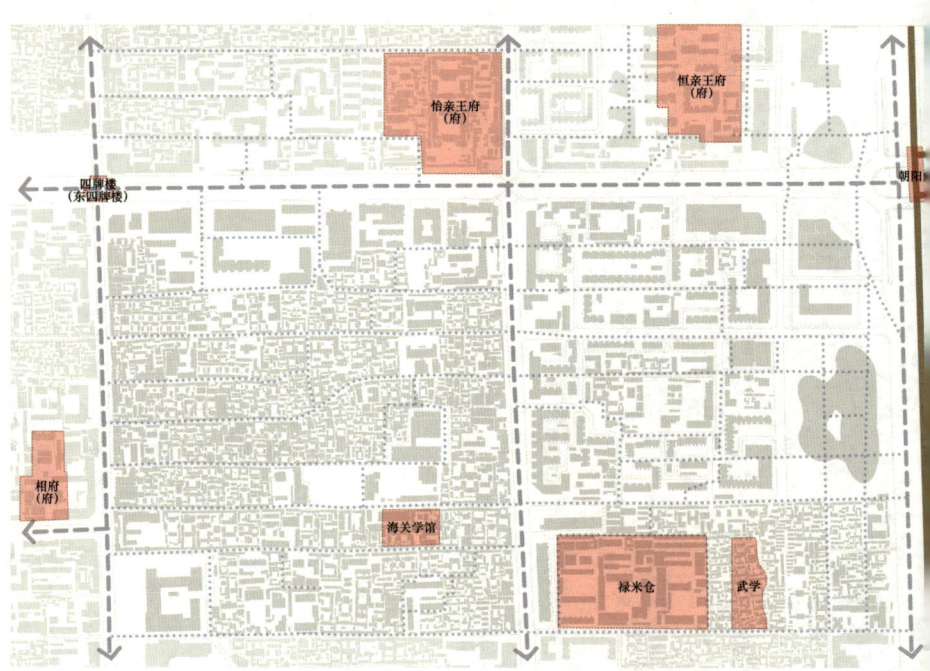

图3-78 《北京全图》中的建筑与院落意象

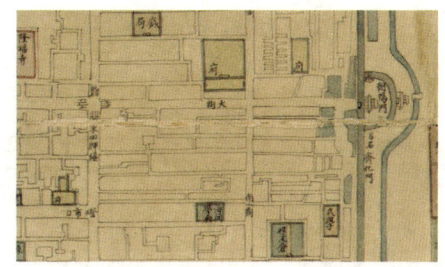

图中表达出的街巷意象包括：朝阳门内大街（大街）、北小街、南小街和灯市口，其他街巷意象大多未标注名称（图3-79）。

图中表达出的其他意象为护城河（图3-79）。

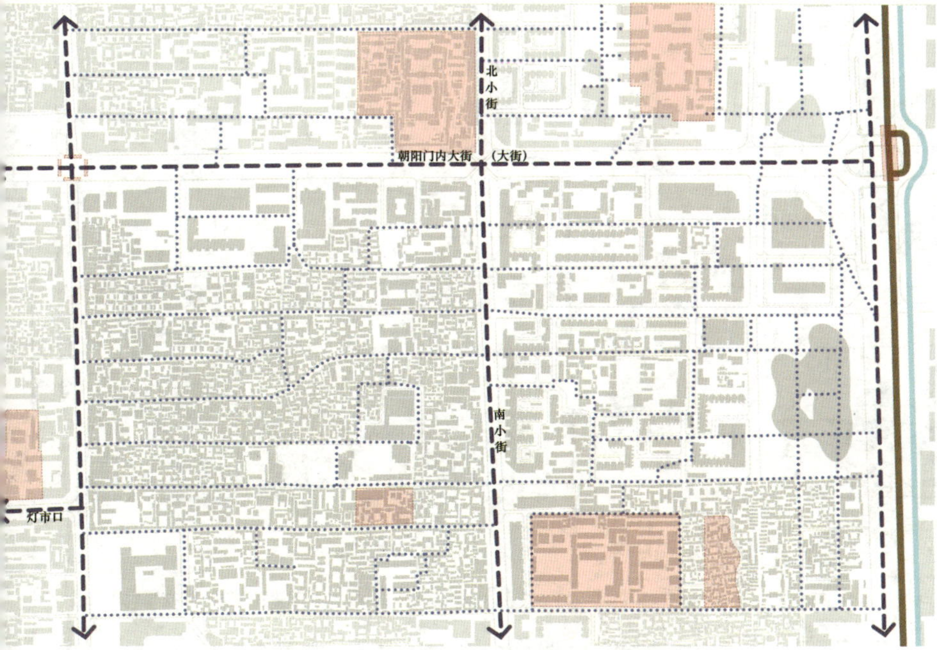

图3-79 《北京全图》中的街巷及其他意象

1865年《北京地里全图》

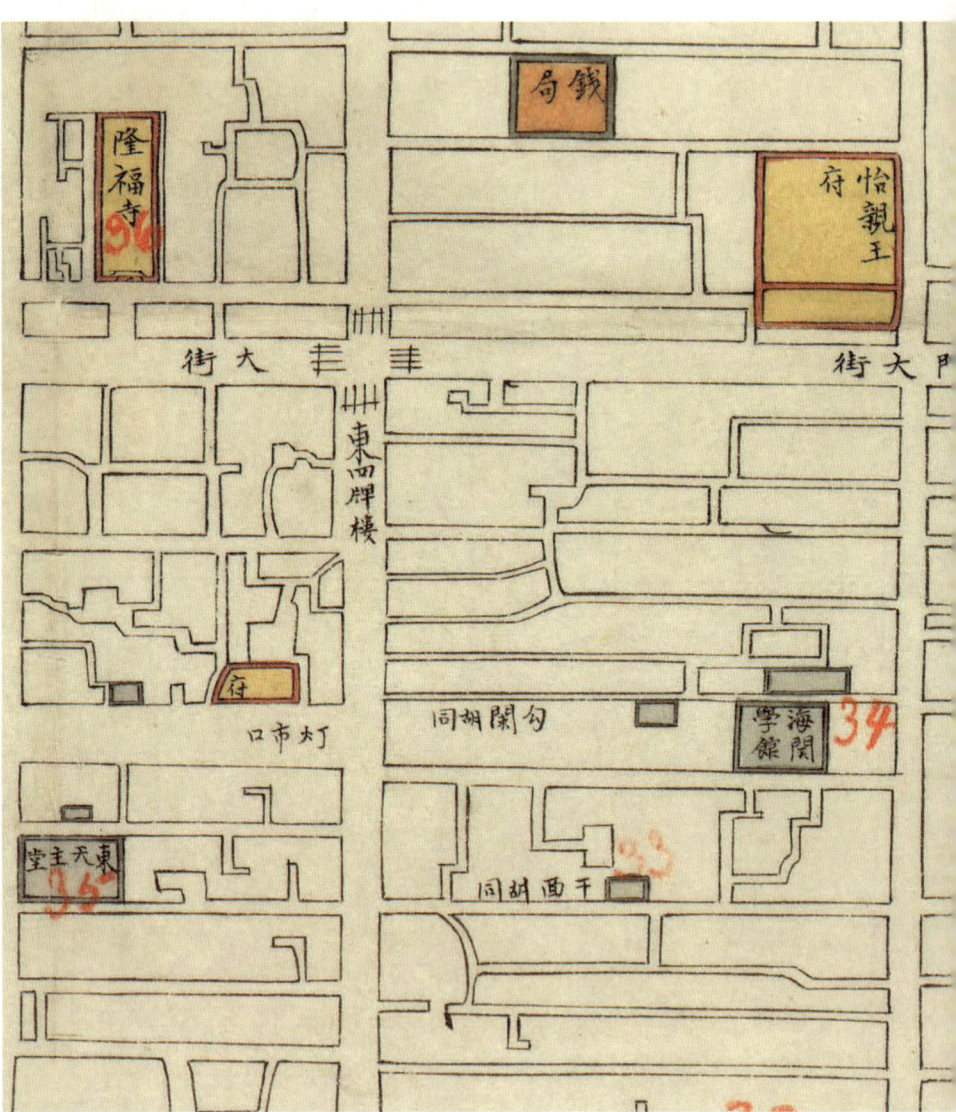

图 3-80　1865年《北京地里全图》朝阳门内片区节选

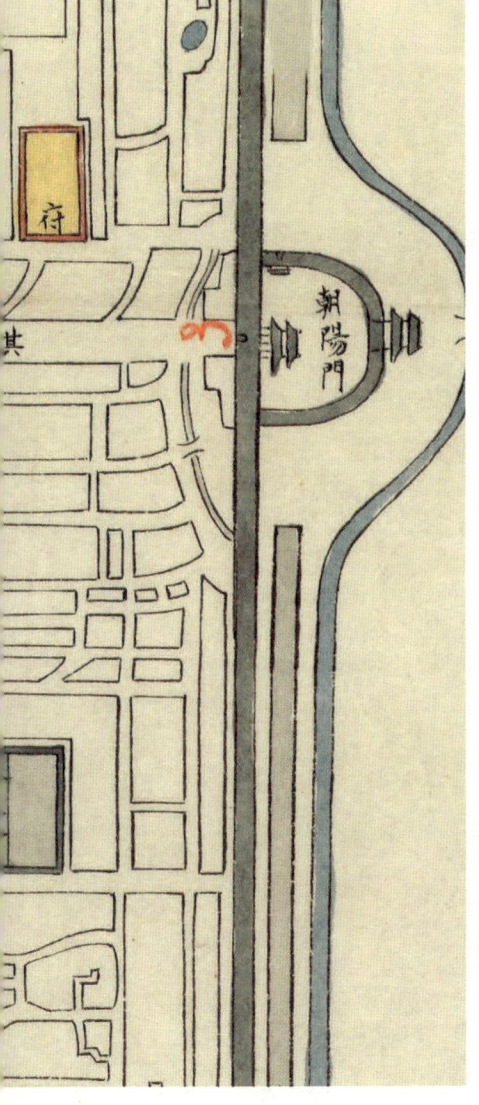

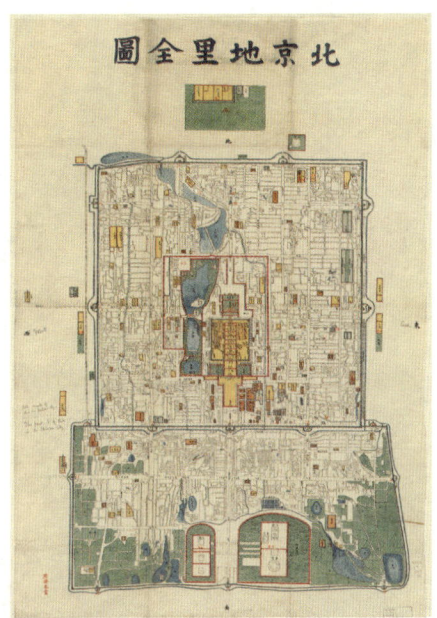

图 3-81 《北京地里全图》

时间：1865 年
纂修者：清末北京民俗画家周培春

《北京地里全图》为彩印版，线稿亦与《PLAN OF PEKING》相仿，略有简化，亦有增补（图 3-81）。

朝阳门内片区的局部仅朝阳门与东四牌楼采用立、平面相结合的形象画法。标识重点仍为官署府衙和主要街道，也对勾阑胡同和干面胡同进行了标识，且增补了朝阳门内侧的水系和桥梁（图 3-80）。

总体而言，该舆图片段反映了同治年间的朝阳门内城市意象，表达信息的完整程度一般，其中建筑与院落意象一般，街巷意象及其他一般。

《北京地里全图》的转译

图中表达出的建筑与院落意象包括：怡亲王府、恒亲王府（府）、四牌楼（东四牌楼）、相府（府）、海关学馆、海关学馆北院（未标注）、禄米仓（路米仓）、万安仓（万安仓房）、太平仓（太平仓房）、朝阳门、朝阳门箭楼和城墙，其他建

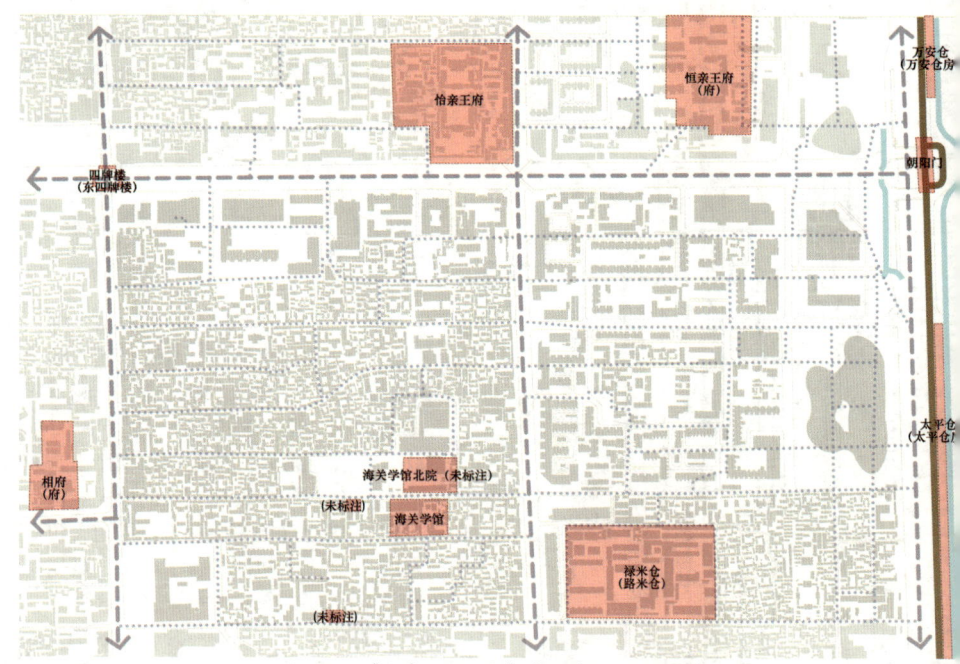

图 3-82 《北京地里全图》中的建筑与院落意象

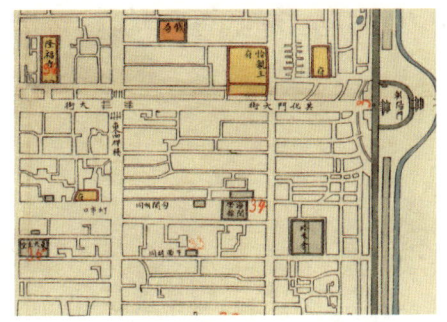

筑与院落意象未标注出名称（图3-82）。

图中表达出的街巷意象包括：朝阳门内大街（其化门大街、大街）、灯市口、钩栏胡同（勾阑胡同）、干面胡同，其他街巷意象大多未标注出名称（图3-83）。

图中表达出的其他意象为护城河（图3-83）。

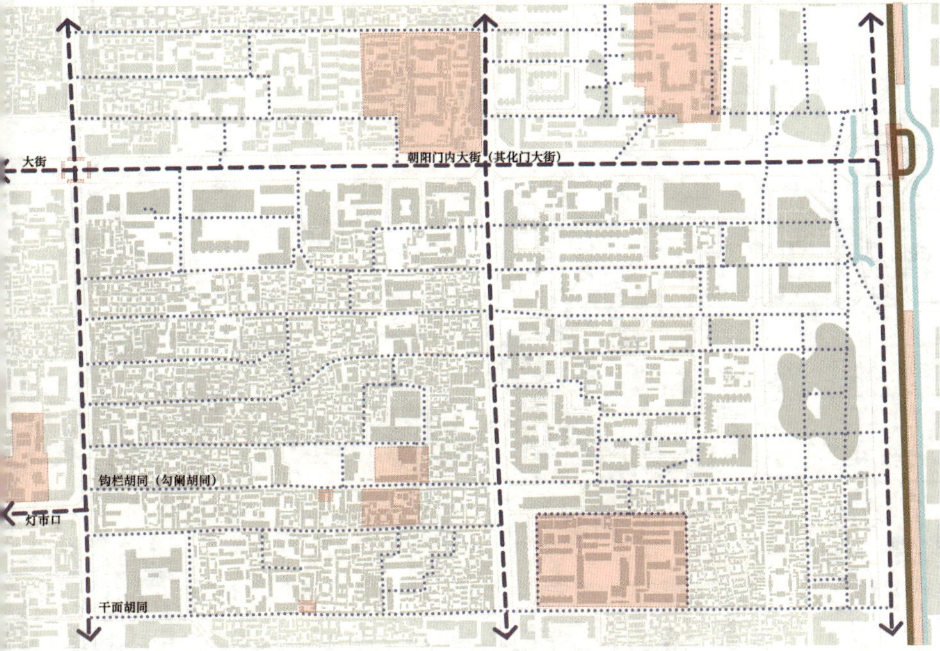

图3-83 《北京地里全图》中的街巷及其他意象

1870年《京师城内首善全图》

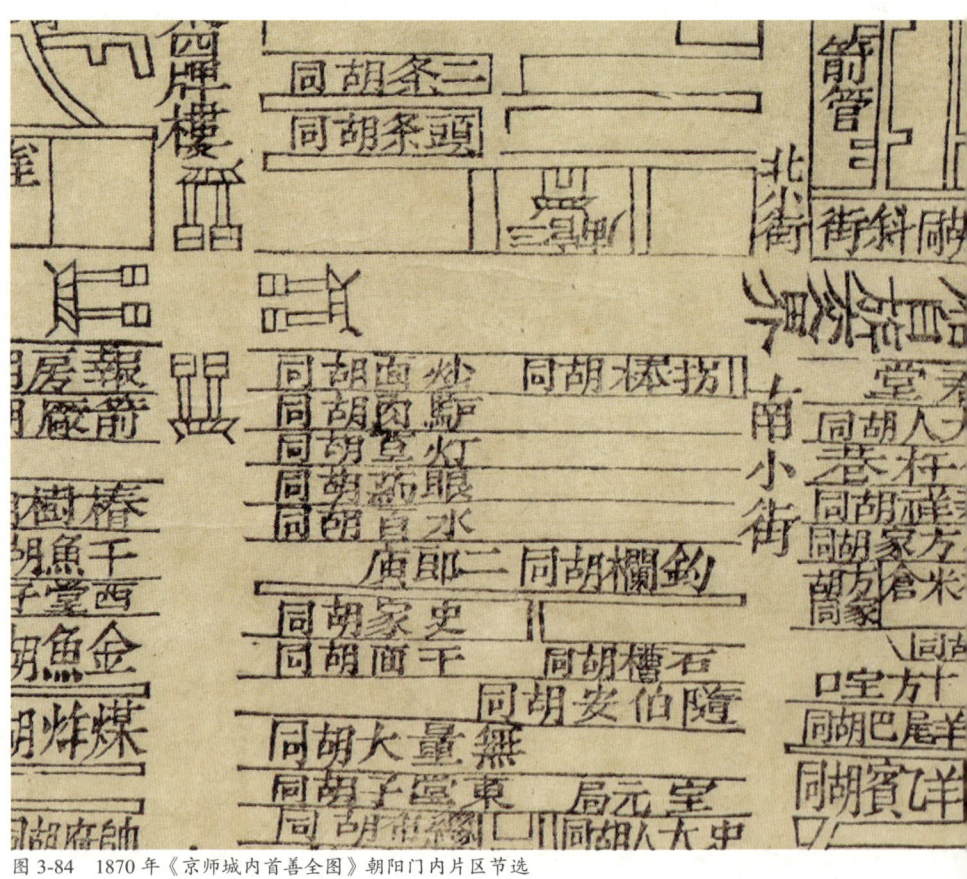

图 3-84　1870 年《京师城内首善全图》朝阳门内片区节选

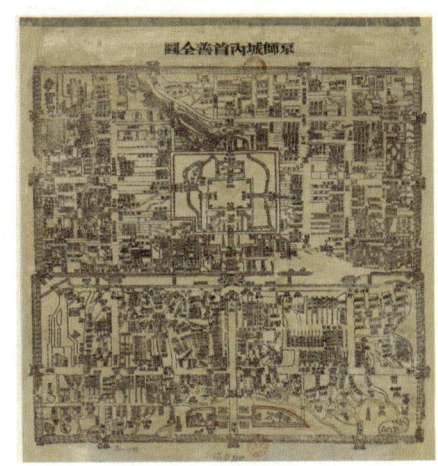

图 3-85 《京师城内首善全图》

时间：1870 年

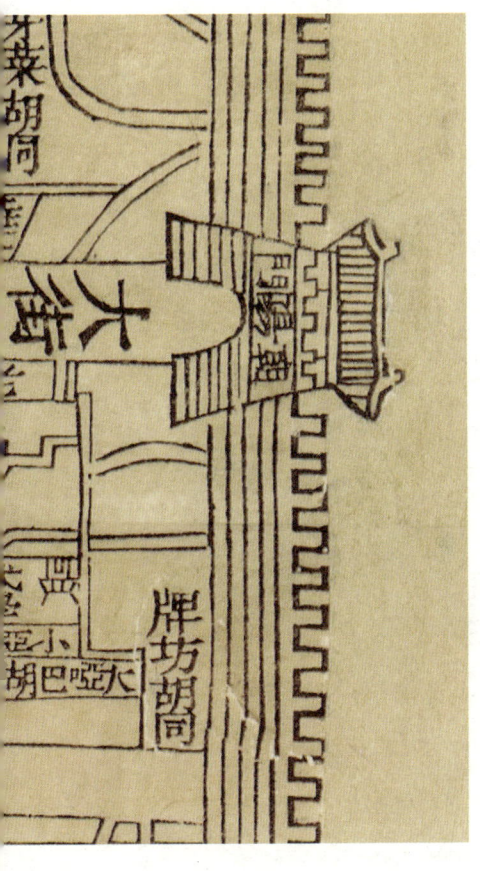

　　《京师城内首善全图》采用传统的平、立面结合的形象绘法（图 3-85）。

　　朝阳门内片区的局部重点表达了较为清晰的街巷关系，以及朝阳门、四牌楼、禄米仓、二郎庙等重要设施与官署寺庙。还专门标明了朝阳门内大街为"厢（镶）白旗交界"（图 3-84）。

　　总体而言，该舆图片段反映了同治年间的朝阳门内城市意象，表达信息的完整程度一般，其中建筑与院落意象较粗糙，街巷及其他意象较精细。

"古代图文中的朝阳门内意象(1267—1912)"历史空间研究

《京师城内首善全图》的转译

　　图中表达出的建筑与院落意象包括：延福宫（三官庙）、弓匠营（箭管）、二郎庙、四牌楼（东四牌楼）、禄米仓、武学、智化寺（未标注）、朝阳门和城墙（图3-86）；
　　图中表达出的街巷意象包括：朝阳门内大街（大街）、北小街、南小街、头条胡同、二条胡同、三条胡同、烧酒胡同、斜街、拐棒胡同、炒面胡同、驴市胡同、灯草胡同、

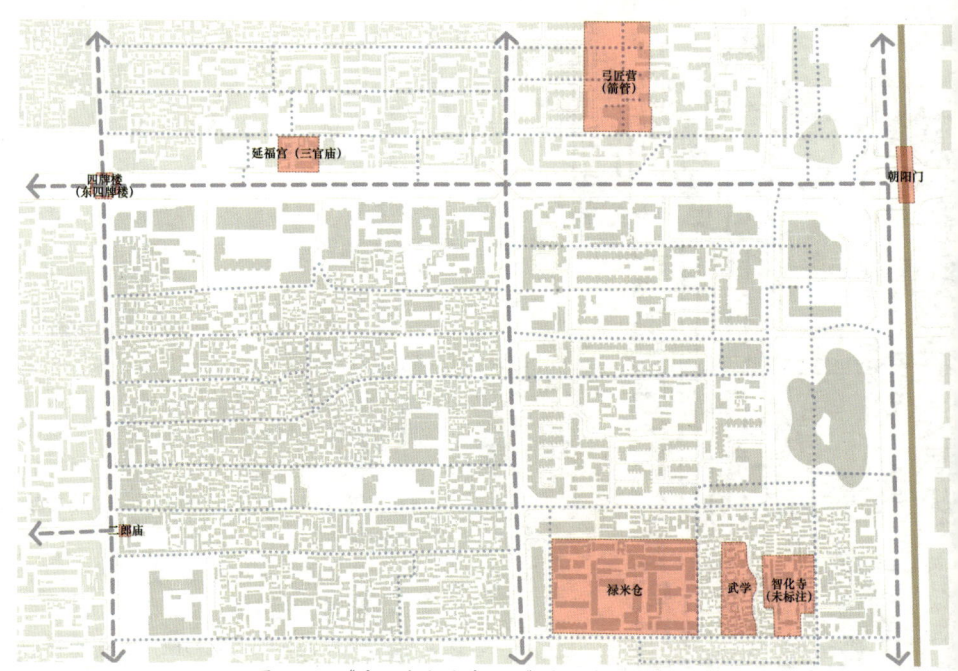

图3-86　《京师城内首善全图》中的建筑与院落意象

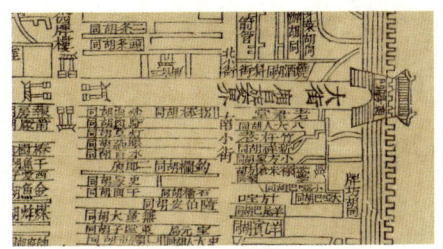

演乐胡同（眼药胡同）、本司胡同（水百胡同）、钩栏胡同（钓欄胡同）、史家胡同、干面胡同、老君堂、巴大人胡同（八大人胡同）、新鲜胡同（新祥胡同）、方家胡同和小方家胡同等（图3-87）。

图中表达出的其他意象包括：正白旗界（厢白旗交界）（图3-87）。

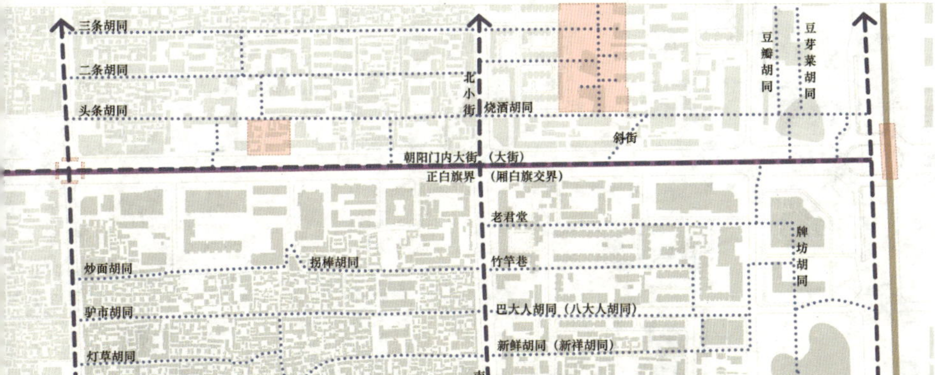

图3-87 《京师城内首善全图》中的街巷及其他意象

1875—1908 年《京城内外全图》

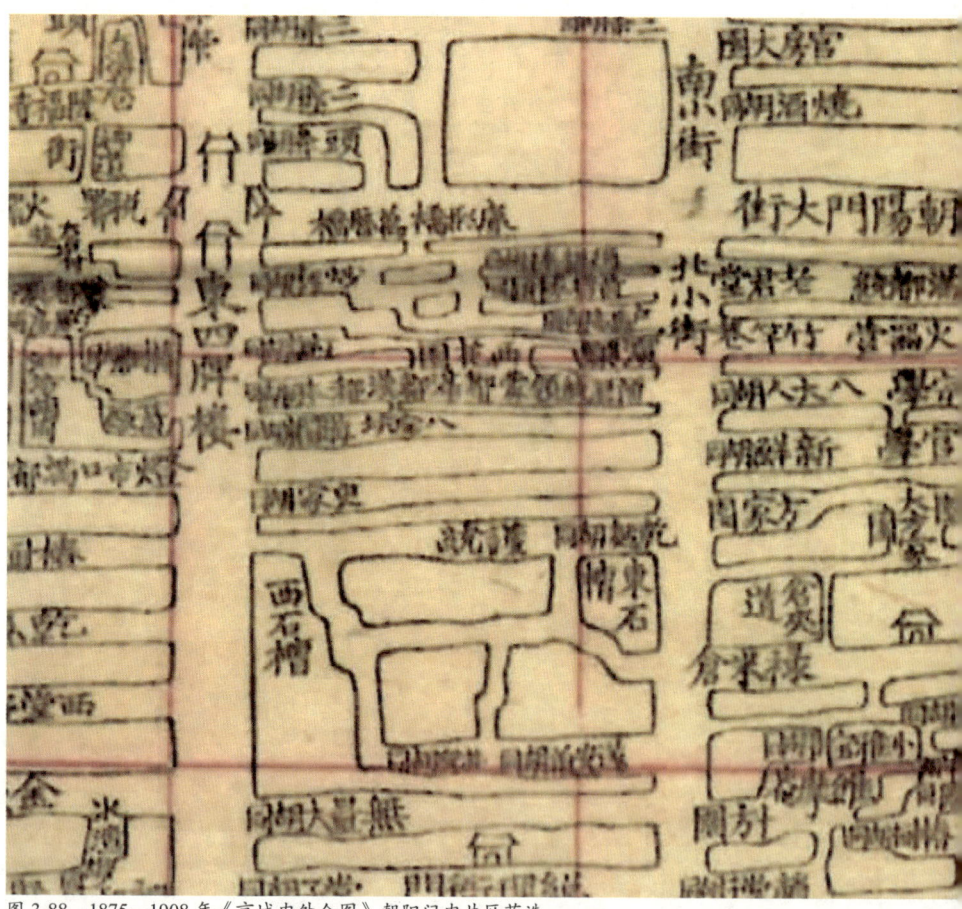

图 3-88　1875—1908 年《京城内外全图》朝阳门内片区节选

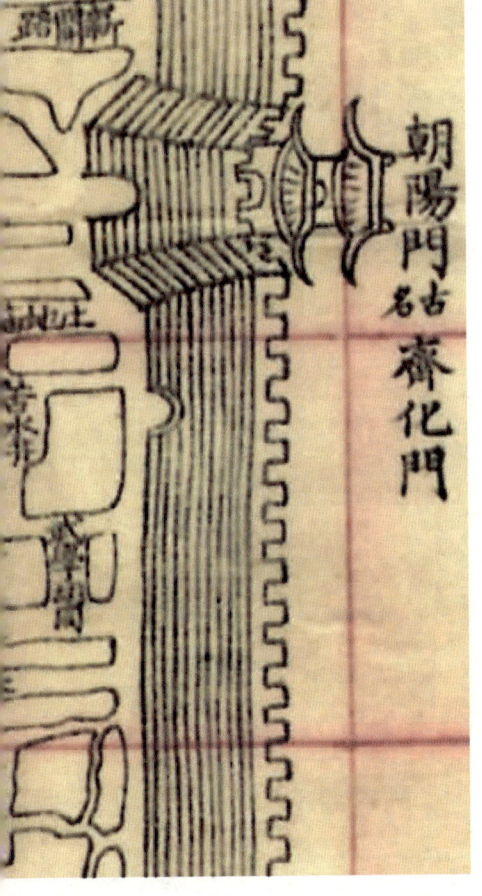

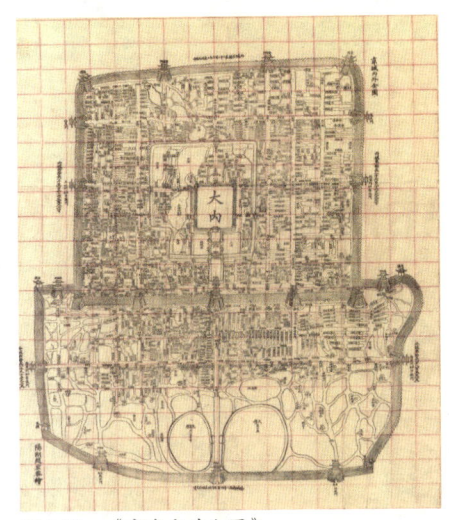

图3-89 《京城内外全图》

时间：1875—1908年

《京城内外全图》摹自《京城内外首善全图》，内容十分相似（图3-88、图3-89）。

总体而言，该舆图片段反映了光绪年间的朝阳门内城市意象，表达信息的完整程度一般，其中建筑与院落意象较粗糙，街巷意象较精细。

"古代图文中的朝阳门内意象(1267—1912)"历史空间研究

《京城内外全图》的转译

图中表达出的建筑与院落意象包括：弓匠营、四牌楼（东四牌楼）、禄米仓（未标注）、土地庙、宗学、官学、方家园、朝阳门和城墙（图 3-90）。

图中表达出的街巷意象包括：朝阳门内大街（朝阳门大街）、南小街（北小街）、北小街（南小街）、灯市口、头条胡同、二条胡同、三条胡同、烧酒胡同、官房大园、

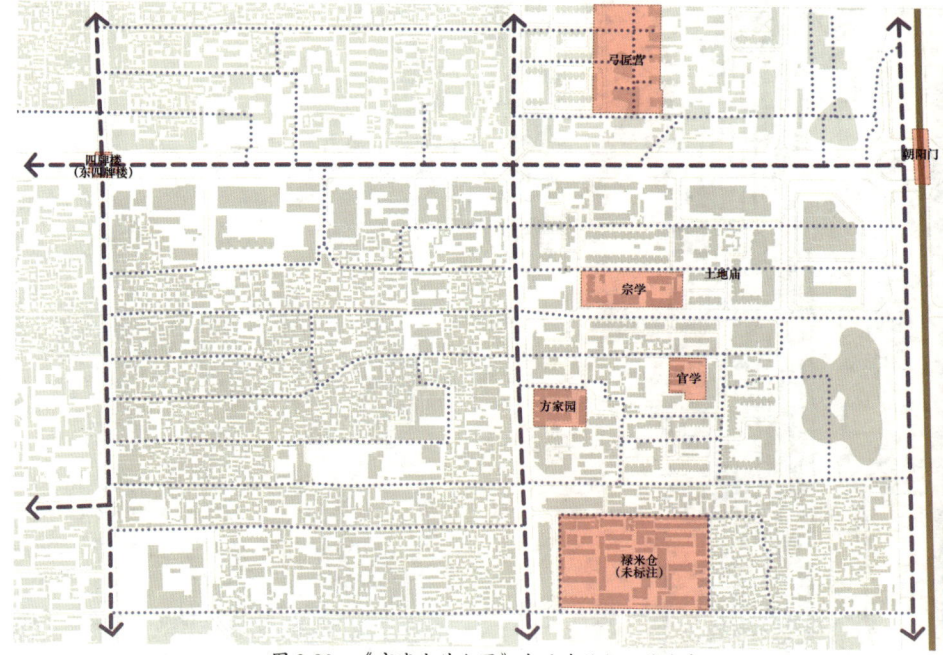

图 3-90　《京城内外全图》中的建筑与院落意象

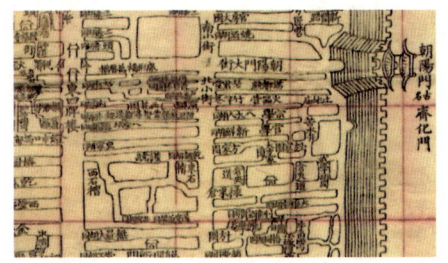

鸡爪胡同、新关路、万利桥（万历桥）、康熙桥、前拐棒胡同、后拐棒胡同、炒面胡同、驴市胡同、灯草胡同、演乐胡同、本司胡同、钩栏胡同（勾阑胡同）、史家胡同、干面胡同、老君堂、竹竿巷、巴大人胡同（八大人胡同）、新鲜胡同、大方家园、小方家园、仓夹道和武学胡同等（图3-91）。

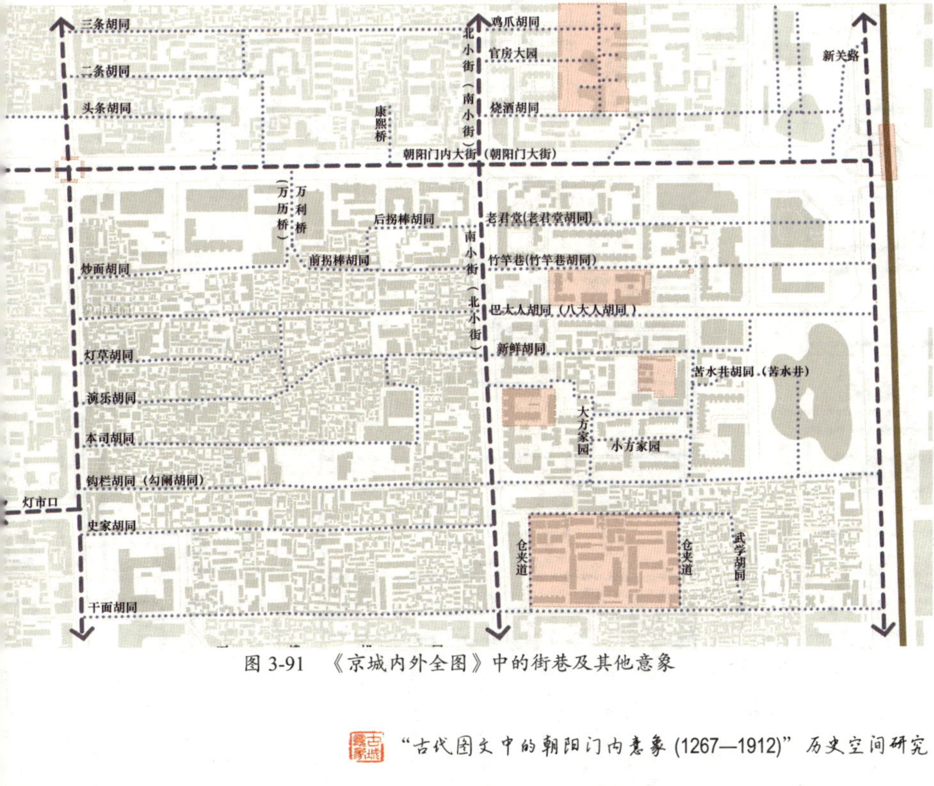

图 3-91 《京城内外全图》中的街巷及其他意象

第三章 古意

1875—1908年《京师城内河道沟渠图》

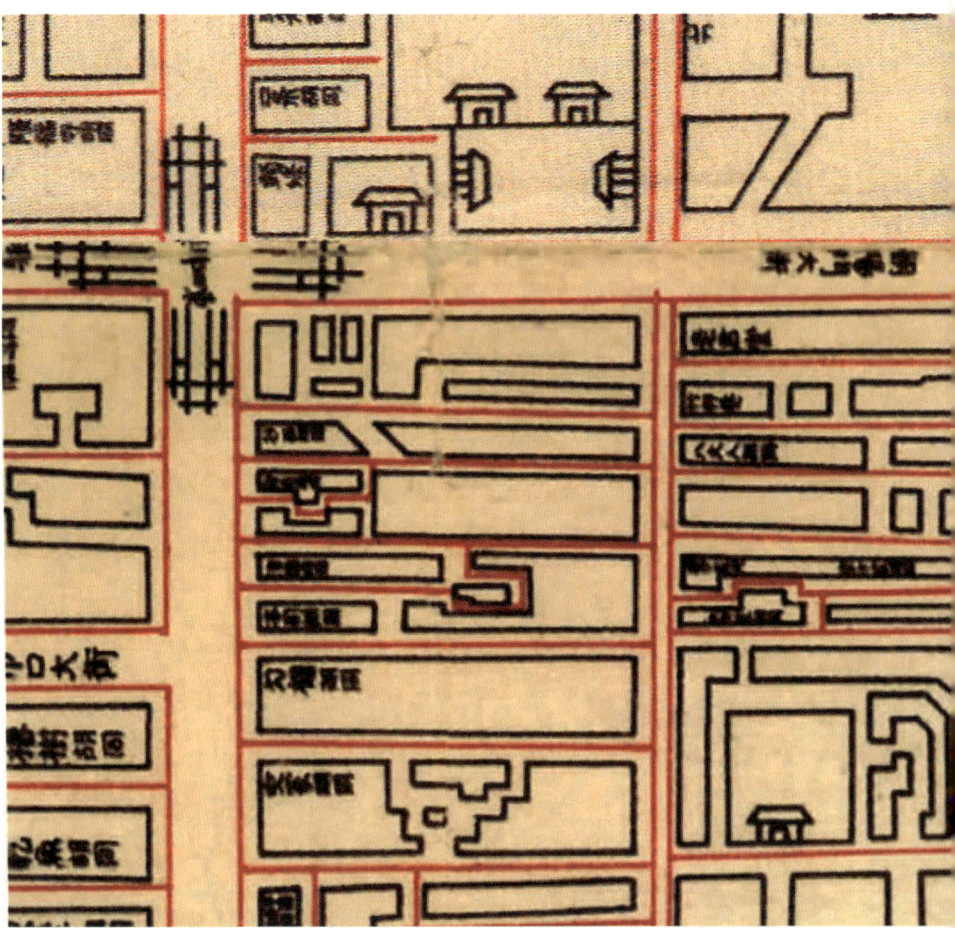

图 3-92　1875—1908年《京师城内河道沟渠图》朝阳门内片区节选

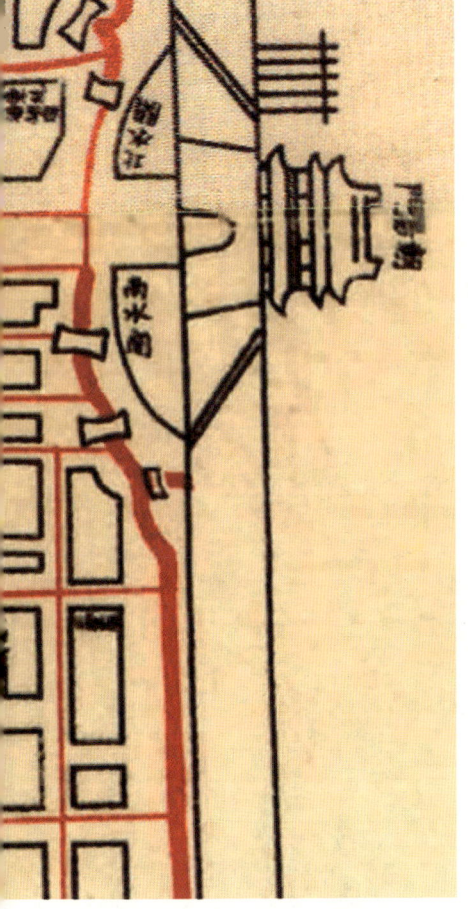

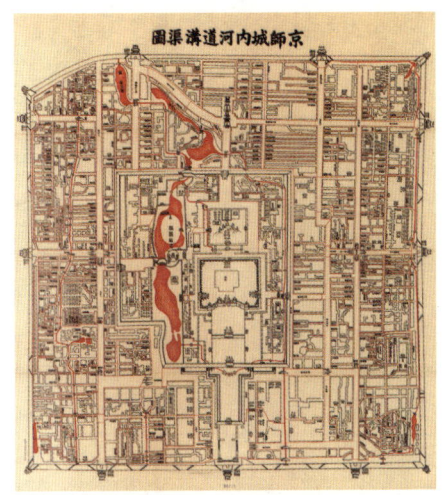

图 3-93 《京师城内河道沟渠图》

时间：1875—1908 年

《京师城内河道沟渠图》于光绪年间绘制，双色套印，图廓纵 77 厘米，横 76.5 厘米。图中仅绘制了内城范围，绘出了 9 座城门、呈正方形的城墙以及中轴线建筑物，对城内的胡同进行了比较详细的标注。图中用红色表示河道沟渠，但几乎无名称标注。这幅图对了解清朝北京城内水系具有较高的参考价值（图 3-93）。

朝阳门内片区的局部亦是重点表达河道沟渠，清晰可见沿城墙内的一道水系最为显著，上设若干桥梁、水关等，其余沟渠则沿众多街巷胡同布置（图 3-92）。

总体而言，该舆图片段反映了光绪年间的朝阳门内城市意象，表达信息的完整程度一般，其中建筑与院落意象较粗糙，街巷及其他意象较精细。

"古代图文中的朝阳门内意象 (1267—1912)" 历史空间研究

《京师城内河道沟渠图》的转译

图中表达出的建筑与院落意象包括：北水关、南水关、延福宫（未标注）、怡亲王府（未标注）、恒亲王府（惇王府）、禄米仓（未标注）、朝阳门和城墙（图3-94）。

图中表达出的街巷意象包括：朝阳门内大街（朝阳门大街）、北小街、南小街、头条胡同、二条胡同、三条胡同、炒面胡同、驴市胡同、灯草胡同、演乐胡同、本司胡同、钩栏胡同（勾阑胡同）、史家胡同、干面胡同、烧酒胡同（东烧酒胡同）、

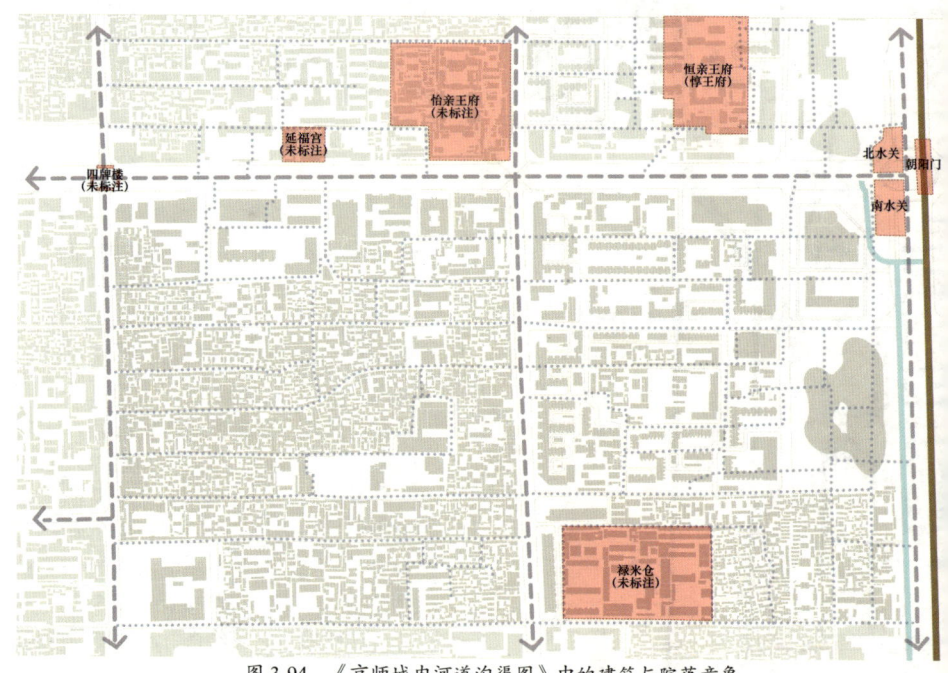

图3-94　《京师城内河道沟渠图》中的建筑与院落意象

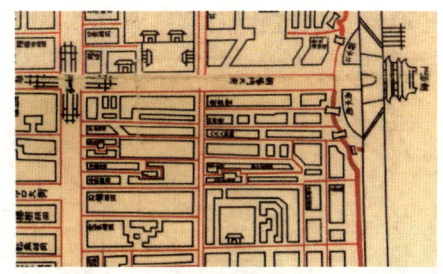

老君堂、竹竿巷、巴大人胡同（八大人胡同）、林驸马胡同、新鲜胡同、大方家园、小牌坊胡同和小方家胡同；其中北小街、南小街未标注名称（图3-95）。

图中表达出的其他意象为沟渠与桥梁。

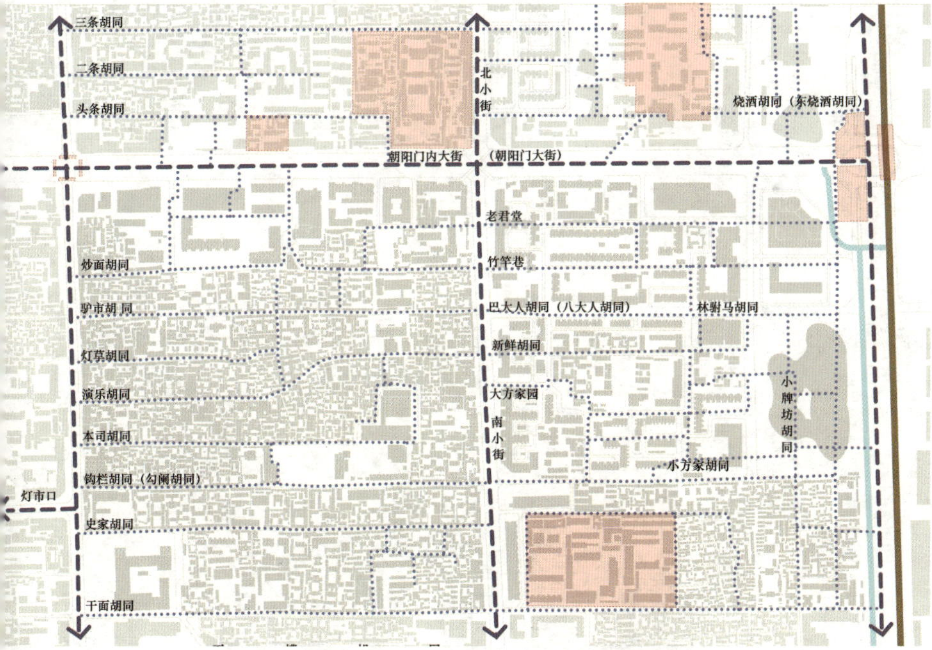

图3-95 《京师城内河道沟渠图》中的街巷及其他意象

1900年《京城全图》

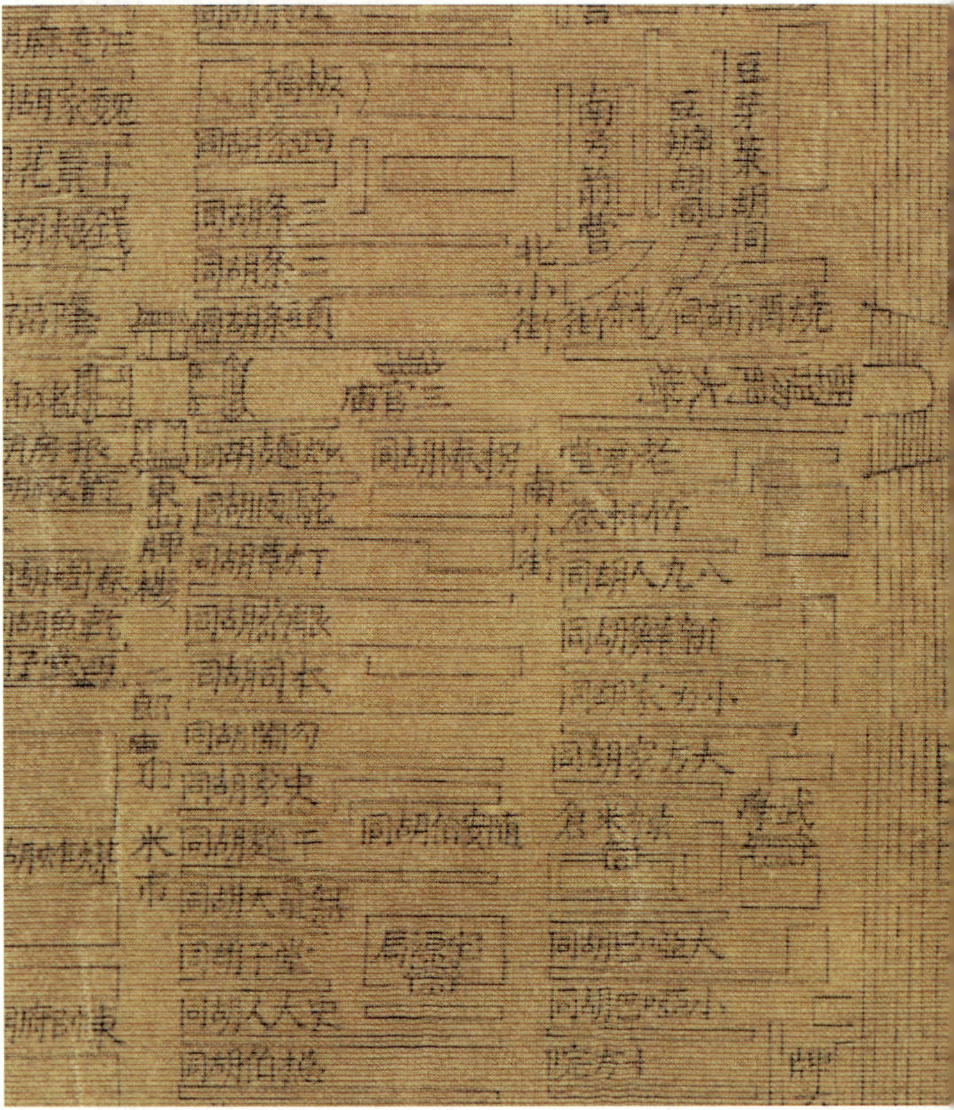

图3-96 1900年《京城全图》朝阳门片区节选

图 3-97 《京城全图》

时间：1900 年

　　《京城全图》采用传统的平、立面结合的形象绘法（图 3-97）。
　　朝阳门内片区的局部比较清晰而简略地表达了街巷胡同及东四牌楼、二郎庙等意象（图 3-96）。
　　总体而言，该舆图片段反映了乾隆年间的朝阳门内城市意象，表达信息的完整程度一般，其中建筑与院落意象较粗糙，街巷意象较精细。

"古代图文中的朝阳门内意象 (1267—1912)" 历史空间研究

《京城全图》的转译

图中表达出的建筑与院落意象包括：四牌楼（东四牌楼）、延福宫（三官庙）、弓匠营（南弓箭营）、二郎庙、禄米仓、武学、朝阳门（未标注）和城墙（图3-98）。

图中表达出的街巷意象包括：朝阳门内大街（朝阳门大街）、北小街、南小街、头条胡同、二条胡同、三条胡同、烧酒胡同、斜街、豆瓣胡同、豆芽菜胡同、拐棒胡同、炒面胡同、驴市胡同、灯草胡同、演乐胡同（眼药胡同）、本司胡同、钩栏胡同（勾阑胡同）、史家胡同、干面胡同、老君堂、竹竿巷（竹杆巷）、巴大人胡同（八九人胡同）、小方家胡同和大方家胡同等（图3-99）。

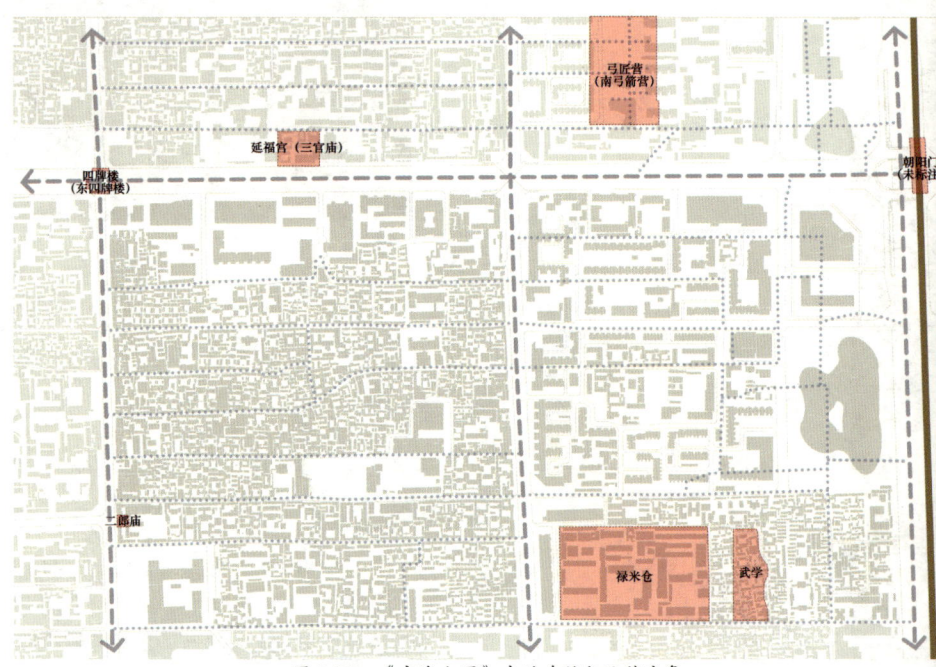

图3-98 《京城全图》中的建筑与院落意象

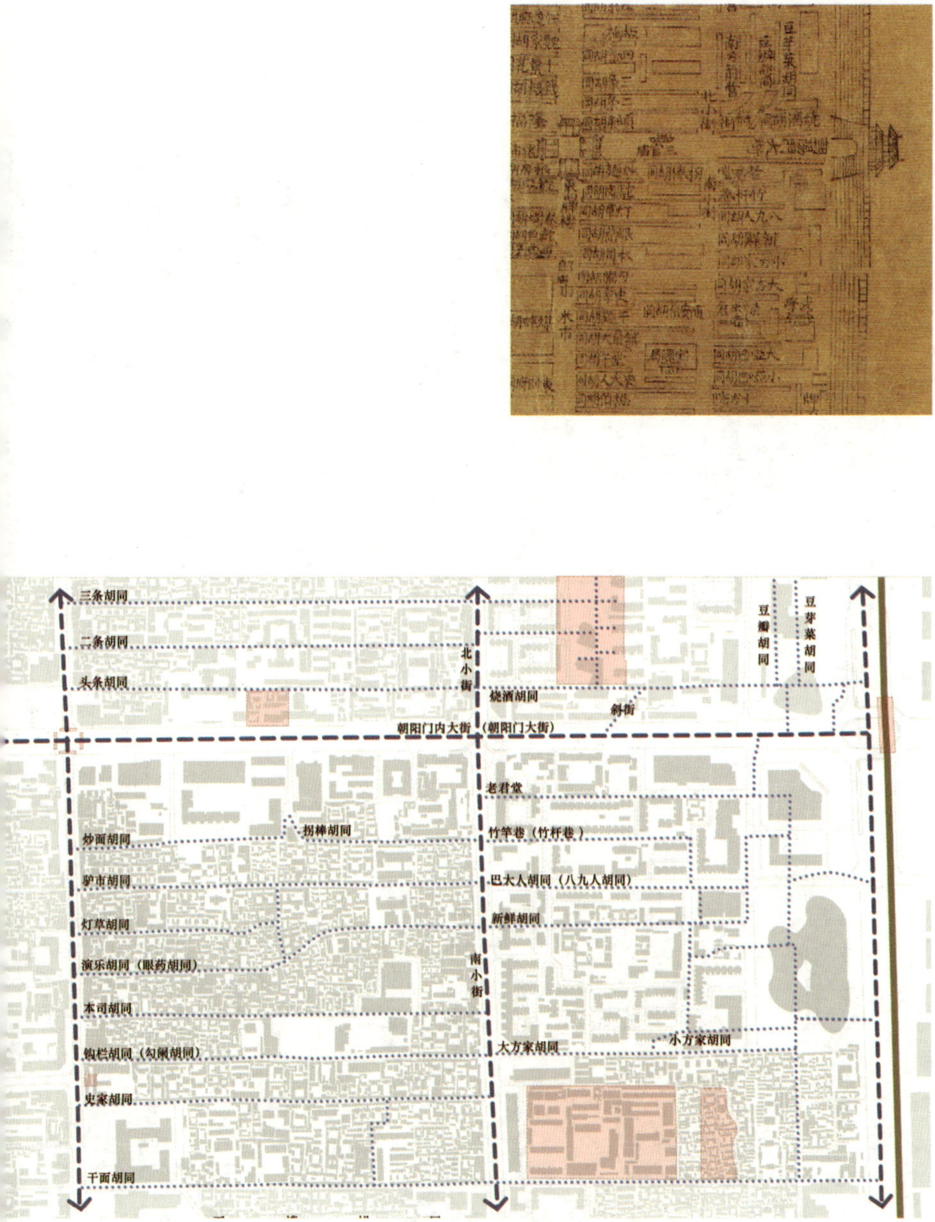

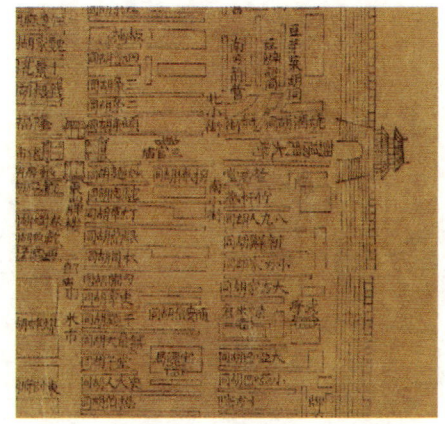

图 3-99 《京城全图》中的街巷及其他意象

"古代图文中的朝阳门内意象(1267—1912)"历史空间研究

1900 年《京师九城全图》

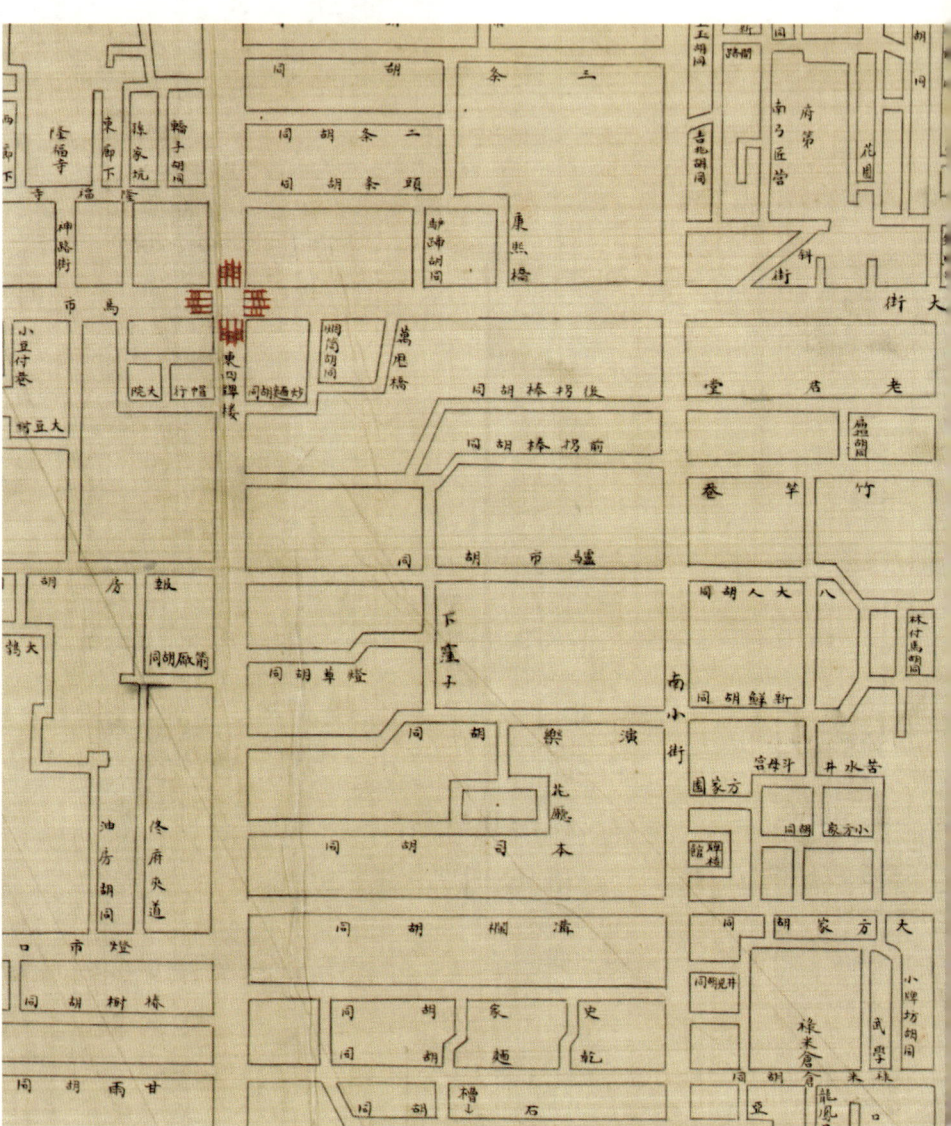

图 3-100　1900 年《京师九城全图》朝阳门内片区节选

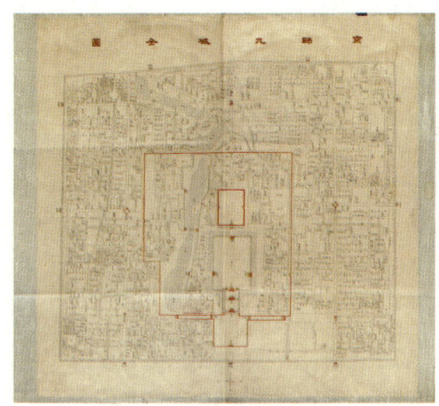

图 3-101 《京师九城全图》

时间：1900 年

　　《京师九城全图》以墨色描绘京师，紫禁城在图中央部分，以红线画出范围，但未注记任何符号。"九城"指的是北京内城的九座城门。图中特别描绘了京城中几座地标式的城门、牌楼及北京内城的水系与街道布局（图 3-101）。

　　朝阳门内片区的局部可以看出除了街巷信息，东四牌楼和朝阳门的意象得到了最大的加强，不但采用了平、立面结合的画法并做出标注，更是设以红色使其突出（图 3-100）。

　　总体而言，该舆图片段反映了光绪年间的朝阳门内城市意象，表达信息的完整程度一般，其中建筑与院落意象较粗糙，街巷意象较精细。

第三章 古意

《京师九城全图》的转译

图中表达出的建筑与院落意象包括：四牌楼（东四牌楼）、弓匠营（南弓匠营）、恒亲王府（府第、花园）、钓鱼台、方家园、斗母庙（斗母宫）、牌楼馆、禄米仓、武学、朝阳门和城墙（图 3-102）。

图中表达出的街巷意象包括：朝阳门内大街（大街）、南小街、北小街、头条胡同、二条胡同、三条胡同、驴蹄胡同、吉兆胡同、斜街、豆芽菜胡同、美人胡同、炒面胡同、烟筒胡同、万利桥（万历桥）、康熙桥、灯市口、前拐棒胡同、后拐棒胡同、驴市胡同、灯草胡同、下洼儿（下洼子）、演乐胡同、花厅、本司胡同、钩栏胡同（沟栏胡同）、

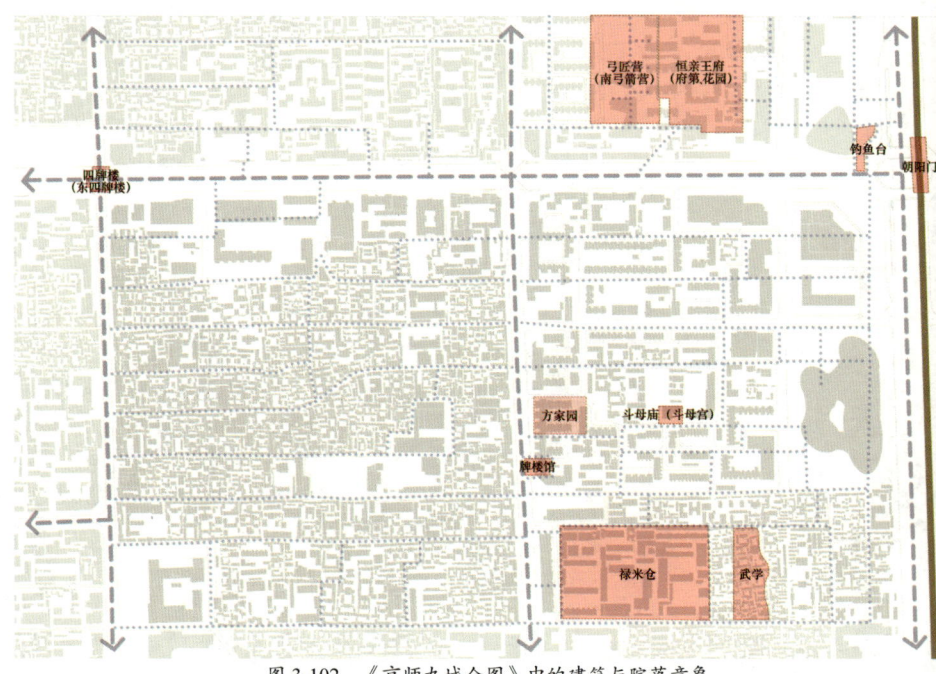

图 3-102　《京师九城全图》中的建筑与院落意象

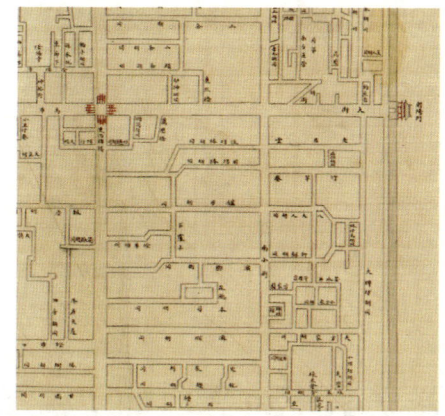

史家胡同、干面胡同、老君堂、竹竿巷、扁担胡同、巴大人胡同（八大人胡同）、新鲜胡同、大方家胡同、小方家胡同、井儿胡同、林驸马胡同、小牌坊胡同、大牌坊胡同和禄米仓胡同等（图3-103）。

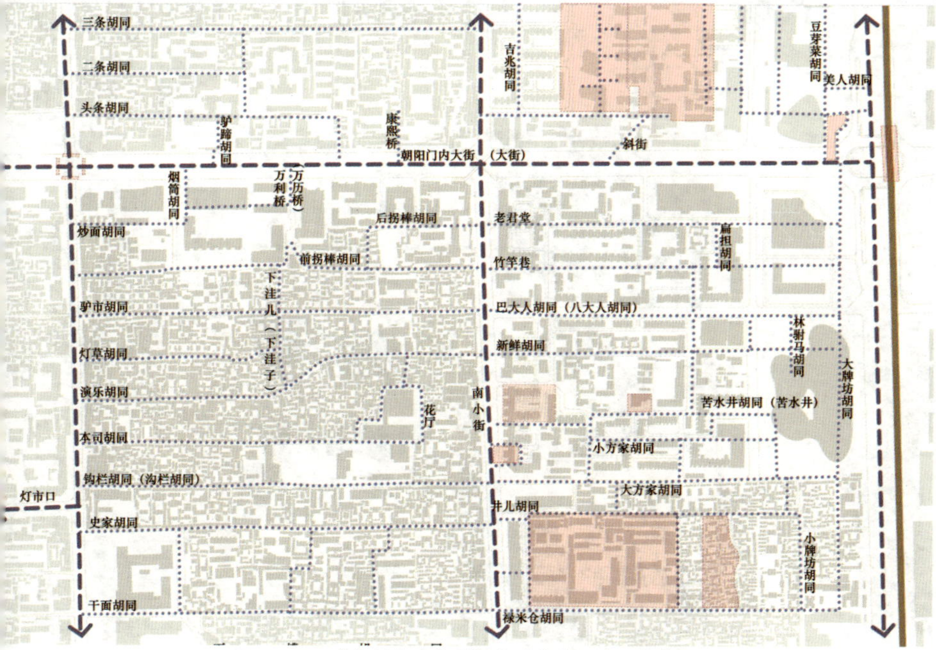

图3-103 《京师九城全图》中的街巷及其他意象

1900年《京城各国暂分界址全图》

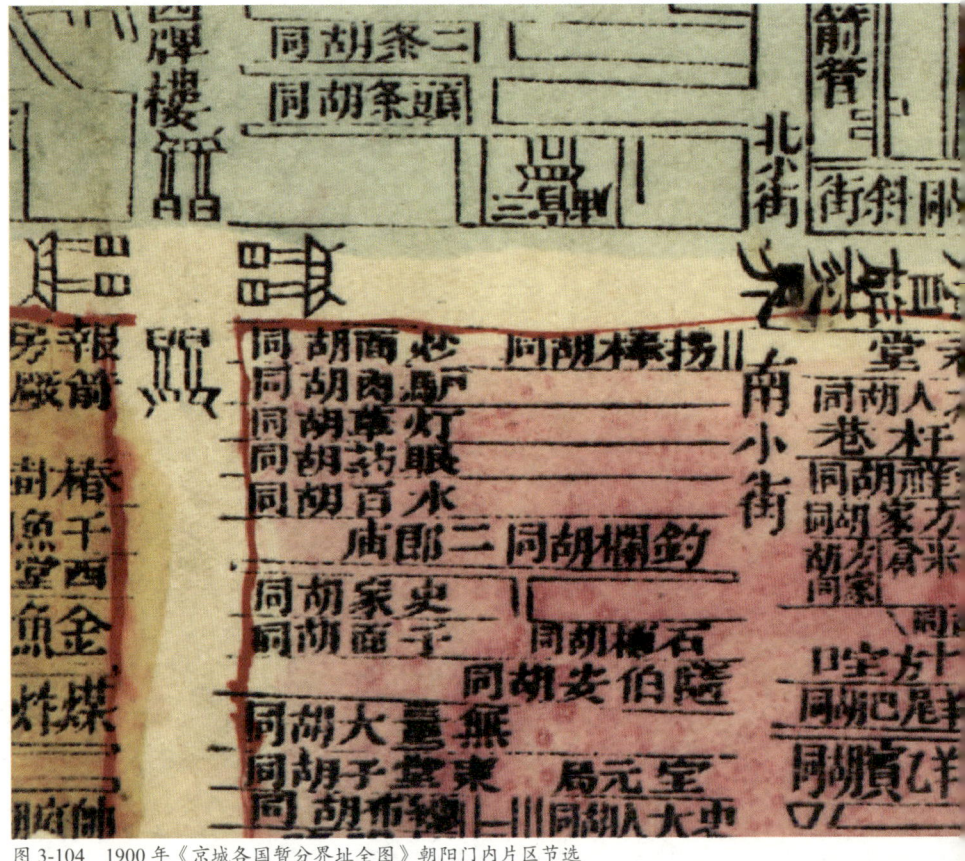

图3-104　1900年《京城各国暂分界址全图》朝阳门内片区节选

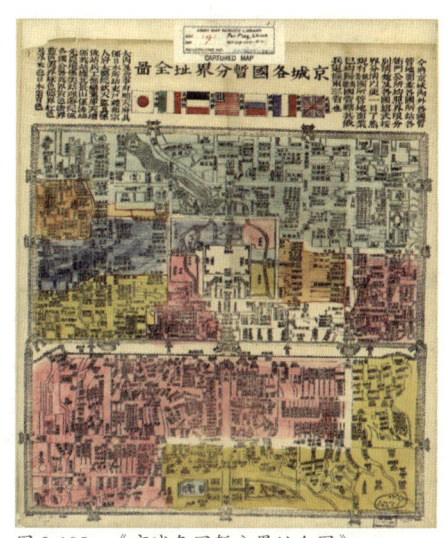

图 3-105 《京城各国暂分界址全图》

时间：1900 年

《京城各国暂分界址全图》以黄、蓝、绿、红、米、蛋青等颜色区分各国占领区域及各衙门公所，主要分发给留京政府官员及安民公所的中国籍人员参考使用，以了解联军在京城的分区占领情况。线稿则摹自《京师城内首善全图》，表达信息也基本相同（图3-104、图3-105）。

总体而言，该舆图片段反映了光绪年间的朝阳门内城市意象，表达信息的完整程度一般，其中建筑与院落意象较粗糙，街巷及其他意象较精细。

《京城各国暂分界址全图》的转译

图中表达出的建筑与院落意象包括：四牌楼（东四牌楼）、延福宫（三官庙）、弓匠营（箭管）、二郎庙、禄米仓、武学、智化寺（未标注）、朝阳门和城墙（图3-106）。

图中表达出的街巷意象包括：朝阳门内大街（大街）、南小街、北小街、头条胡同、二条胡同、三条胡同、烧酒胡同、斜街、豆瓣胡同、豆芽菜胡同、拐棒胡同、炒面胡同、驴市胡同（驴肉胡同）、灯草胡同、演乐胡同（眼药胡同）、本司胡同

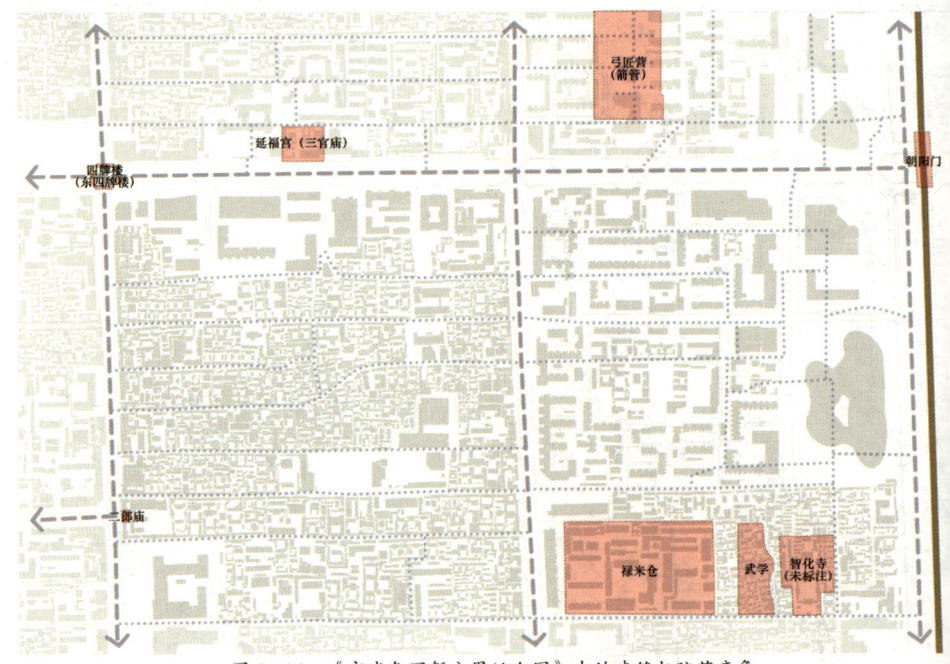

图 3-106 《京城各国暂分界址全图》中的建筑与院落意象

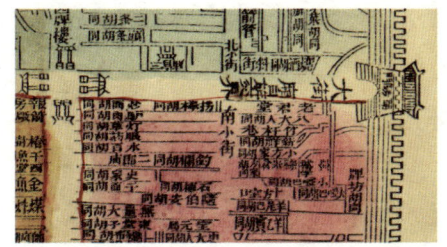

（水百胡同）、钩栏胡同（钓橍胡同）、史家胡同、干面胡同、老君堂、竹竿巷（竹杆巷）、巴大人胡同（八大人胡同）、苦水井、新鲜胡同（新祥胡同）、方家胡同、小方家胡同和牌坊胡同（图3-107）。

图中表达出的其他意象为正白旗界（厢白旗交界）（图3-107）。

图 3-107　《京城各国暂分界址全图》中的街巷及其他意象

1900年《THÉÂTRE DES OPÉRATIONS EN CHINE》

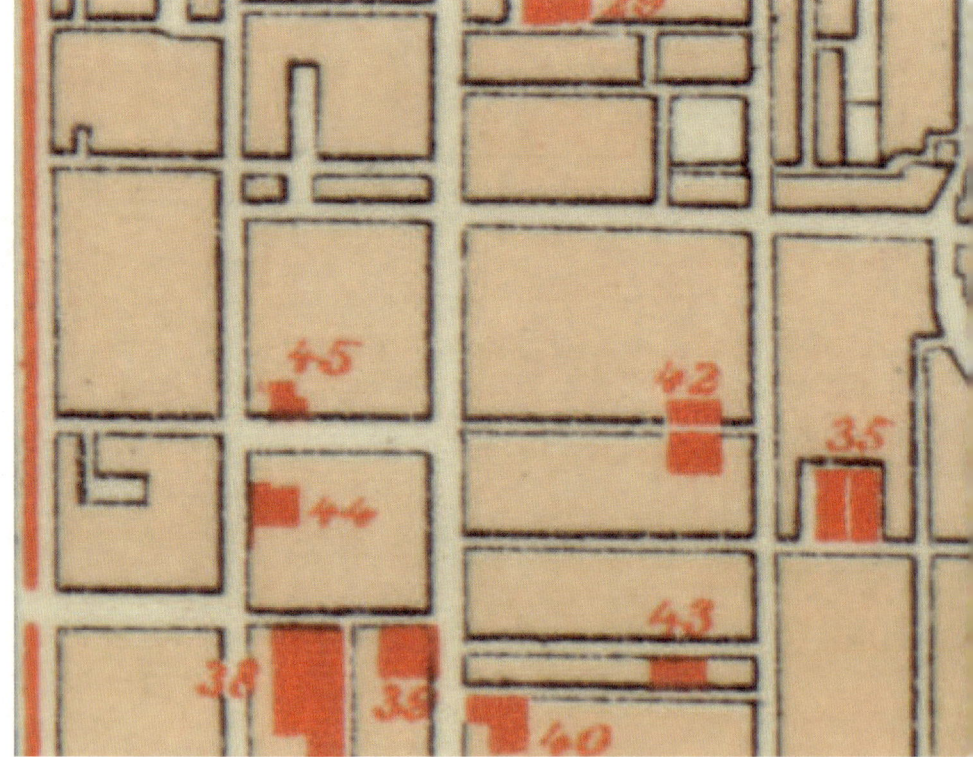

图3-108　1900年《THÉÂTRE DES OPÉRATIONS EN CHINE》朝阳门内片区节选

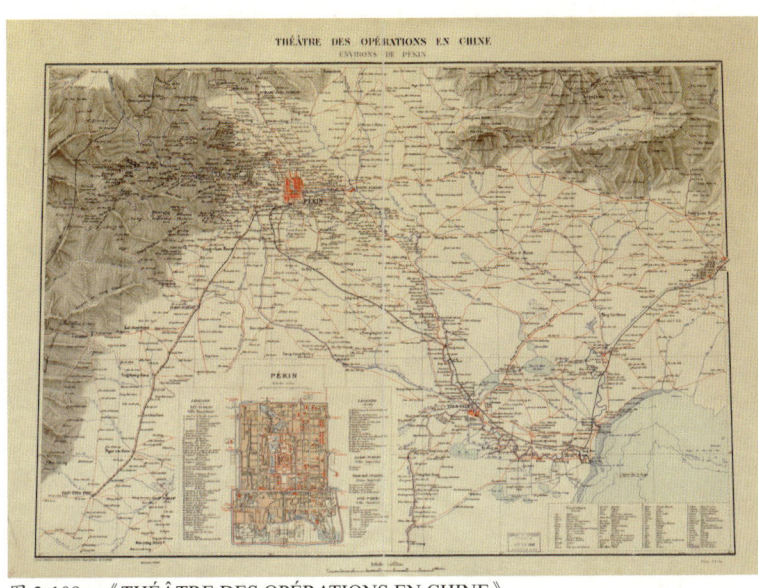

图3-109 《THÉÂTRE DES OPÉRATIONS EN CHINE》

时间：1900年

《THÉÂTRE DES OPÉRATIONS EN CHINE》是一张法语版的北京地图，由于描画范围远在城区之外，故城区内的绘制较为精简（图3-109）。

朝阳门内片区的局部则仅选取了最重要的几条街巷与几个建筑予以表达（图3-108）。

总体而言，该舆图片段反映了光绪年间的朝阳门内城市意象，表达信息的完整程度较粗糙，其中建筑与院落意象较粗糙，街巷及其他意象较粗糙。

"古代图文中的朝阳门内意象(1267—1912)"历史空间研究

《THÉÂTRE DES OPÉRATIONS EN CHINE》的转译

图中表达出的建筑与院落意象包括：海关学馆和海关学馆北院（Academies du Nord et du Sud）、禄米仓（Grenier d'Abondance）、朝阳门（Tsi-hoa-men）、朝阳门箭楼（未标注）和城墙（图3-110）。

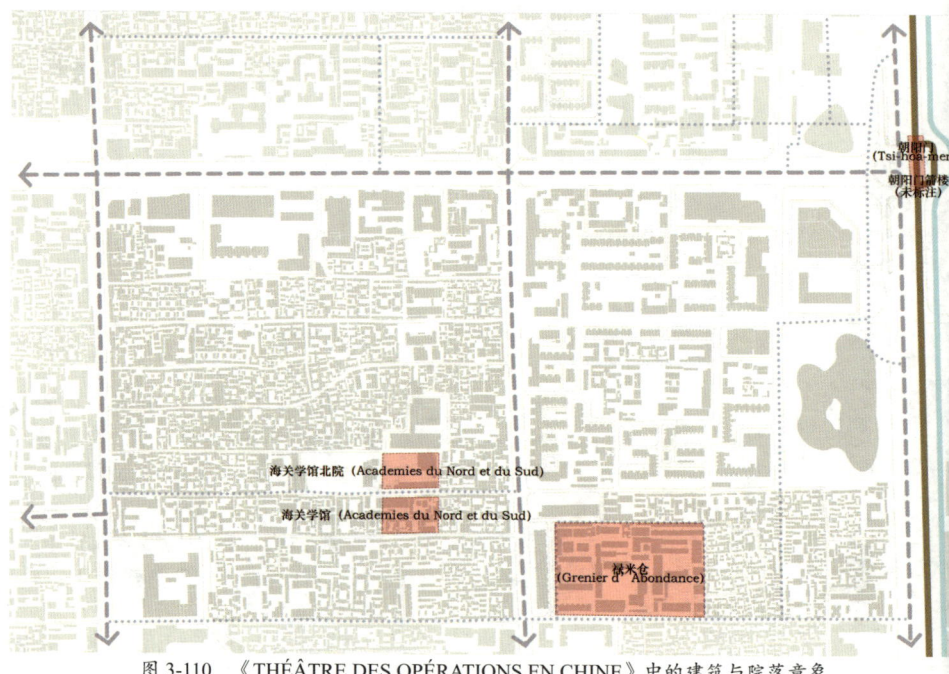

图3-110 《THÉÂTRE DES OPÉRATIONS EN CHINE》中的建筑与院落意象

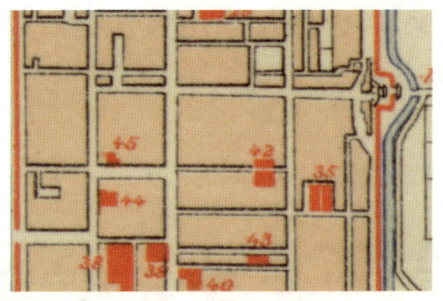

图中表达出的街巷意象包括：朝阳门内大街、东四南大街、南小街等，但均未标注出名称，此外，特意标注了通往通州的城外道路（Vens Toung-tcheou）（图3-111）。图中表达出的其他意象为护城河（图3-111）。

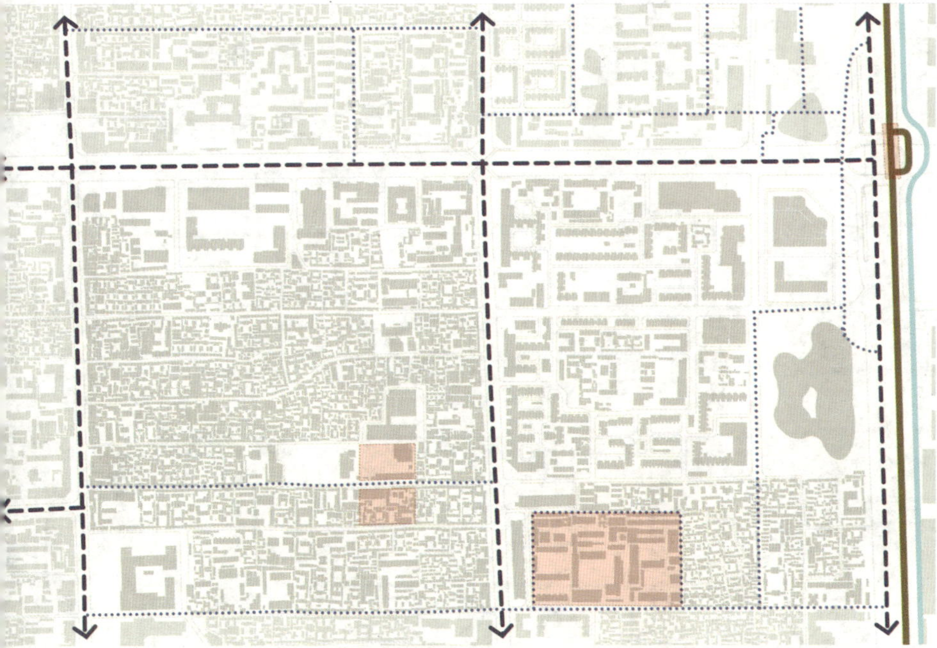

图 3-111 《THÉÂTRE DES OPÉRATIONS EN CHINE》中的街巷及其他意象

1900—1911年《订正改版北京详细地图》

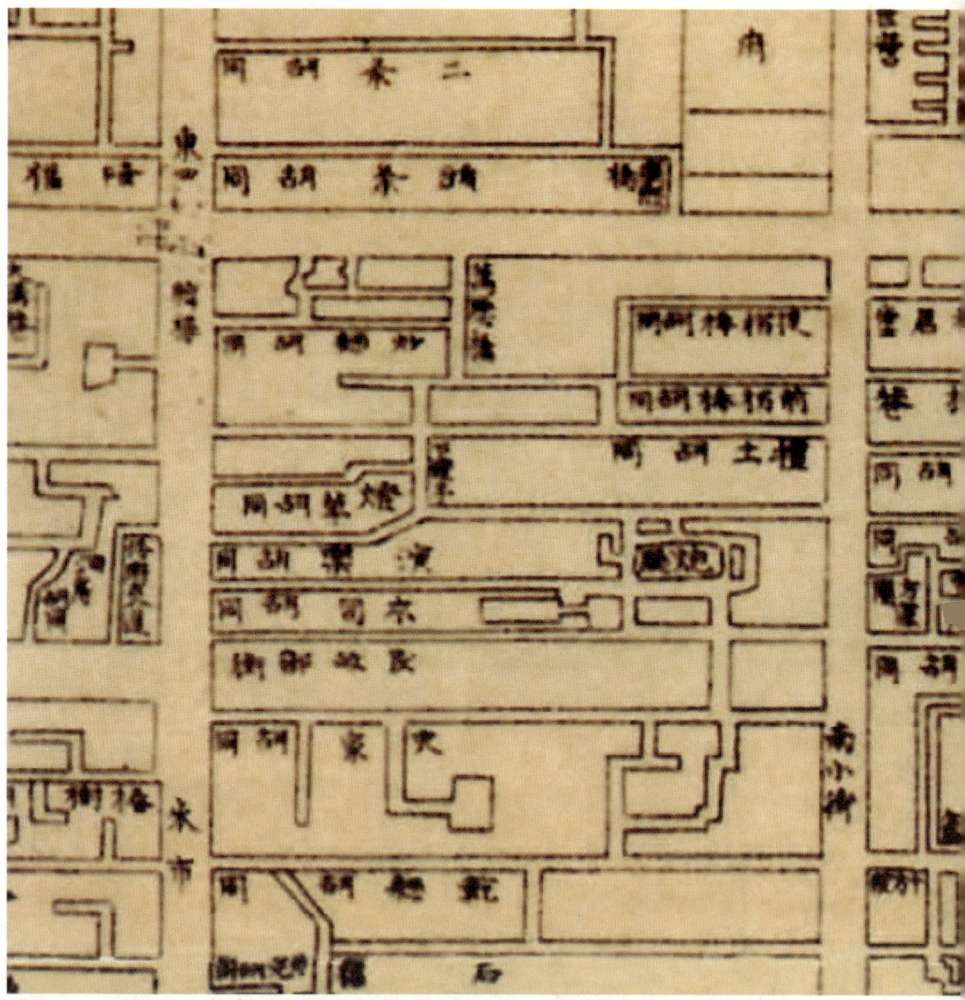

图3-112　1900—1911年《订正改版北京详细地图》朝阳门内片区节选

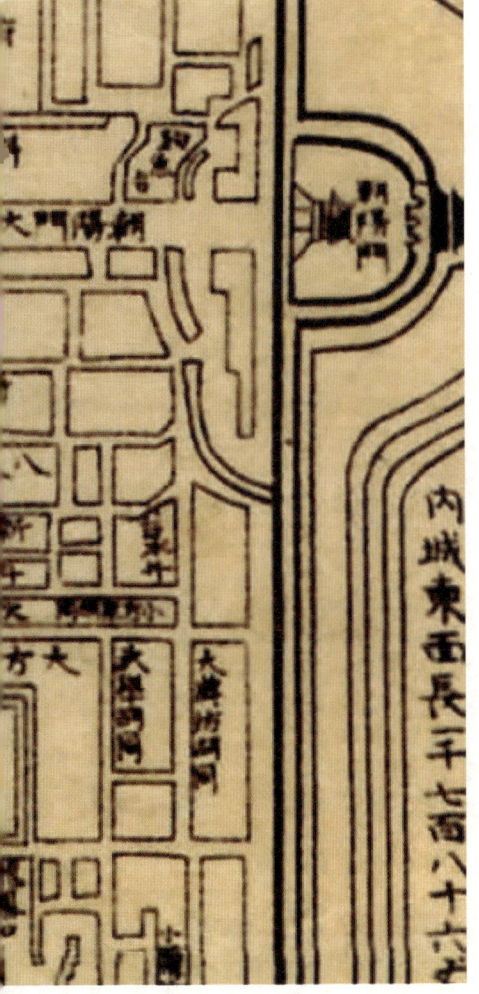

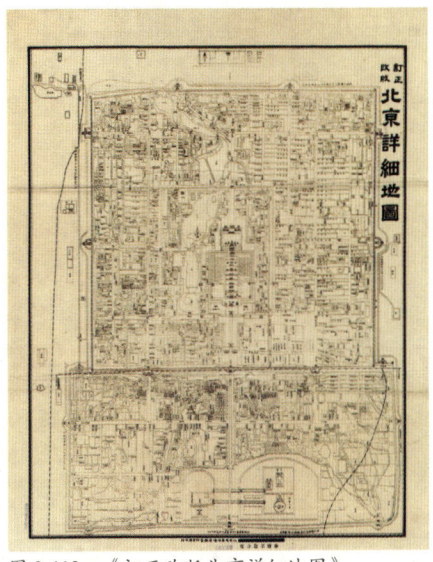

图3-113 《订正改版北京详细地图》

时间：1900—1911年

　　《订正改版北京详细地图》绘制了北京内外城，标注有大量地名，还绘有铁路。图下方印有"奉赠不取分文"，即此图属于某种商品之附属品（图3-113）。

　　朝阳门内片区的局部则街巷结构清晰，并标识有少量的建筑与院落意象（图3-112）。

　　总体而言，该舆图片段反映了光绪年间的朝阳门内城市意象，表达信息的完整程度一般，其中建筑与院落意象较粗糙，街巷及其他意象较精细。

"古代图文中的朝阳门内意象(1267—1912)"历史空间研究

《订正改版北京详细地图》的转译

图中表达出的建筑与院落意象包括:四牌楼(东四牌楼)、怡亲王府(府)、弓匠营(箭营)、恒亲王府(府)、钓鱼台、炮厂、方家园、斗母庙(斗母宫)、火神庙、禄米仓、朝阳门、朝阳门箭楼(未标注)和城墙等(图3-114)。

图中表达出的街巷意象包括:朝阳门内大街(朝阳门大街)、南小街、头条胡同、二条胡同、三条胡同、斜街、后拐棒胡同、前拐棒胡同、万利桥(万历桥)、康熙桥、炒面胡同、驴市胡同、灯草胡同、演乐胡同、本司胡同、钩栏胡同(民政部街)、

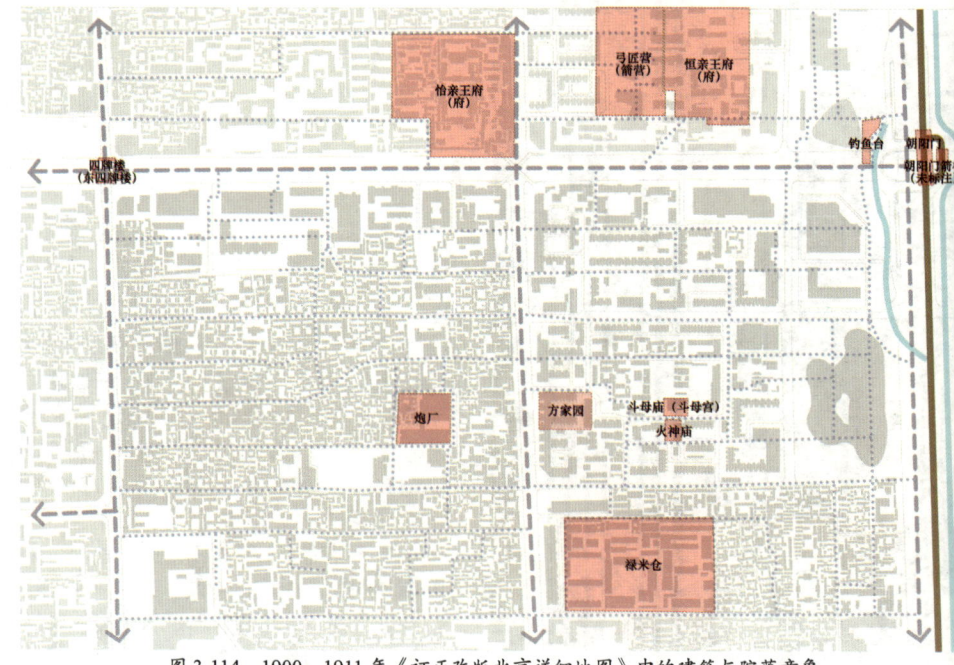

图3-114 1900—1911年《订正改版北京详细地图》中的建筑与院落意象

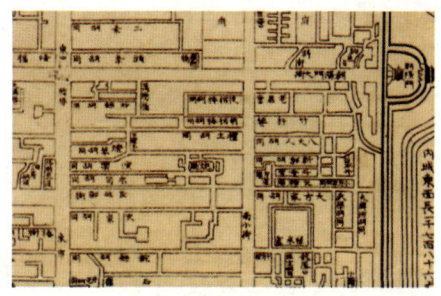

史家胡同、干面胡同、老君堂、竹竿巷（竹杆巷）、巴大人胡同（八大人胡同）、新鲜胡同、小方家胡同、大方家胡同、武学胡同、大牌坊胡同等（图3-115）。
　　图中表达出的其他意象为护城河（图3-115）。

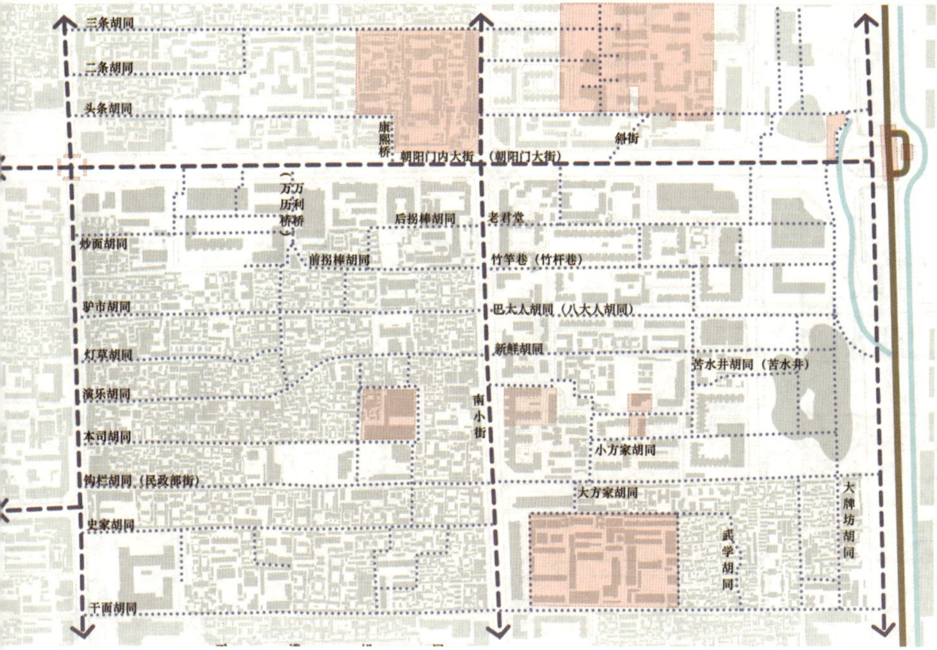

图3-115　1900—1911年《订正改版北京详细地图》中的街巷及其他意象

"古代图文中的朝阳门内意象(1267—1912)"历史空间研究

第三章 古意

1902年《PLAN DE PÉKIN》

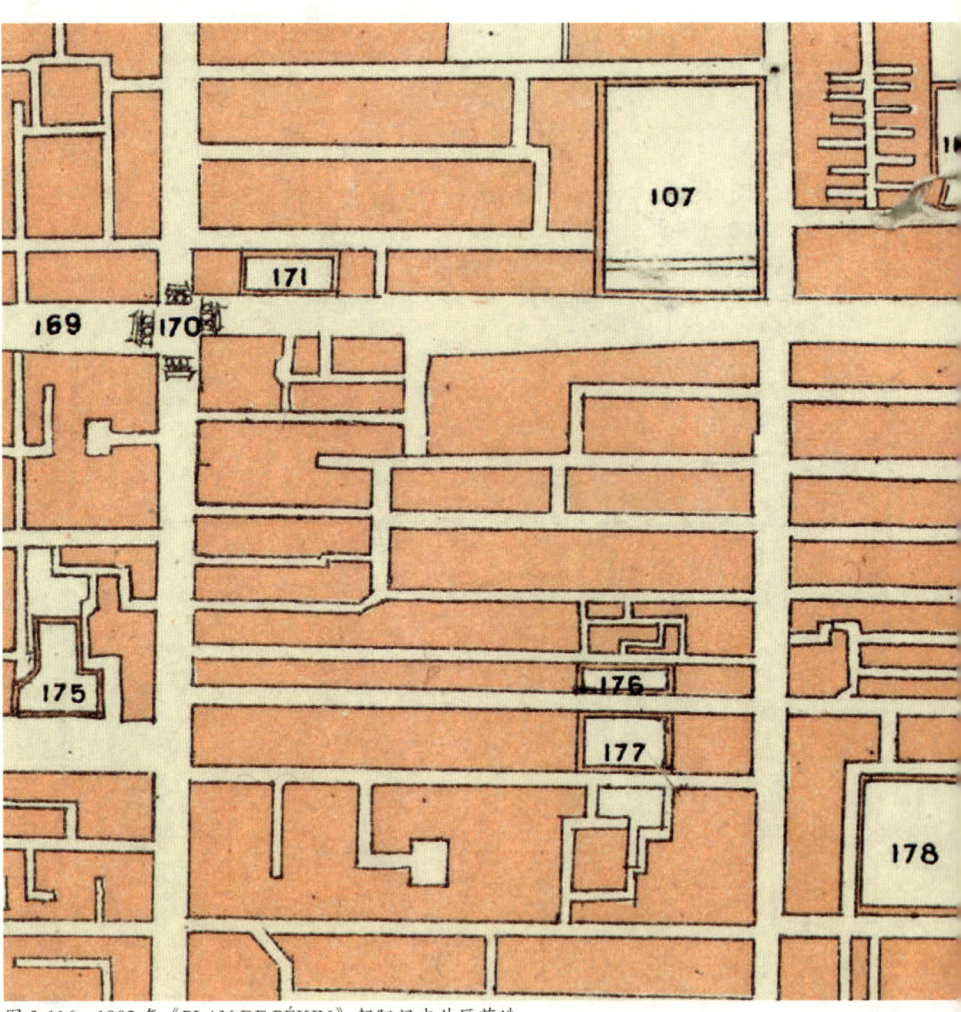

图 3-116　1902 年《PLAN DE PÉKIN》朝阳门内片区节选

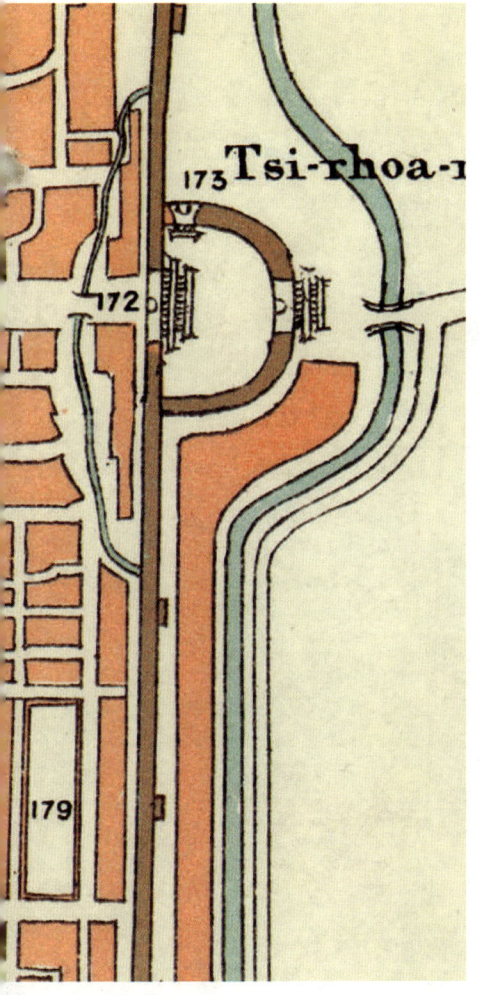

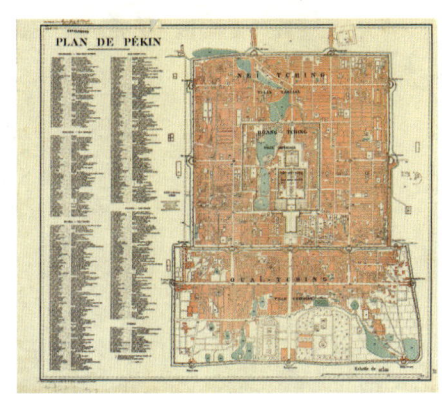

图 3-117 《PLAN DE PÉKIN》

时间：1902 年

　　《PLAN DE PÉKIN》为法语地图，双色套印，采用平、立面结合的画法（图 3-117）。

　　朝阳门内片区的局部街巷结构清晰，但仅对若干重要建筑与院落进行文字标注（图 3-116）。

　　总体而言，该舆图片段反映了光绪年间的朝阳门内城市意象，表达信息的完整程度较粗糙，其中建筑与院落意象较粗糙，街巷及其他意象较粗糙。

第三章 古意

《PLAN DE PÉKIN》的转译

图中表达出的建筑与院落意象包括：四牌楼（Tong-sse-pai-leou）、延福宫（San-kouang-miao）、怡亲王府（Fou）、恒亲王府（Fou）、相府（Pei-le-fou）、海关学馆北院（Pe-iuang）、海关学馆（Nan-iuang）、禄米仓（Lou-mi-tsang）、智化寺（Tche-rhoa-sse）、朝阳门（Tchao-yang-men，Tsi-rhoa-men）、太平仓（Tsang-ngao）、朝阳门箭楼（未标注）和城墙等（图3-118）。

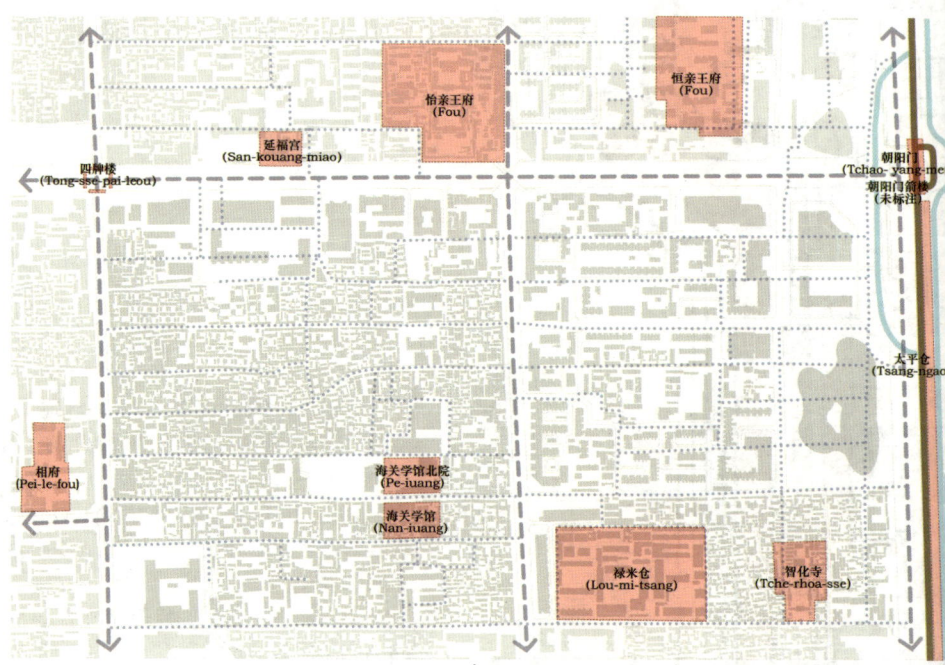

图 3-118　《PLAN DE PÉKIN》中的建筑与院落意象

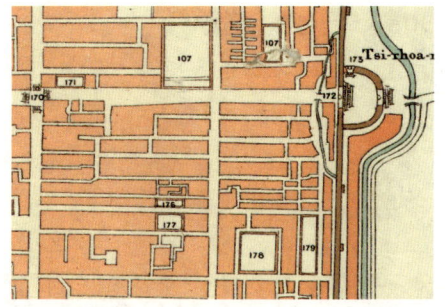

图中表达出的街巷意象包括：朝阳门内大街、东四南大街、南小街等，但均未标注出名称。此外，特意标注了通往通州的城外道路（chia-Tong-tcheou-tche-che-tao）（图 3-119）。

图中表达出的其他意象为护城河（图 3-119）。

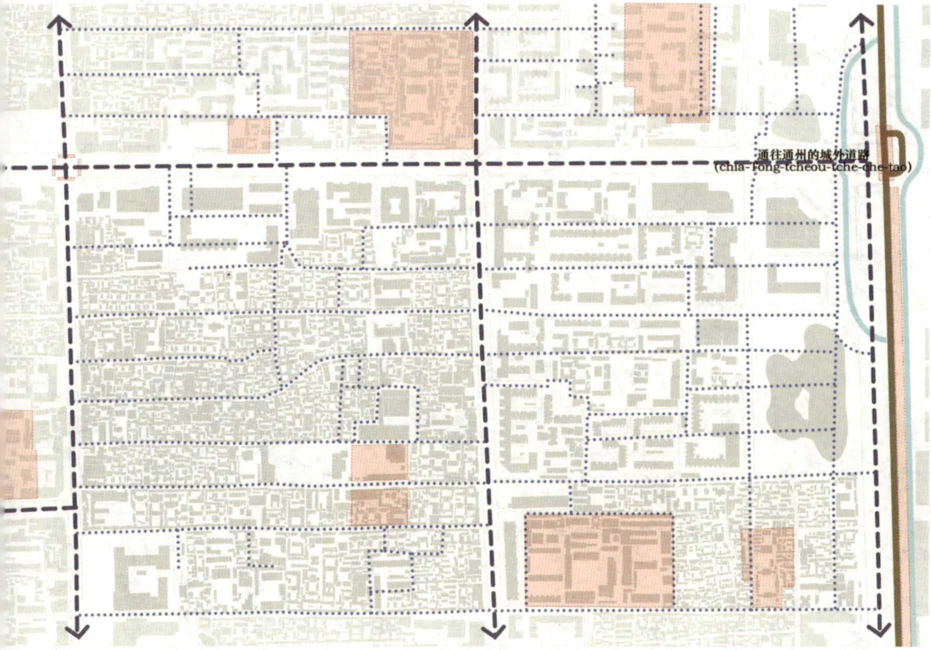

图 3-119 《PLAN DE PÉKIN》中的街巷及其他意象

第三章 古意

1903年《北京全图》

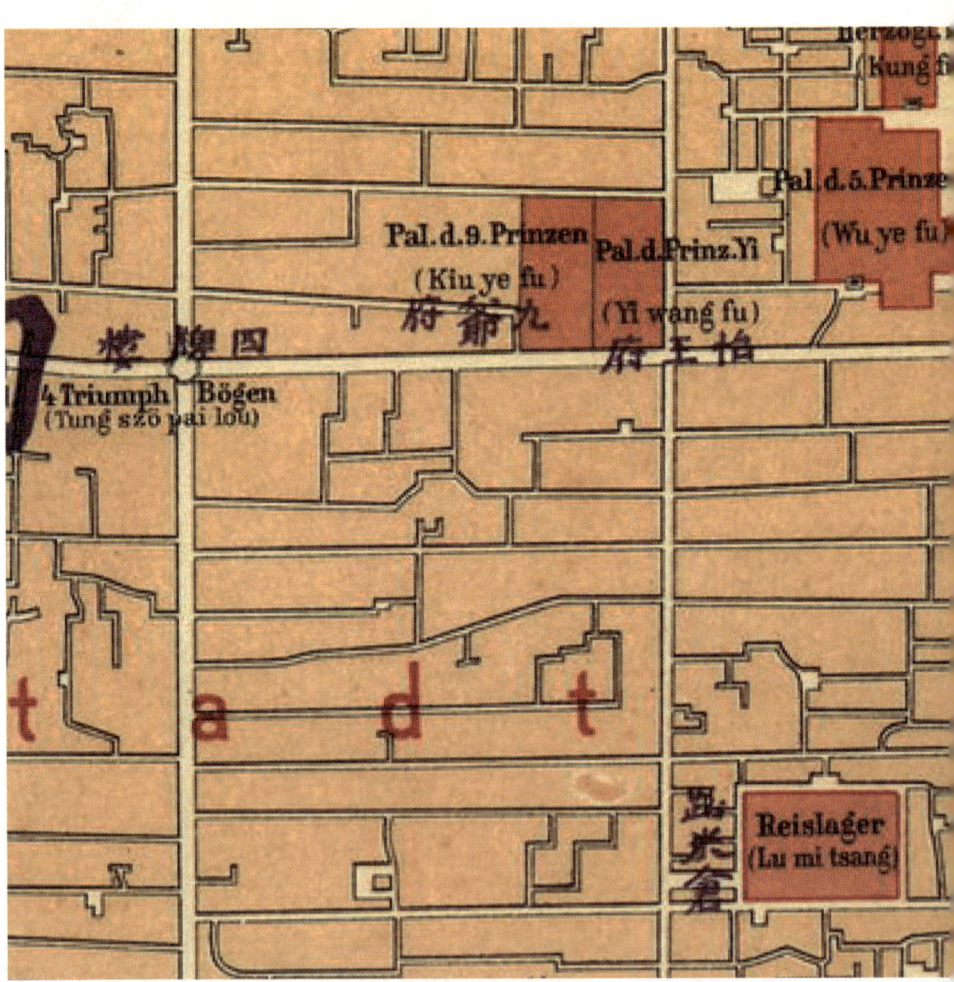

图 3-120　1903 年《北京全图》朝阳门内片区节选

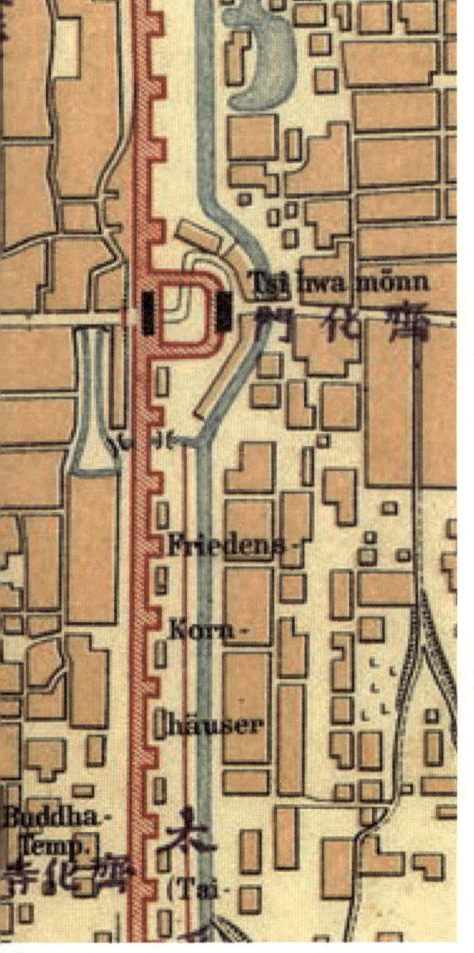

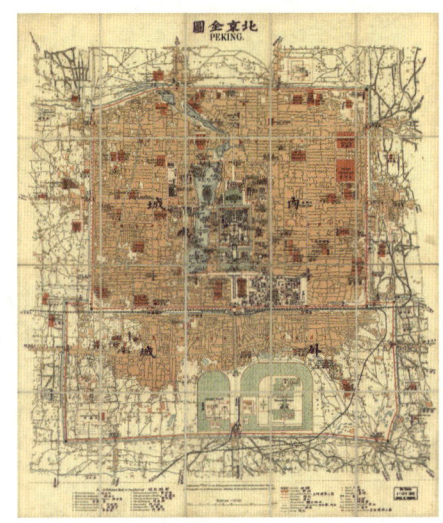

图 3-121 《北京全图》

时间：1903 年

　　《北京全图》图廓纵 69 厘米，横 59 厘米，分切 20 幅，比例尺为 1∶17500，为在德意志东亚远征团地形测绘团的《PEKING》一图的工作基础上绘制而成，测绘范围覆盖当时北京的内城、外城及近郊。地图采用红（建筑）、绿（植被）、蓝（水域）、黑（缩略建筑）四种颜色，重点突出政治和宗教建筑、河道水域及交通路线。其注记采用了中文、德语、拼音三者并置的形式（图 3-121）。

　　朝阳门内片区的局部街巷结构清晰，但仅对若干重要的官署府衙及城市设施进行了文字标注（图 3-120）。

　　总体而言，该舆图片段反映了光绪年间的朝阳门内城市意象，表达信息的完整程度一般，其中建筑与院落意象较详细，街巷及其他意象一般。

《北京全图》的转译

图中表达出的建筑与院落意象包括：四牌楼（4Triumph Bogen、Tung szo pai lou）、九爷府（Pal.d.9.Prinzin、Kiu ye fu）、怡王府（Pal.d.Prinz.Yi、Yi wang fu）、恒亲王府（五爷府、Pal.d.5.Prinzin、Wu ye fu）、禄米仓（路米仓、Reislager、Lu mi tsang）、智化寺（齐化寺、Buddha Temp）、朝阳门（齐化门、Tsi hwa monn）、太平仓（Friedens Korn hauser）、朝阳门箭楼（未标注）和城墙等（图3-122）。

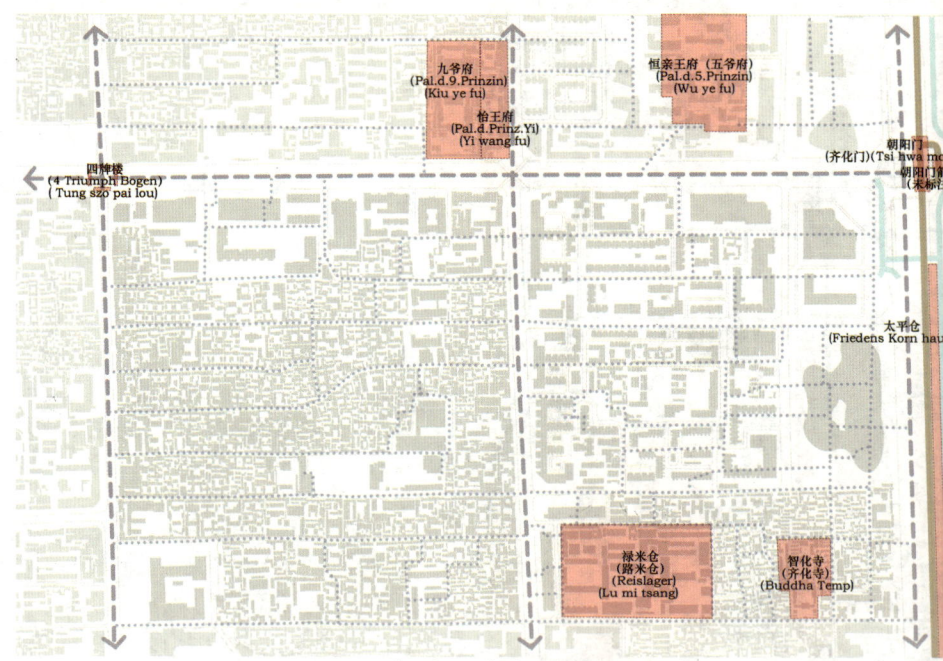

图3-122 《北京全图》中的建筑与院落意象

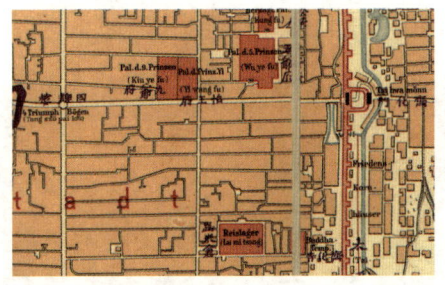

图中表达出的街巷意象包括：朝阳门内大街、东四南大街、南小街等，但均未标注出名称（图 3-123）。

图中表达出的其他意象为护城河（图 3-123）。

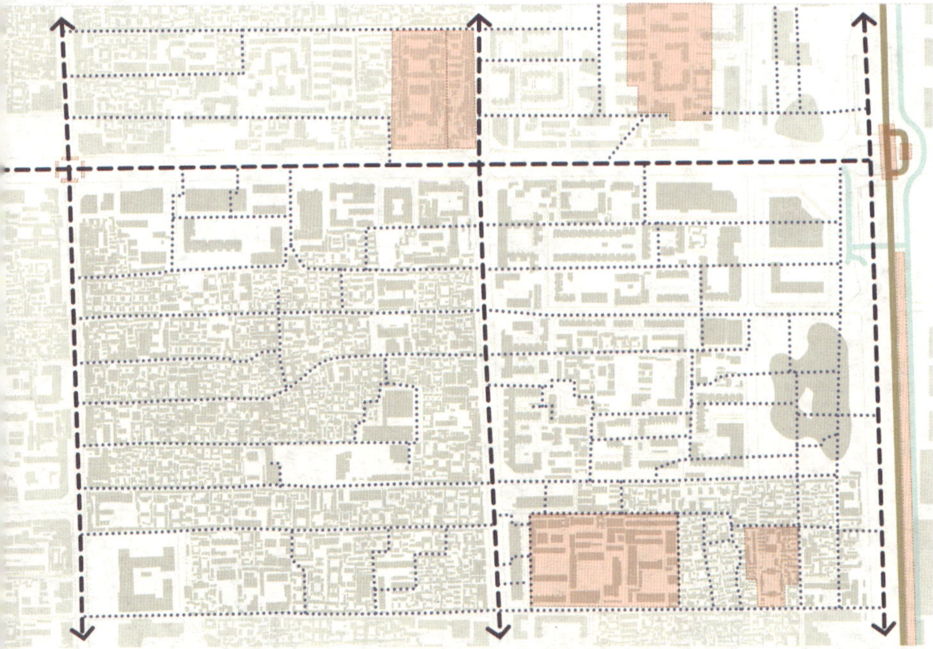

图 3-123　《北京全图》中的街巷及其他意象

"古代图文中的朝阳门内意象 (1267—1912)" 历文空间研究

1907年《北京附地》

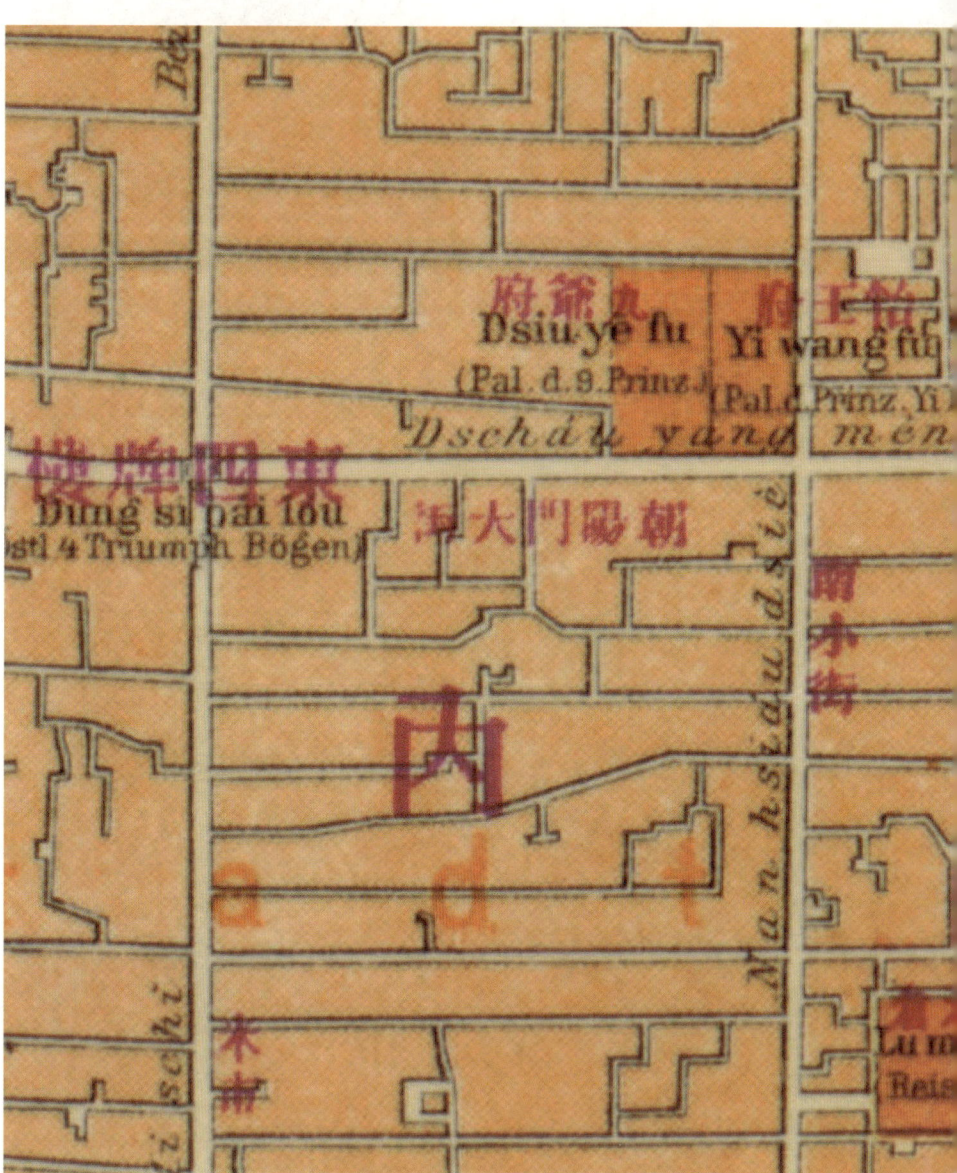

图3-124　1907年《北京附地》朝阳门内片区节选

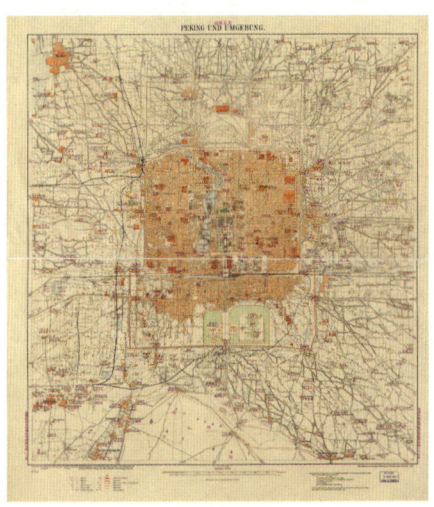

图 3-125 《北京附地》

时间：1907 年

　　《北京附地》测绘范围涵盖了北京的内城、外城以及较大范围的郊区。内容则与《北京全图》相仿（图 3-125）。

　　朝阳门内片区的局部街巷结构清晰，仅对若干重要的官署府衙及城市设施及重要街巷进行了文字标注（图 3-124）。

　　总体而言，该舆图片段反映了光绪年间的朝阳门内城市意象，表达信息的完整程度一般，其中建筑与院落意象较详细，街巷及其他意象一般。

"古代图文中的朝阳门内意象 (1267—1912)" 历史空间研究

第三章 古意

《北京附地》的转译

图中表达出的建筑与院落意象包括:四牌楼(东四牌楼、Dung si pai lou、pstl.4 Triumph Bogen)、九爷府(Dsiu ye fu、Pal.d.9.Prinz.)、怡王府(Yi wang fu、Pal.d.Prinz.Yi)、恒亲王府(五爷府、Wu ye fu、Pal.d.5 Prinz)、禄米仓(Lu mitsang Reislager)、智化寺(齐化寺、Temp)、朝阳门(齐化门、Tsi hua men)、朝阳门箭楼(未标注)和城墙等(图3-126)。

图中表达出的街巷意象包括:朝阳门内大街(朝阳门大街、Dschau yang men

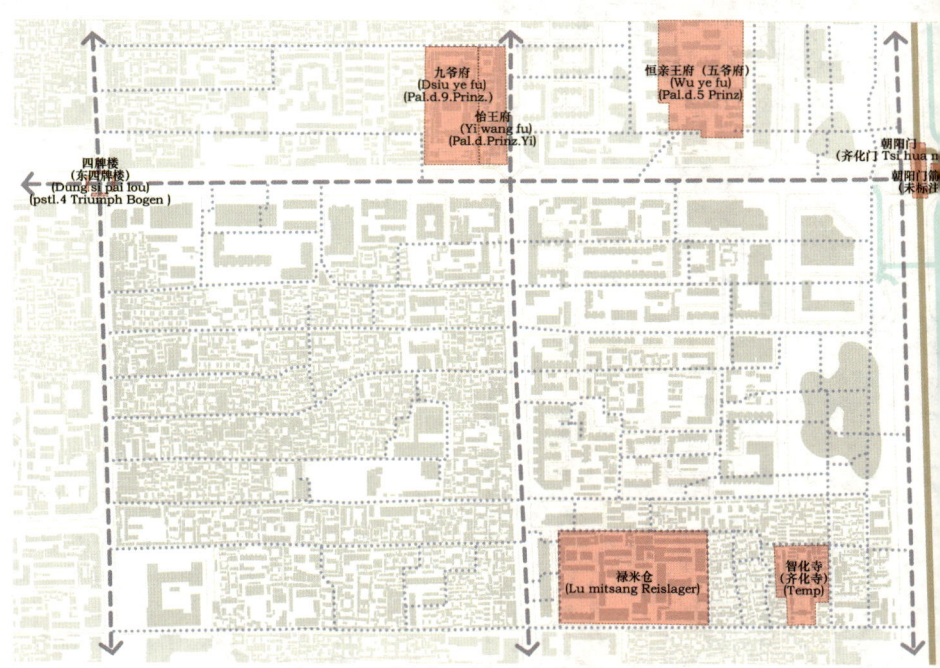

图 3-126 《北京附地》中的建筑与院落意象

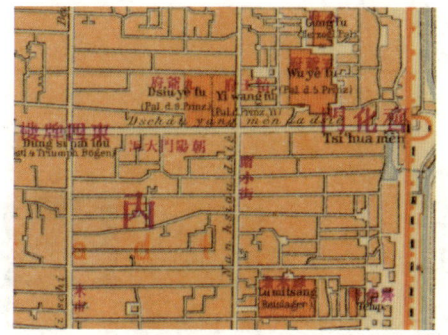

dudsie）、南小街（nan hsidudsie），并标注其名称；同时表达出的街巷意象有东四南大街、头条胡同、二条胡同等，但均未标注名称（图3-127）。

图中表达出的其他意象为护城河（图3-127）。

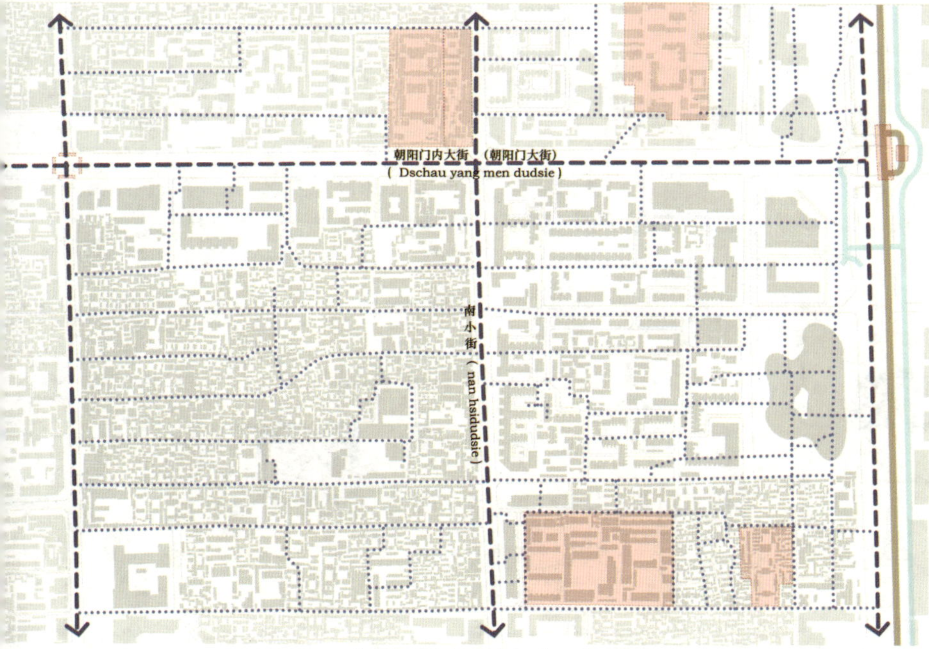

图3-127 《北京附地》中的街巷及其他意象

1908年《京师全图》

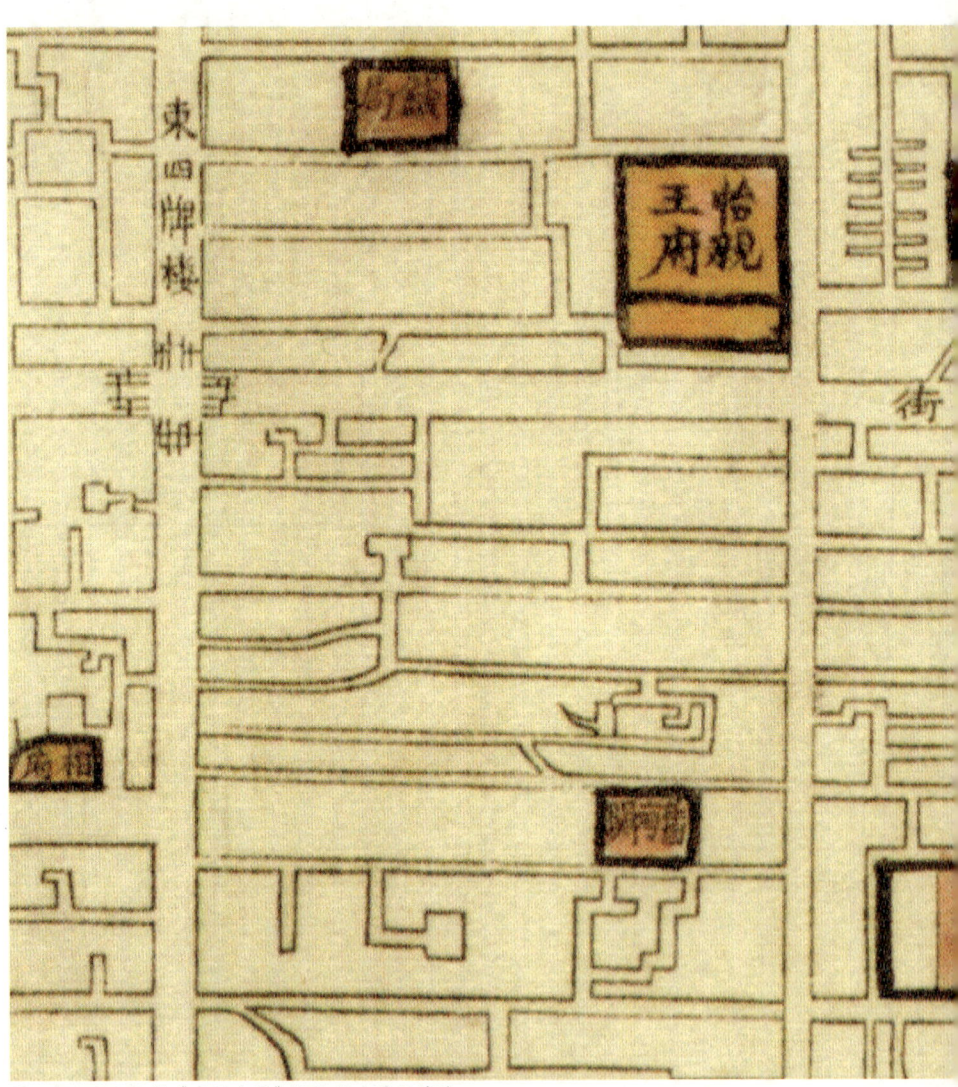

图 3-128　1908年《京师全图》朝阳门内片区节选

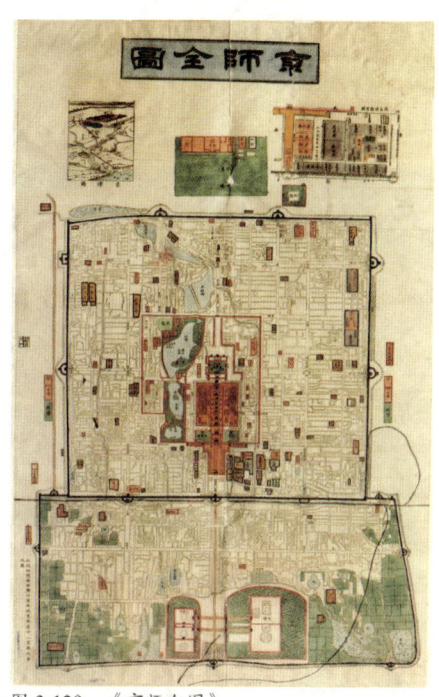

图 3-129 《京师全图》

时间：1908 年

    《京师全图》图廓纵 96.5 厘米，横 57 厘米，石印设色。测绘范围为北京的内外城，重要区域用不同颜色表示，其余地方粗糙表示。此图经装裱，并有装裱厂家印有"上海汲古阁裱"（图 3-129）。

    朝阳门内片区的局部街巷结构清晰，标注则极为简略（图 3-128）。

    总体而言，该舆图片段反映了乾隆年间的朝阳门内城市意象，表达信息的完整程度一般，其中建筑与院落意象较详细，街巷及其他意象一般。

"古代图文中的朝阳门内意象 (1267—1912)"历史空间研究

《京师全图》的转译

图中表达出的建筑与院落意象包括:四牌楼(东四牌楼)、怡亲王府、恒亲王府(惇亲王府)、相府、海关学馆(旧海关)、禄米仓、武学、朝阳门及朝阳门箭楼和城墙(图3-130)。

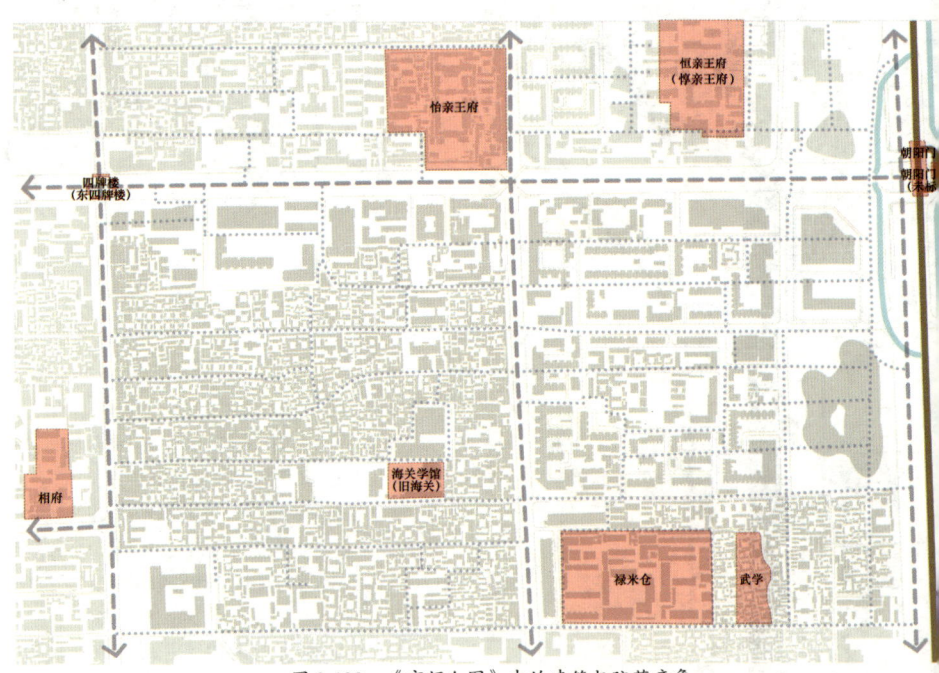

图3-130 《京师全图》中的建筑与院落意象

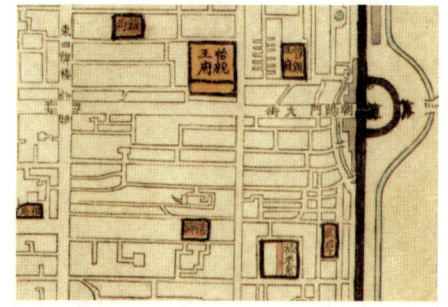

图中表达出的街巷意象包括：朝阳门内大街（大街）、东四南大街、南小街等，但除朝阳门内大街外均未标注出名称（图3-131）。

图中表达出的其他意象为护城河（图3-131）。

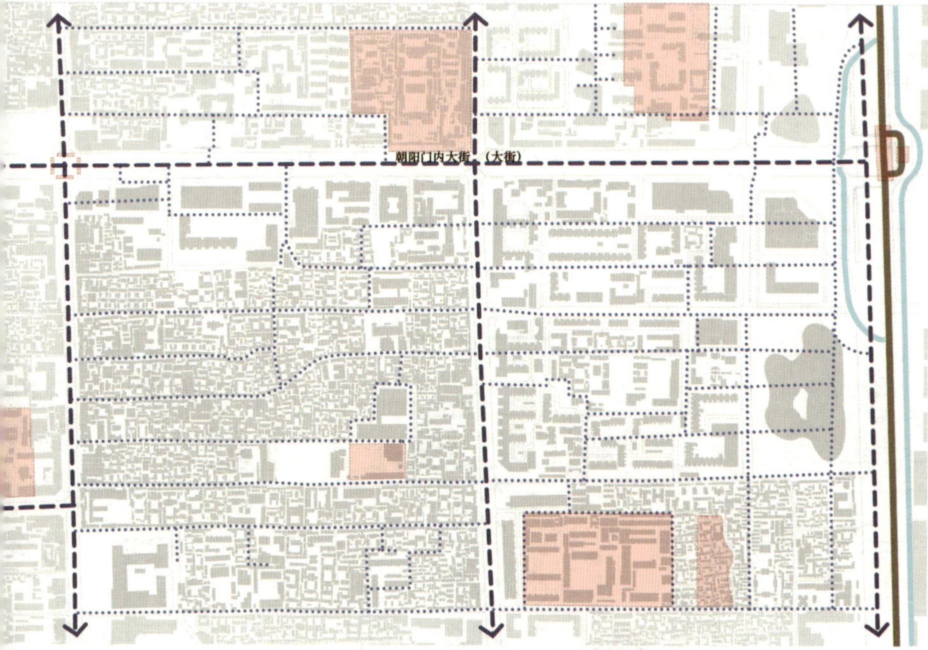

图 3-131 《京师全图》中的街巷及其他意象

1908年《最新北京精细全图》

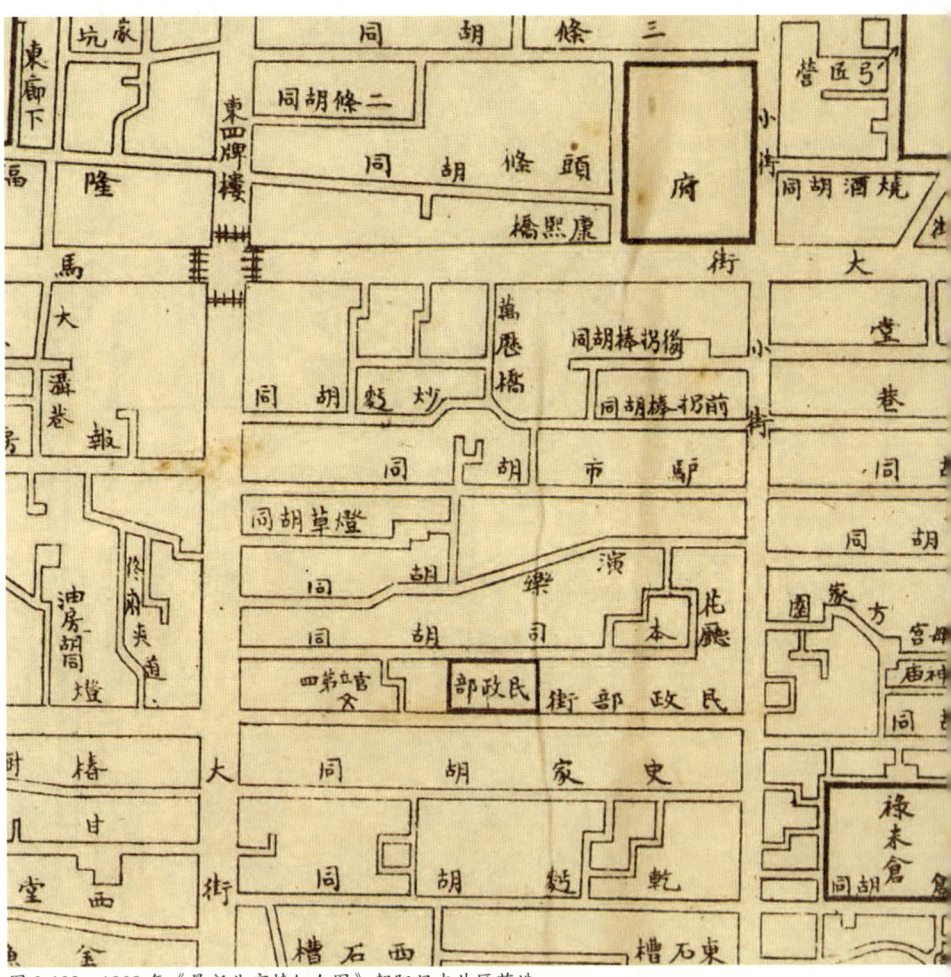

图3-132 1908年《最新北京精细全图》朝阳门内片区节选

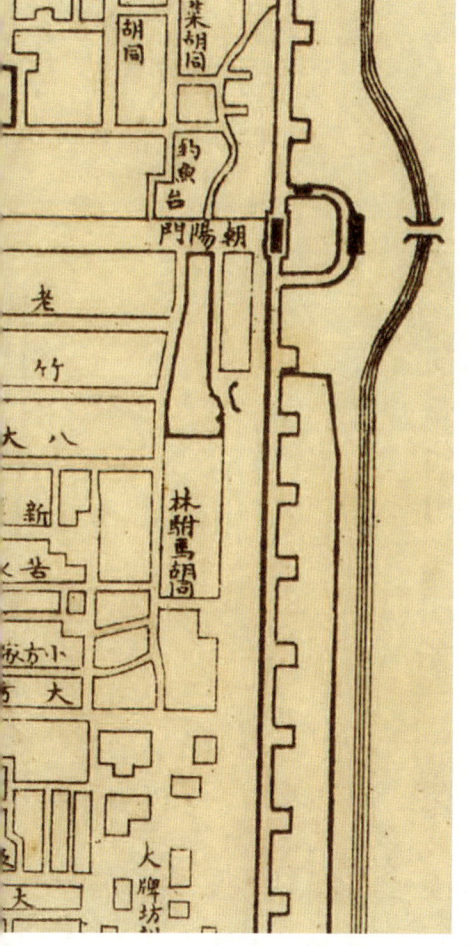

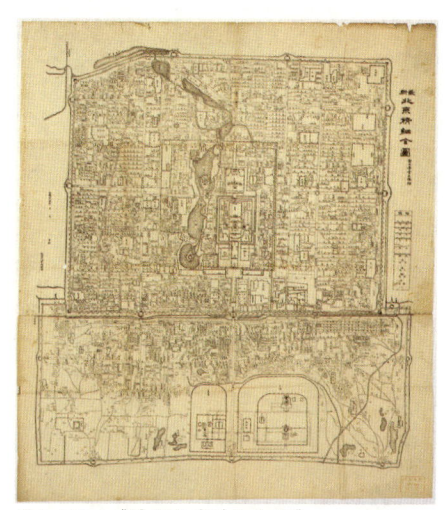

图 3-133 《最新北京精细全图》

时间：1908 年

　　《最新北京精细全图》图廓纵 56.5 厘米，横 50.5 厘米。系清末较为精细的实测北京地图之一（图 3-133）。

　　朝阳门内片区的局部表达中，位置尺寸清晰准确，且对官署府库和重要街巷进行了标注（图 3-132）。

　　总体而言，该舆图片段反映了光绪年间的朝阳门内城市意象，表达信息的完整程度较详细，其中建筑与院落意象一般，街巷及其他意象较精细。

《最新北京精细全图》的转译

图中表达出的建筑与院落意象包括：四牌楼（东四牌楼）、怡亲王府（府）、恒亲王府（空府）、钓鱼台、民政部、斗母庙（斗母宫）、火神庙、禄米仓、太平仓（未标注）、朝阳门、朝阳门箭楼和城墙（图3-134）。

图中表达出的街巷意象包括：朝阳门内大街（大街）、东四南大街（大街）、北小街（小街）、南小街（小街）、头条胡同、二条胡同、三条胡同、烧酒胡同、马匠营胡同（弓匠营）、斜街、万利桥（万历桥）、康熙桥、炒面胡同、前拐棒胡

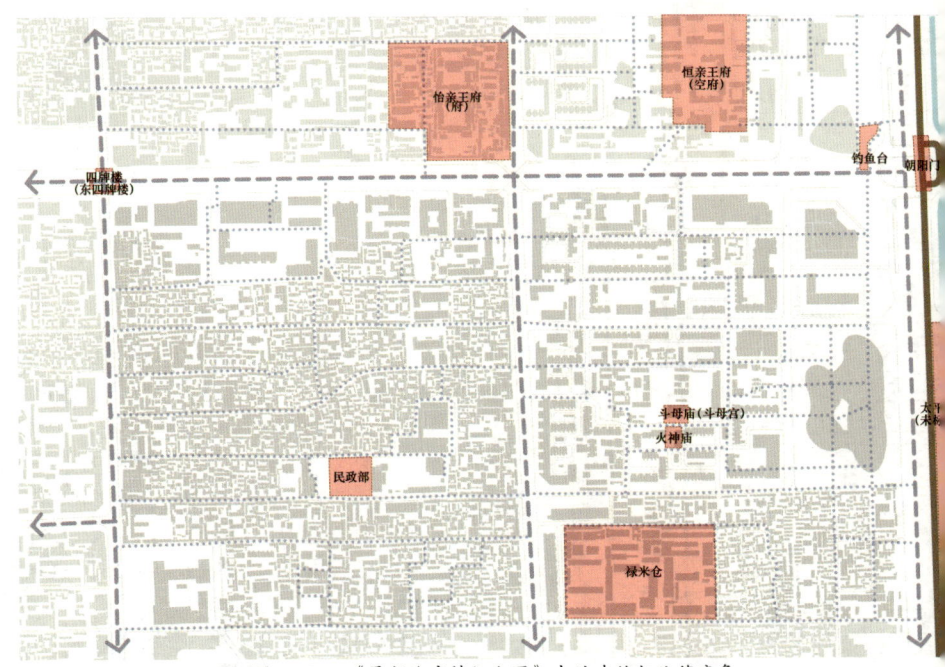

图 3-134　《最新北京精细全图》中的建筑与院落意象

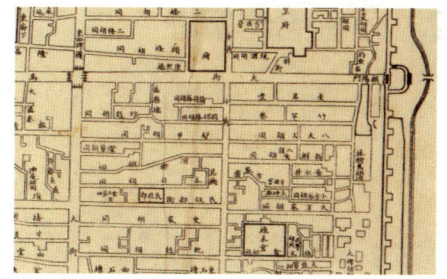

同、后拐棒胡同、驴市胡同、灯草胡同、演乐胡同、本司胡同、花厅、钩栏胡同（民政部街）、史家胡同、干面胡同、巴巴胡同、灯市口、老君堂、竹竿巷、巴大人胡同（八大人胡同）、新鲜胡同、苦水井胡同（苦水井）、林驸马胡同、大方家胡同、小方家胡同、方家园、武学胡同和禄米仓胡同等（图3-135）。

图中表达出的其他意象为护城河（图3-135）。

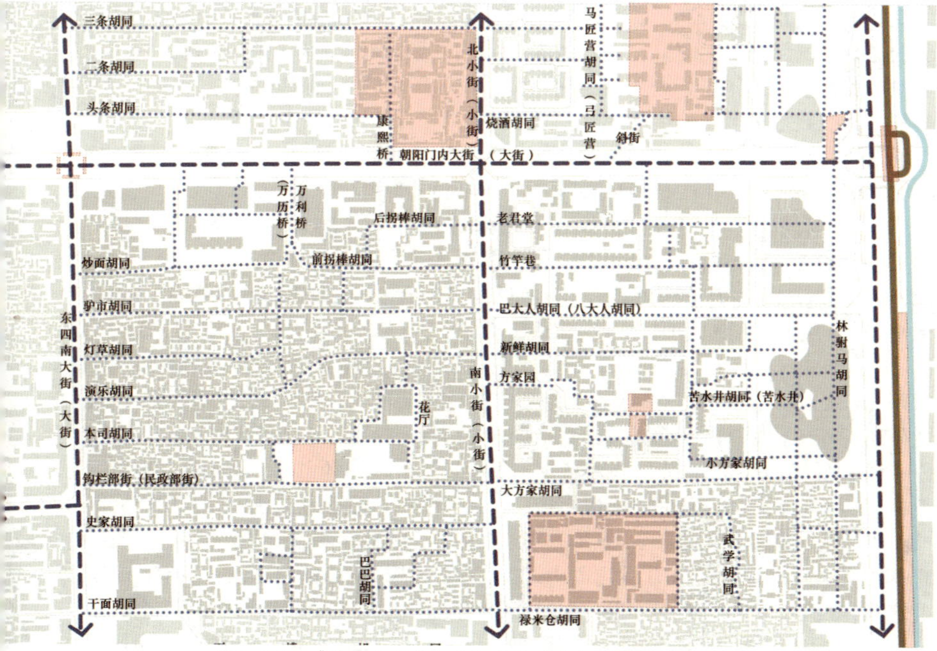

图3-135 《最新北京精细全图》中的街巷及其他意象

四、 叠合与解析

图 3-136 叠合了 1267—1912 年的古代图文信息与现代调研信息,展现出 1.5 平方千米的朝阳门内历史街区中丰富的历史意象与文化资源。

其中,古代图文的信息来源主要包括相关古籍文献及 26 张古代舆图,研究提取了其中的建筑与院落意象和街巷及其他意象。首先根据各种线索将其转译到现代准确的测绘地图上,然后按古代图文中的出现过的次数进行叠加,颜色越深表示其意象频次越高,则其综合认知程度越高,历史重要性越强;现代调研的信息来源主要包括测绘图纸、卫星地图、历史文化保护区与各级文保单位的地理信息和保护规划,以及现场的走访调查,主要表达为准确的地理位置信息、建筑与街巷图底关系、各级文物保护单位建筑分布、传统风貌建筑分布,建筑颜色越红说明其历史文化与风貌的保护状况越好。图例中表述了 92 处取自古代舆图和文献中的建筑与院落意象,及其各自出现在不同古代舆图的绘制年份,表示年份的竖线依据时间间距进行疏密排列,竖线数量越多表示其意象频次越高,则其综合认知程度也越高。

通过历史信息叠合,初步按照认知程度划分为四类,其中,认知程度最高的意象有 4 个,分别是城墙(26 次)、朝阳门(26 次)、四牌楼(25 次)以及禄米仓(24 次);认知程度次高的意象有 8 个,分别是恒亲王府(15 次)、怡亲王府(14 次)、延福宫(11 次)、智化寺(10 次)、二郎庙(9 次)、弓匠营(8 次)、武学(8 次)、朝阳门箭楼(7 次);认知程度处于第三梯队的意象有 15 个,分别是海关学馆(5 次)、太平仓(5 次)、方家园(4 次)、斗母庙(4 次)、相府(4 次)、钓鱼台(3 次)、海关学馆北院(3 次)、北水关(2 次)、东院(2 次)、西院(2 次)、宗学(2 次)、官学(2 次)、南水关(2 次)、土地庙 - 南竹杆胡同(2 次)、万安仓(2 次);此外还有 65 处仅出现一次的意象,包括:58 处均只在描摹最为精细且时期较早的《乾隆京城全图》中出现过,分别是兴隆寺、火祖庙、五圣庵 - 北小街、永丰庵、圆通寺、财神庙、清真寺、玄坛庙、正白旗汉军衙门、正白旗蒙古衙门、土地庙 - 朝阳门内大街、昭灵寺、镶白旗汉军固山衙门、五圣庵 - 灯草胡同、兴隆寺 - 礼士胡同、毗卢庵、箭厂、正蓝旗汉军固山衙门、正蓝旗蒙古固山衙门、正蓝旗满洲固山衙门、天仙庵 - 本司胡同、灵官庙、三元庵、解脱庵、□□庵、财神庙、上帝庙、地藏庵 - 朝阳门内大街、老君堂、吉庆庵、证因寺、弥勒庵、仁义庵、伏魔庵、桂公府、地藏庵 - 芳嘉园胡同、净业庵、

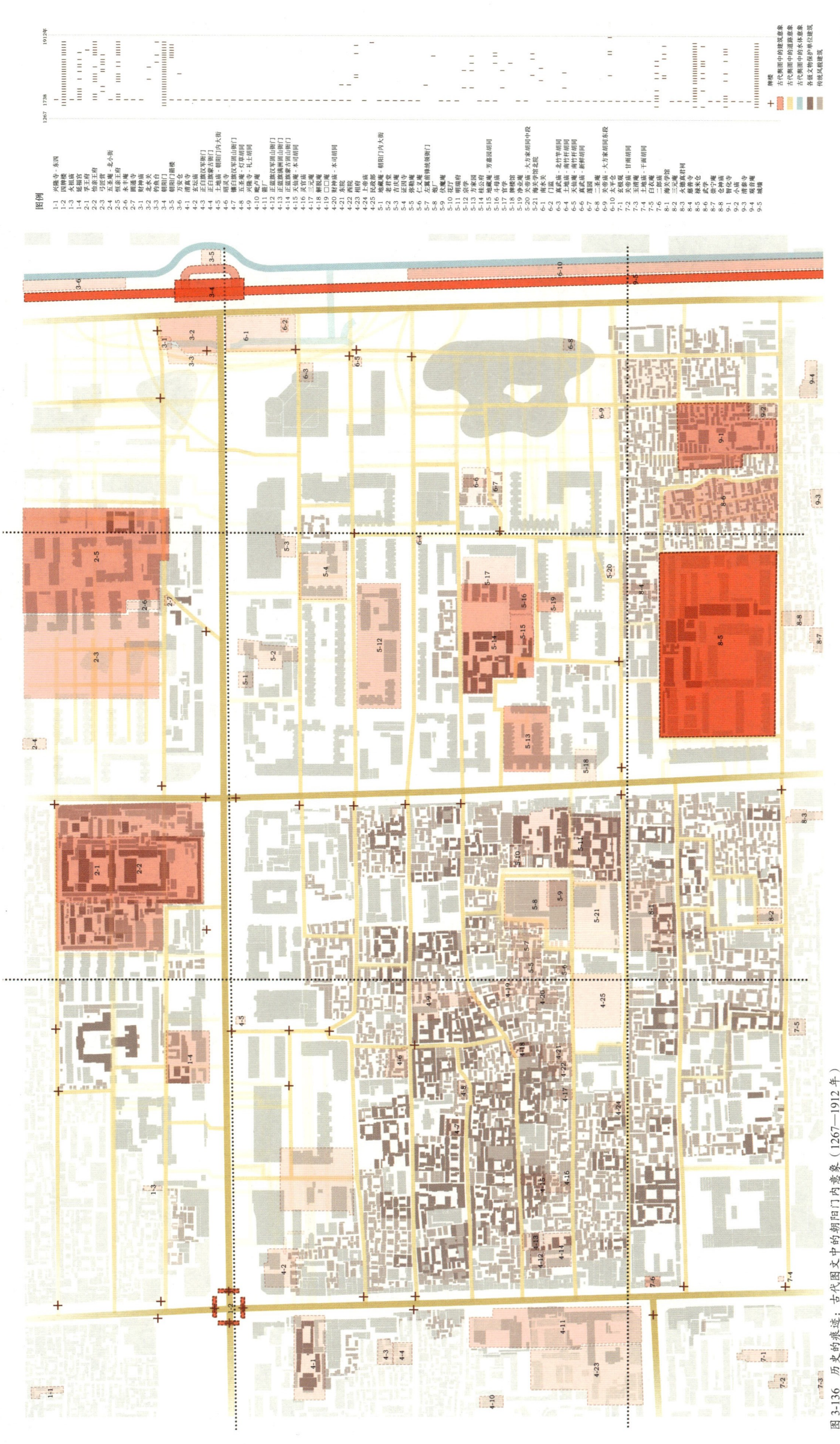

图 3-136 历史的痕迹：古代图文中的朝阳门内意象（1267—1912年）

关帝庙 - 大方家胡同中段、门监、真武庙 - 北竹竿胡同、天仙庵 - 南竹杆胡同、真武庙 - 新鲜胡同、二圣庵、关帝庙 - 大方家胡同东段、玄极观、关帝庙 - 甘雨胡同、玉清庵、土地庙 - 干面胡同、白衣庵、三元庵、火德真君祠、慈善寺、崇宁庵、仓神庙、小庙、清泰寺、观音庵；5处仅在其他古代舆图中出现过，分别是孚王府、民政部、左翼前锋统领衙门、炮厂、牌楼馆；另外有3处文保单位虽未在任何古代舆图中明确标识，但古代文献中均有可循，予以标识，分别是明瑞府、花厅、莲园。

综合分析转译历史信息叠合与解析的结果，有以下几点值得关注。

（1）古代建筑与院落意象中认知程度最高的有城墙、朝阳门、东四牌楼、禄米仓、恒亲王府、怡亲王府、延禧宫、智化寺等。均为具有地标性质的大型建构筑物，或皇权制度下的大型机构或居住院落。其他次一层级的古代意象则主要是重要寺庙和官署，折射出古代朝阳门内片区的社会生活。

（2）街巷意象可分为主要道路和胡同两类。主要道路中意象程度较高的主要有今朝阳门内大街、朝阳门北小街、朝阳门南小街以及东四南大街。胡同中意象程度较高的主要有头条胡同、二条胡同、三条胡同、拐棒胡同、炒面胡同、驴市胡同、灯草胡同、演乐胡同、本司胡同、勾栏胡同、史家胡同、干面胡同、老君堂、竹竿巷、巴大人胡同、新鲜胡同、大方家胡同和小方家胡同等。

（3）总体上看，街巷意象强于建筑与院落意象，这一特点也反映在古代图文的原始资料中，比如古代舆图和绘画多依托于道路展开，而文字叙述中也通常采用街巷以定位建筑与院落，体现出古代北京城的规划与建造特点，也体现出古人对城市的感知习惯。

（4）将古代舆图中的信息与现状进行对比，街巷类意象变化较小，除老君堂、竹竿巷等位于片区东北部的胡同消失演变为现代肌理外，大部分都保留下来，且位置与走向变化不大；而建筑类意象变化较大，大部分都已消失，如四牌楼、朝阳门等，仅有怡亲王府、恒亲王府、智化寺、禄米仓等几处重要意象得以留存，这也与西方城市形态学理论的基本结论相符，即道路比之于建筑更容易在长年的变迁中维持稳定。

（5）乾隆中期是清代最繁荣的时期，与此同时，法国取代荷兰成为欧洲最先进的制图中心，这一时期的北京出现了很多法国人绘制的舆图传世，后来随着各国与中国交流越来越多，清代后期出现了多种其他语言绘制注释的地图。

（6）中国传统地图采用平、立面结合的形象画法，更偏重于城市整体布局，以及与山水格局的关系，而西方更偏重于几何关系上的技巧，注重使用比例尺、指北针等现代绘图要素。随着中西方舆图画法的交融，清代后期的舆图在形象画法的基础上更加精准，但随着画法和内容越来越相似，对时下社会意象的表现力相对减弱。

第四章 变迁

第四章　变迁

一、　街巷的变迁

如今朝阳门片区的街道由"一横"和"两纵"的骨架构成,"一横"指朝阳门内大街,"两纵"指朝阳门南小街和东四南大街。这"一横"和"两纵"的骨架结构从元大都时期就已有之,随着时间的推移,它们的空间和名称都发生过多次变化(图 4-1—图 4-7)。

图 4-1　朝阳门内片区街道格局现状

将朝阳门内片区相关古籍文献和 26 张古代舆图中出现过的街巷及其曾用名称进行了汇总，对所标注的历史信息进行叠合，结合现状街巷留存情况，共追溯到 65 条街巷的古代意象，并分别列举了这些街巷的现状名称和取自古代舆图及文献中的曾用名称（表4-1）。同时对舆图中的街巷进行校准、转译、叠合，得到历史上街巷的位置和走向，并对照现状绘制了这些古代街巷意象的现存情况（图4-2）。通过与现状留存情况对照的整体情况来看，大部分历史上的街巷意象得以留存，但完全以原位置、原尺度、原风貌留存的不多。其中，以朝阳门南小街和北小街为划分，朝阳门内片区西侧的街巷格局保存较好，东侧则相对较差，尤其是靠近东二环的位置附近，此外朝阳门内大街沿线也有较多的破坏，这与总体建筑风貌的留存和保护情况是基本一致的。

表 4-1　朝阳门内片区舆图中街巷及其名称变迁

序号	现状名称	舆图中出现过的曾用名称
1	朝阳门内大街	大街、朝阳门大街、齐化门大街、其化门大街
2	朝阳门北小街	小街、北小街、南小街
3	朝阳门南小街	小街、南小街、北小街
4	东四南大街	崇文街、大街
5	灯市口大街	灯市口
6	东四头条	头条胡同
7	东四二条	二条胡同
8	东四三条	三条胡同
9	朝内头条	康熙桥
10	——	驴蹄胡同
11	吉兆胡同	鸡爪胡同
12	烧酒胡同	西烧酒胡同、东烧酒胡同、烧酒胡同
13	——	斜街
14	——	官房大园
15	——	马匠营胡同、弓匠营
16	——	豆瓣胡同
17	——	豆芽菜胡同
18	——	新关路、美人胡同
19	前厂胡同	箭厂胡同
20	——	东夹道
21	——	烟筒胡同、小烟筒胡同
22	——	烟筒胡同、大烟筒胡同
23	前拐棒胡同（南北向）	万利桥、万历桥
24	前拐棒胡同（东西向）	前拐棒胡同、拐棒胡同
25	后拐棒胡同	后拐棒胡同、拐棒胡同
26	——	炒面胡同
27	炒面胡同	炒面胡同

"古代图文中的朝阳门内意象(1267—1912)"历史空间研究

第四章 变迁

续表

序号	现状名称	舆图中出现过的曾用名称
28	礼士胡同	驴市胡同、利市胡同、驴肉胡同
29	灯草胡同（东西向）	灯草胡同、灯同胡同
30	灯草胡同（南北向）	下洼儿、下洼子
31	演乐胡同	演乐胡同、眼药胡同
32	本司胡同	本司胡同、木司胡同、本同胡同、水百胡同
33	内务部街	钩栏胡同、勾阑胡同、钩阑胡同、钓栏胡同、沟栏胡同、民政部街
34	史家胡同	史家胡同
35	干面胡同	干面胡同
36	西花厅胡同	——
37	东花厅胡同	胡同、花厅
38	——	巴巴胡同
39	西罗圈胡同	巴巴胡同
40	东罗圈胡同	
41	北竹竿胡同	老君堂、老君堂胡同
42	——	竹竿巷、竹杆巷、竹竿巷胡同
43	南竹杆胡同	巴大人胡同、八达胡同、林驸马胡同、八大人胡同、八九人胡同
44	新鲜胡同	新鲜胡同、新祥胡同
45	芳嘉园胡同	小方家胡同、大方家胡同、方家园胡同、方家园
46	后芳嘉园胡同	小方家胡同
47	前芳嘉园胡同	小方家园、小方家胡同
48	大方家胡同	方家胡同、大方家胡同
49	——	小方家胡同
50	——	苦水井、苦水井胡同
51	禄米仓胡同	禄米仓胡同
52	禄米仓后巷	哑巴胡同
53	禄米仓西巷	仓夹道
54	禄米仓东巷	仓夹道
55	——	井儿胡同
56	武学胡同	武学胡同
57	小牌坊胡同	小牌坊胡同
58	小牌坊胡同（禄米仓胡同以南）	高井儿、高井
59	西水井胡同	
60	南水关胡同（北段）	——
61	南水关胡同（南段）	俱是牌坊胡同、大牌坊胡同
62	——	扁担胡同
63	——	大牌坊胡同、林驸马胡同
64	——	小牌坊胡同、牌坊胡同、苦水井、林驸马胡同
65	小雅宝胡同	小哑巴胡同、哑巴胡同、小方家胡同

注：本表格汇辑舆图中的原始标注，其中有可能包含民间俗称、讹传，及传抄中的笔误。

将65条可追溯到古代意象的街巷具体分析，可划分为"现存街巷"和"已消失街巷"两类。"现存街巷"共有46条，其中以东四南历史保护区内的炒面胡同、礼士胡同、灯草胡同、本司胡同、内务部街、史家胡同、干面胡同等为代表的，保留了较好的历史格局、尺度及风貌的街巷；也包括以朝阳门内大街、朝阳门南小街、朝阳门北小街等历史上的重要干道及大方家胡同、禄米仓胡同等为代表的，虽然位置和格局基本留存，但由于周边被改造为现代居住小区及商业办公建筑等，自身也作为交通性道路历经多次拓宽和改造，尺度和风貌有了较大变化的街巷；还包括以芳嘉园胡同、北竹竿胡同及曾经的竹竿巷（古）、官方大园（古）等为代表的，现存街巷虽然仍大体位于原位，但已演变为为现代小区的内部道路，历史风貌几乎无存的街巷；此外还有以演乐胡同为特殊典型代表的部分改变原状的历史街巷，演乐胡同的总体格局、尺度、风貌均得以延续至今，但在与古代舆图进行精细化校准与拟合的研究过程中，发现其中部偏东的段落有过一定的改道情况，原始位置推测应更偏南，且形态更为取直。"已消失街巷"中历史上曾有名称、形成过意象的至少有大烟筒胡同（古）、小烟筒胡同（古）等19条，现其旧址上多已建设为新的建筑或景观，如大牌坊胡同（古）和小牌坊胡同（古）等原址上已建成大型商业综合体，马匠营胡同（古）、小方家胡同（古）等已建成为中高层居住区，豆芽菜胡同（古）则现作为东二环边的公共绿地景观供市民使用。还有一些特殊情况，如已消失的马匠营胡同（古）位置原在今弓匠营胡同东侧，但随着新的开发建设重新划分地块，街巷消失的同时，路名却漂移至了如今的弓匠营胡同，部分历史意象得以保存。

本次研究整理还发现，这65条具有古代意象的街巷中，大多数街巷的名称随着历史变迁都有过不同程度的改变、漂移、湮没，也有少量街巷名称传承下来。朝阳门内片区共有13条街巷的名称较为严格地沿用至今，分别为炒面胡同、灯草胡同、演乐胡同、本司胡同、史家胡同、干面胡同、前拐棒胡同、后拐棒胡同、烧酒胡同、新鲜胡同、大方家胡同、禄米仓胡同、武学胡同、小牌坊胡同。也有一些街巷名称在现代做了微调或地点限定的增补，但基本保留了原始的名称，如朝阳门内大街（原名朝阳门大街、齐化门大街、大街等）、朝阳门南小街（原名小街、南小街等）、朝阳门北小街（原名小街、北小街等）、东四头条（原名头条胡同）、东四二条（原名二条胡同）、东四三条（原名三条胡同）等。还有不少街巷受到了后来谐音雅化的影响，在原有名称发音的基础上稍有变迁，如礼士胡同（原名驴市胡同）、吉兆胡同（原名鸡爪胡同）、前厂胡同（原名箭厂胡同）、小雅宝胡同（原名小哑巴胡同等）及芳嘉园和前、后芳嘉园胡同（原名大方家园、小方家园、方家园胡同）。另有一些新老街巷由于受到附近古时地名的影响而被重命名，典型的如位于已消失的原马匠营胡同（又曾名弓匠营）西侧的今弓匠营胡同，又如已消失的原竹竿巷南北两条原名各为老君堂和巴大人胡同的街巷，如今分别名为北竹竿胡同和南竹杆胡同，代替消失的竹竿巷将其名称传承下来，等等。当然在历史变迁中湮没的街巷与

第四章 变迁

街巷名称自然也是很多的,除了前面已经列举论述过的空间上消失了的街巷(如大烟筒胡同、小烟筒胡同、豆瓣胡同、豆芽菜胡同、美人胡同、苦水井胡同、大牌坊胡同、斜街等),也有的以附近的其他街巷名称代之,比如以灯草胡同(南北向)代称了原初的下洼儿、以前拐棒胡同(南北向)代称了原初的万利桥等等。此外需要说明的是,研究中呈现出的曾用名称较多的街巷,很多是由于其名称读音在民间被俗称或讹传,如演乐胡同(曾作眼药胡同)、钩栏胡同(曾作勾阑胡同、钩阑胡同、

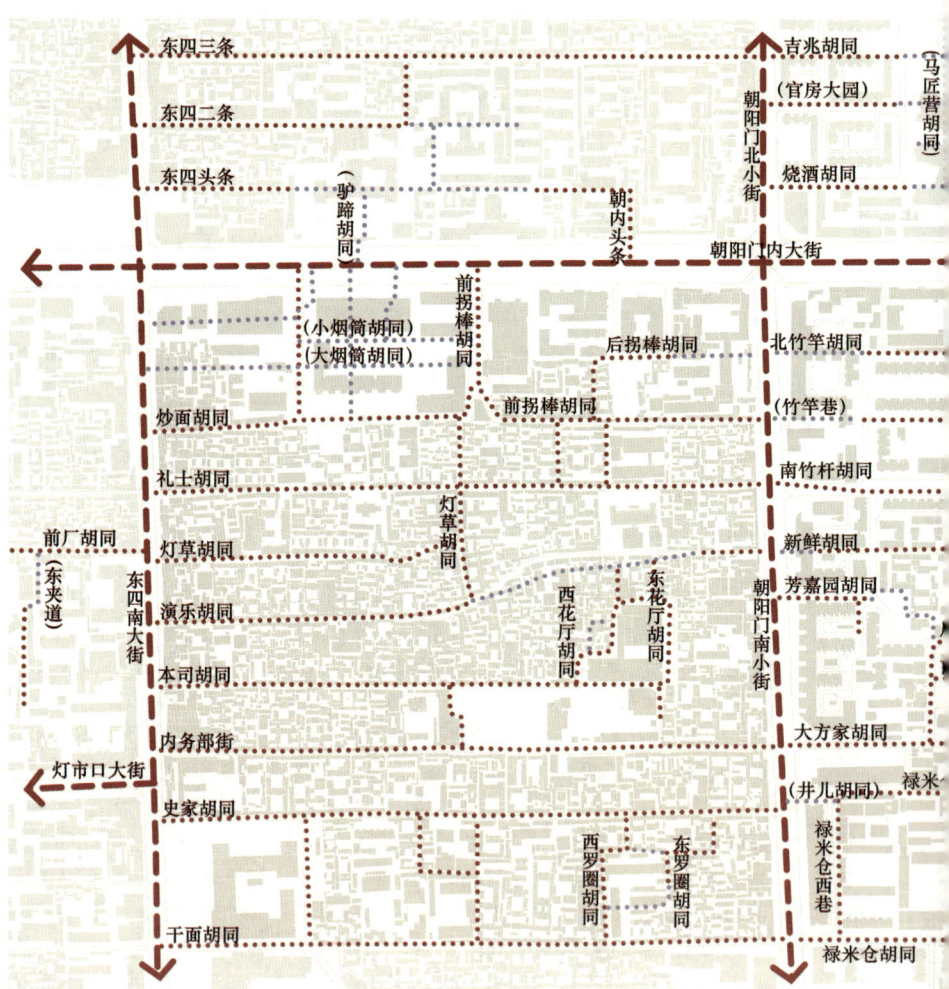

图4-2 朝阳门内片区的街巷变迁图

钓栏胡同、沟栏胡同，后又曾名民政部街，今名内务部街）、巴大人胡同（曾作八大人胡同、八达胡同等），也包括舆图和文献传抄过程中存在的笔误，如 1788 年《镶白旗图》中标注的"木司胡同（应为本司胡同）"、1870 年《京师城内首善全图》中标注的"水百胡同（应作本司胡同）""新祥胡同（应作新鲜胡同）"、1900 年《京城全图》中标注的"八九人胡同（应作八大人胡同）"等等，也为今人留下了不少有趣的民间文化意象。

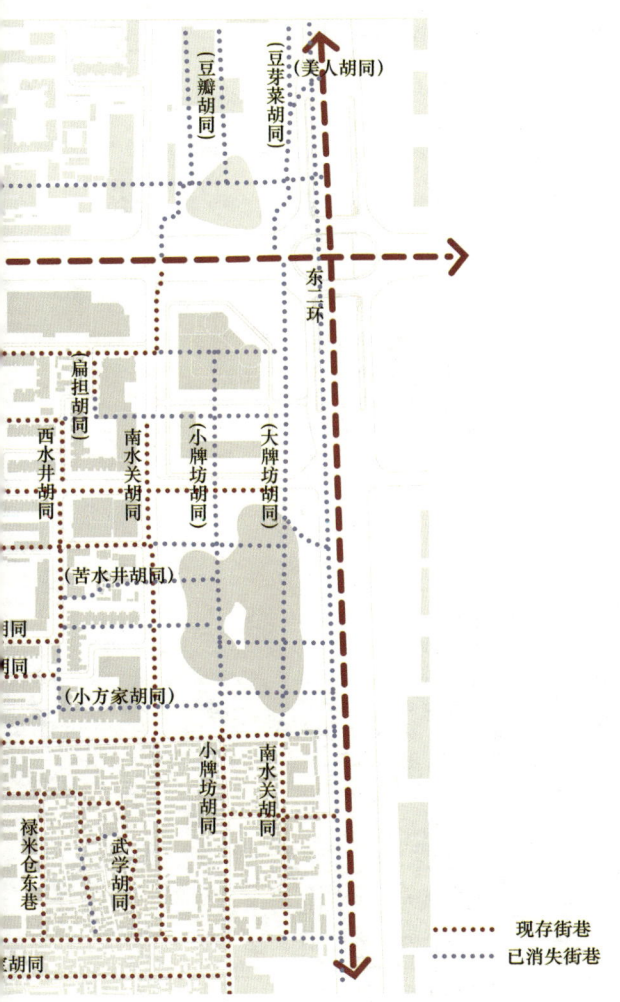

"古代图文中的朝阳门内意象 (1267—1912)"历史空间研究

表 4-2 《京师坊巷志》中记载的朝阳门内片区街巷

序号	街巷名称	《京师坊巷志》摘录	《京师坊巷志》中记载的街巷院落
1	东、西石槽胡同	崇宁庵,井一。东石槽小胡同,井一。井一。小胡同井一。	崇宁庵
2	干面胡同	正蓝旗护军统领署在北,详衙署。《啸亭续录》:贝子吴达海宅在干面胡同。谨案:吴达海或作多大海,显祖孙诚毅贝勒穆耳哈齐第四子也,以功封,追谥襄敏。《采册册》:喀拉沁王府在干面胡同,非赐第也,不常居。《菽园杂记》:天顺间太监曹吉祥、忠国公石亨用事,势焰炙手可热。干面胡同一卖饼小家女,美而艳。都督石彪欲娶为妾,父母乐从之,女独不肯,乃已。未几石氏败,彪弃市。	正蓝旗护军统领署
3	东、西罗圈胡同	井一。	\
4	史家胡同	东、西大院,井各一。迤东焦家大院,井一。左翼宗学在北,详学校。《藤阴杂记》:德定圃第在史家胡同。公自东粤还京,岁集诸门生宴集乐贤堂内。	焦家大院、左翼宗学
5	勾阑胡同	《宸垣识略》:一等诚嘉毅勇公第在勾阑胡同。案:乾隆时,定边右副将军明瑞封诚嘉毅勇公。今公景寿尚宣宗第六女寿恩公主。《王述庵年谱》:乾隆己酉,授刑部右侍郎,时京师买宅甚贵,江西粮道陈嵩山兰森为大学士桂林陈文勤公孙,云有故第在内城勾阑胡同,可居,遂寓焉。案:文勤疑当作文恭。《析津日记》:京师黄华坊,有东院,有本司胡同,所谓本司者,盖即教坊司也。又有勾阑胡同、演乐胡同,其相近复有马姑娘胡同、宋姑娘胡同、粉子胡同,出城则有南院,皆旧日之北里也。案:马姑娘胡同,旧闻考云有之,今无是名。《野获编》:穆宗仁俭性成,尝思食果饼,询之近侍,俄顷尚膳监及甜食房各开买办松、榛、糗、〈米皇〉等物,值数十金,以进。上笑曰:此饼只需银五钱,便可于长安大街勾阑胡同买一大盒矣,何用多金耶?内臣皆缩颈而退。盖上在潜邸久,稔知其价也。	\
6	本司胡同	井三。正蓝旗满洲、蒙古汉军都统署,左翼前锋统领衙门,俱在北,详衙署。《毂城山房笔麈》:正德中,乐长臧贤甚被宠遇,曾给一品服色。相传教坊司门,曾改方向。有形家见之曰:此当出玉带数条。闻者咸笑之。未几,上有所幸伶儿以人内不便,诏尽官之,使人为钟鼓司官,后皆赐玉。	正蓝旗满洲、蒙古汉军都统署、左翼前锋统领衙门
7	演乐胡同	俗讹为眼药。井一。	
8	灯草胡同	镶白旗汉军都统署在北,详衙署。《宸垣识略》:一等诚谋英勇公在灯草胡同。案:乾隆时大学士定西将军阿桂封诚诚谋英勇公,谥文成。今公继勋官散秩大臣。	镶白旗汉军都统署
9	驴市胡同	亦称骡市。井一。镶白旗护军统领署在南,详衙署。报恩寺旧日为昭宁寺,详寺观。《今白华堂诗录》:咏怀有句云:海岱瞻门高,风尘苦身贱,飘蓬欣有托,恍如竹林院。自注云:海岱高门第,御赐刘正文句也。时寓驴市胡同刘氏之北宅。	镶白旗护军统领署、报恩寺(昭宁寺)

续表

序号	街巷名称	《京师坊巷志》摘录	《京师坊巷志》中记载的街巷院落
10	前、后拐棒胡同	后胡同，井一。	\
11	花厅胡同	花厅胡同。	\
12	朝阳门南小街	井一。	\
13	大、小雅宝胡同	雅宝本作哑巴，大胡同井一，有清泰寺。《万历沈志》：靖恭寺、维摩庵，俱在黄华坊，有敕建碑。案：黄当作皇，后皆同，寺久废。维摩庵在小雅宝胡同，地以庵名。	靖恭寺、维摩庵、清泰寺
14	禄米厂	详仓库。井一。有智化寺，明珰王振建。英宗复辟，为振建祠于寺北，曰旌忠。乾隆八年，御史沈廷芳奏毁，详寺观。《坊巷胡同集》：黄华坊四牌二十一铺。有武学、王府仓、禄米仓、武德卫、兴武卫、豹韬卫、神策卫、龙虎卫、智化寺、二郎庙。《明史外戚传》：陈万言，肃皇后父也。嘉靖元年，赐第黄华坊。案：诸卫久废，武学、二郎庙，见后。	智化寺、禄米厂
15	武学胡同	井一。《鲍翁家藏集》：京师有武学，所以教诸卫武臣之子孙将传世其官者，始建于正统癸亥，制尚弗称。后朝廷以城东旧第赐故太平侯张公，辞焉，有诏改为学。《宛平王志》：京卫武学，明时属兵部考试。康熙三年四月，改属顺天府，其殿庑衙舍，鼎革后，圮坏不堪，惟存基址。案：智化寺西民居存石狮二，云即明武学遗址。旧闻考言，雍正十年改为顺天府武学，与宛平志异。余详学校。	\
16	大、小方家胡同	大胡同，井二。小胡同，井一。东方家园，井一。有火神庙。《析津日记》：东院之东旧有方家园，园废，建净业庵于其址。殿左庑，有镇阳林潮书许鲁斋先生演千字文字。以万历十一年八月刻石，嵌于壁。案庵今废，林书亦无考。	火神庙、方家园、净业庵
17	新鲜胡同	井一。正白旗官学在北。又有正白旗觉罗学。俱详学校。	正白旗官学、正白旗觉罗学
18	苦水井	井一。有官房大院。	\
19	林驸马胡同	井一。	\
20	八大人胡同	井一。	\
21	竹竿巷	井二，桥一。火器营衙门在焉。有证因寺。	火器营衙门、证因寺
22	老君堂	井一，桥一。正白旗满洲都统署在南，详衙署。神机营所属左翼汉军排枪队、炮队，均置厂于此，详兵制。《坊巷胡同集》：思诚坊五牌二十一铺，有忠义前卫、蕃牧所、东城兵马司、百万仓、老君堂、延福宫、水月寺。《明一统志》：有燕山右卫。《万历沈志》：有延祐观。案：百万仓、水月寺，见后。余无考。	正白旗满洲都统署、神机营所属左翼汉军排枪队、炮队、忠义前卫、蕃牧所、东城兵马司、百万仓、老君堂、延福宫、水月寺、燕山右卫、延祐观

序号	街巷名称	《京师坊巷志》摘录	《京师坊巷志》中记载的街巷院落
23	就日坊北大街	俗称东单牌楼大街。井二。南接崇文门街,迤北有米市。东小胡同,曰七间楼。井一。《采访册》:怡亲王府在东单牌楼大街东。谨案:怡邸舍为贤良寺,后移朝阳门内北小街。咸丰十一年,嗣王载垣获罪,以宁王裔孙镇国公某袭。故宁府今为怡府。宁良郡王宏晈,怡贤亲王次子也。	怡亲王府、贤良寺
24	二条胡同	井一。	\
25	三条胡同	《采访册》:豫亲王府在东单牌楼三条胡同。谨案:王讳多铎,太祖十五子,顺治时称辅政叔德豫亲王,谥曰通,世袭。	豫亲王府
26	南、北豆芽菜胡同	小胡同曰豆瓣胡同,曰豆嘴胡同,曰豆身胡同。	\

图 4-3　朝阳门内大街

图 4-4　民国朝阳门内大街

图 4-5　东四南大街旧景，年份不详

图 4-6　东四南大街旧景，年份不详

图 4-7　东四南大街旧景，年份不详

"古代图文中的朝阳门内意象(1267—1912)"历史空间研究

二、建筑的变迁

朝阳门

《旧京遗事》有载:"皇城六门:大明南向直正阳门,东安直朝阳门,西安直阜成门,北安当德胜门,大明东转长安左门,西转长安右门。"朝阳门位于内城东城墙南侧,元称齐化门,门内九仓之粮皆从此门运至,故瓮城门洞内刻有谷穗一束,逢京都填仓之节日,往来粮车络绎不绝。

朝阳门形制与崇文门略同,城楼为普通结构,共三层,高和宽向顶部逐渐内收,廊面阔七间,进深三间。楼宽27.6米,深13米;廊面阔32米,进深17米(图4-8)。

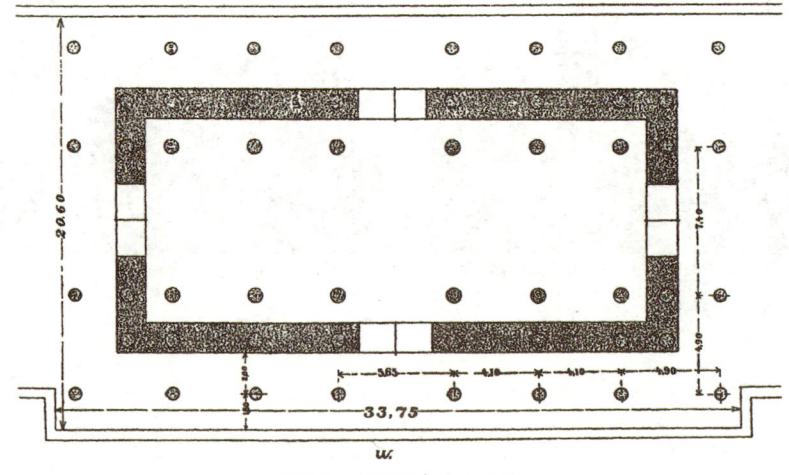

图4-8 朝阳门城楼平面图

箭楼形制略与宣武门同，面阔七间，通宽 32.5 米，进深三间，通进深 25 米。箭楼朝东南方向有一定扭转角度，瓮城中北部还有一座小关帝庙（图 4-9）。

朝阳门作为古时进京的交通要道，曾屡经修葺增筑，然而在 1915 年经过一次拆除，1956 年被彻底拆除，自此便成为仅留存于图文资料之中的一个古都文化意象（图 4-10—图 4-14）。

图 4-9 朝阳门西南向航拍（来源：〔日〕志波杨村，1940）

第四章　变迁

1300

1400

1500

1600

1700

元至元四年（1267年）"城分十一门，正东曰崇仁，东之右曰齐化，东之左曰光熙"——《春明梦余录》。在元朝时叫齐化门。

元至正十九年（1359年），"诏京师十一门皆筑瓮城，造吊桥"——《顺天府志》，即加筑弧形围墙。城门外设木制吊桥，以跨越护城河。齐化门开始向建筑群的方向发展。

明永乐十八年（1420年），遣营缮司郎中蔡信重修，改名为朝阳门。

明正统四年（1439年），"凡九门东之北曰东直，南曰朝阳"。修建了九门的城楼、箭楼、瓮城等。随后，齐化门改称朝阳门。

明嘉靖四十二年（1563年），增筑瓮城（外罗门）。瓮城内东北建关帝庙。

清康熙三十六年（1697年），设水关于朝阳门，南粮及货物可自朝阳门入仓储。其标志是"朝阳谷穗"。

清光绪二十六年（1900年），义和团之乱，朝阳门箭楼被日军击毁，城内西北角楼被俄军击毁。1903—1906年又重建。

"古代图文中的朝阳门内意象(1267—1912)"历史空间研究

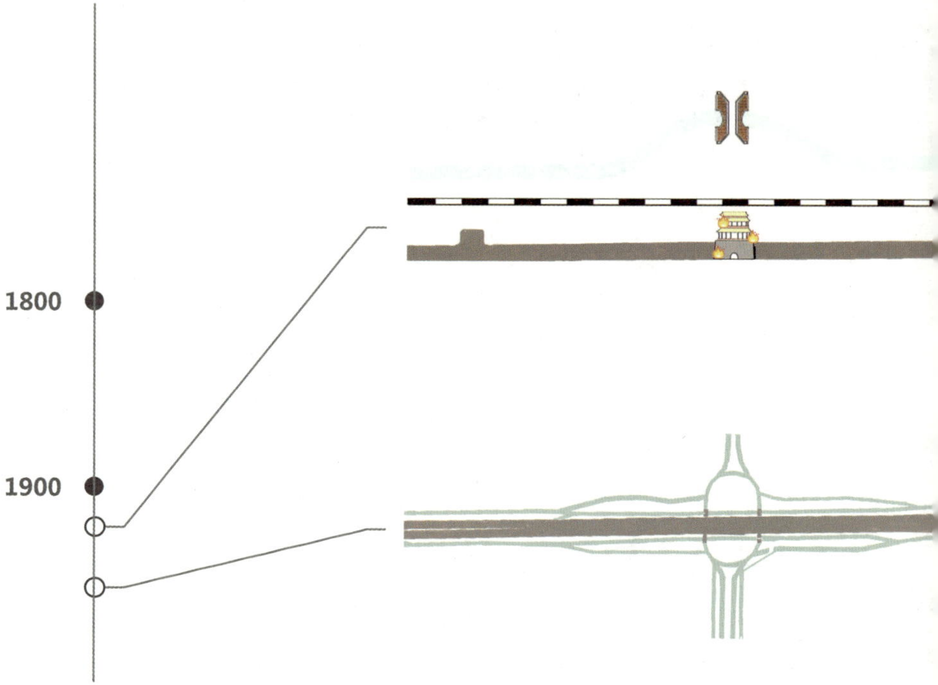

第四章 变迁

1800

1900

图4-10　清末朝阳门

图4-11　1900年被炮轰的朝阳门内侧

民国四年（1915年），北洋政府修建北京环城铁路，朝阳门的瓮城、闸楼及配属的关帝庙被拆除。

中华人民共和国成立后1956年，因年久失修朝阳门城楼被拆除。1958年，因埋设下水管道，朝阳门箭楼拆除。至此，朝阳门全部被拆除。

中华人民共和国成立后1965—1966年，北京计划修建环城地铁、环线公路（二环路），东城墙陆续拆除，护城河改暗河工程陆续完成，朝阳门及东城墙的历史面貌全面消失。

中华人民共和国成立后1978年，建立在其城楼遗址上的朝阳门立交桥，成为重要的交通枢纽。

图4-12　1930年代末朝阳门城楼门洞

图4-13　朝阳门西侧

图4-14　1956年拆前的朝阳门城楼

"古代图文中的朝阳门内意象(1267—1912)"历史空间研究

智化寺

智化寺是明朝正统八年（1443年）司礼监太监王振舍宅建私庙。正统九年（1444年）该庙建成，明英宗赐名"智化禅寺"（表4-3）。原有东、中、西三路院落，但如今仅存中路。智化寺中路自南至北依次为山门、智化门、智化殿、万佛阁（下层为如来殿，上层为万佛阁）、大悲堂、万法堂。该寺仿佛教寺院"伽蓝七堂"规制而建，如今总长278.8米，宽44.5米，占地面积约1.24万平方米（图4-15—图4-32）。

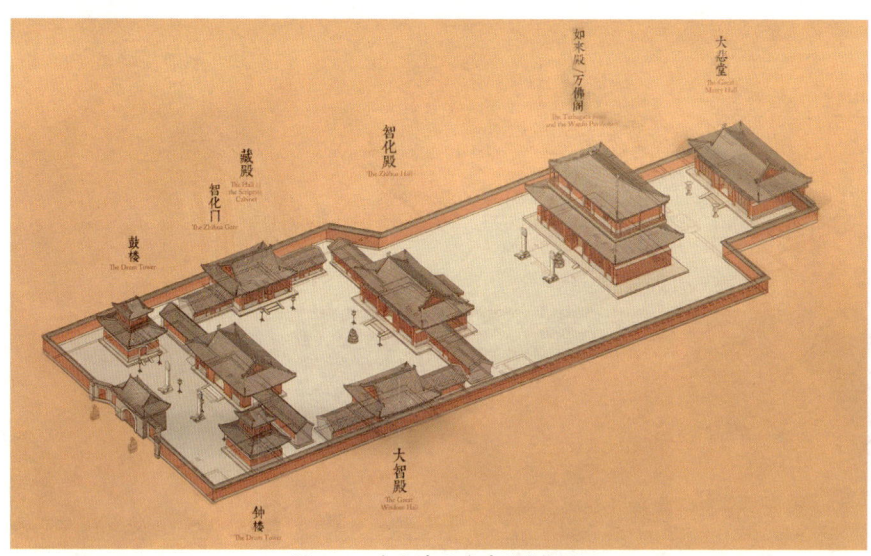

图4-15 智化寺现存建筑轴侧图

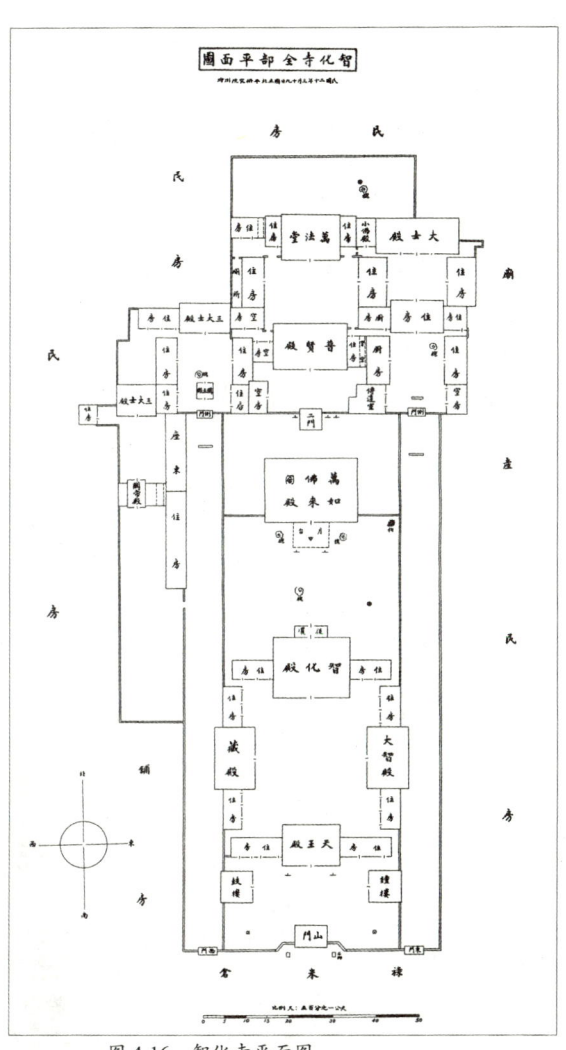

智化寺全部平面圖
原圖比例尺：1：500
原圖單位：米
原圖尺寸：縱46.3、
横25.5厘米

图 4-16　智化寺平面图

"古代图文中的朝阳门内意象(1267—1912)"历史空间研究

第四章 变迁

1400

○ **明** 朝正统九年（1444年），该庙建成，明英宗赐名"智化禅寺"。"正统七年太皇太后崩……振遂跋扈不可制，作大第皇城东，建智化寺，穷极土木。""盖始于正统九年正月初九日，而落成于是年三月初一日。"——《明史·宦官传》

1500

○ **明** "正德二年（1507年）五月，升僧录司右觉义性道，为右让经金押行事，兼智化寺住持。寺乃故太监王振所建，天顺初，赐王振碑文，立旌忠祠于寺内，以僧官主之。至性道，三传矣。刘瑾欲效振所为，故乞升性道。"——《武宗实录》

○ **明** 万历五年（1577年）司礼监太监集资重修智化寺。

1600

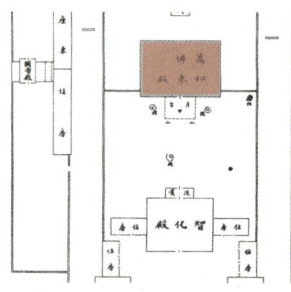

○ **清** 康熙十八年（1679年）万佛阁因地震倒塌，但史建具体年代已无从考据。

○ **清** 康熙二十年（1681年）重修。

1700

○ **清** 乾隆七年（1742年）捣毁了精忠祠中的王振塑像和李贤撰文的智化寺碑。智化寺由盛转衰。

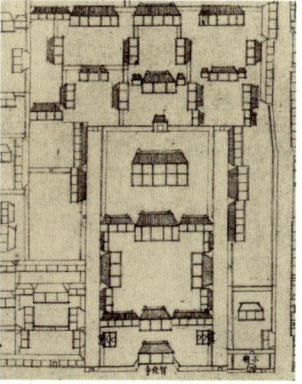

1800

1900

清光绪二十六年（1900年），八国联军攻进北京，侵入智化寺，拆毁墙垣，封闭佛殿。此后，寺院不得不出租房屋以供寺僧生计。

民国十八年（1929年），智化寺当时有土地26亩，房屋199间，寺内万法堂租给小学校，堂前西方租给太极拳师杨禹廷办国术讲习所，西路后庙租给市民居住，寺庙后的地产租给德国人办的龙虎公司。

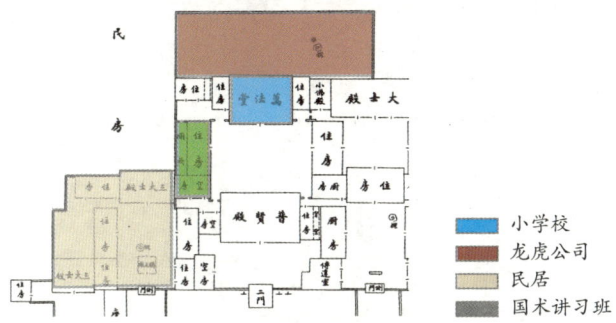

日伪统治的1940年，智化寺成了大杂院。日伪当局占用万法堂办起了啤酒厂。

中华人民共和国成立后1955年，北京市文化局工程队拆除寺内简陋房，打了围墙、山门前照壁，寺庙后部万法堂被拆掉。

中华人民共和国成立后1957年，智化寺被公布为北京市第一批古建文物保护单位。

中华人民共和国成立后1961年，智化寺被国务院公布为第一批全国重点文物保护单位。

中华人民共和国成立后1986年，国家文物局拨款全面整修智化寺。

中华人民共和国成立后1992年，在智化寺原址上成立北京文博交流馆。

2000

第四章 变迁

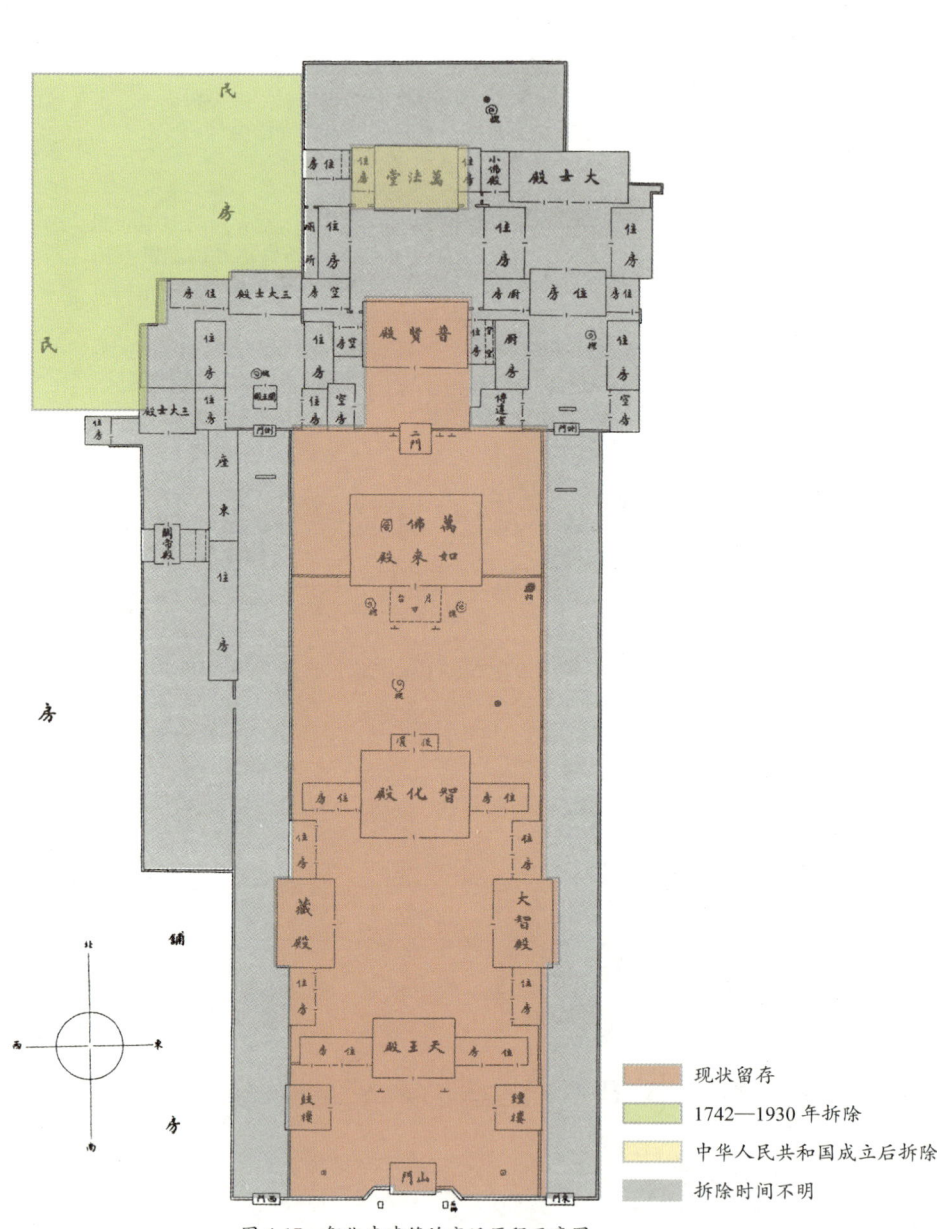

图 4-17 智化寺建筑的变迁历程示意图

图 4-18　1930 年智化寺山门

图 4-19　1930 年智化寺天王殿

图 4-20　1930 年智化寺配殿

图 4-21　1930 年智化寺普贤殿

图 4-22　1930 年智化寺智化殿

图 4-23 1930 年智化寺如来殿万佛阁

图 4-24 1930 年智化寺鼓楼

图 4-25 1930 年智化寺万法堂

图 4-26 1930 年智化寺跨院

图 4-27　智化寺菩萨像

图 4-28　智化寺如来佛

图 4-29　智化寺三世佛

图 4-30　智化寺须弥座

图 4-31　智化寺如来殿前宝鼎

图 4-32　智化寺铜钟

清真寺

东四清真寺,始建于元朝至正六年(1346年)。明朝正统十二年(1447年),后军都督府同知陈友(回族人)捐资重建。明朝景泰元年(1450年),景泰帝敕题"清真寺"门额,故该寺有官寺之称。

东四清真寺坐西朝东,三进院落,占地1万平方米,为典型的中国宫殿式建筑结构。寺内主要建筑由礼拜大殿、南北讲经堂、图书馆、净水堂等组成。现占地面积约为3000平方米(图4-33、图4-34)。

现存清真寺大门为民国三年(1914年)改建(一说1920年改建)。

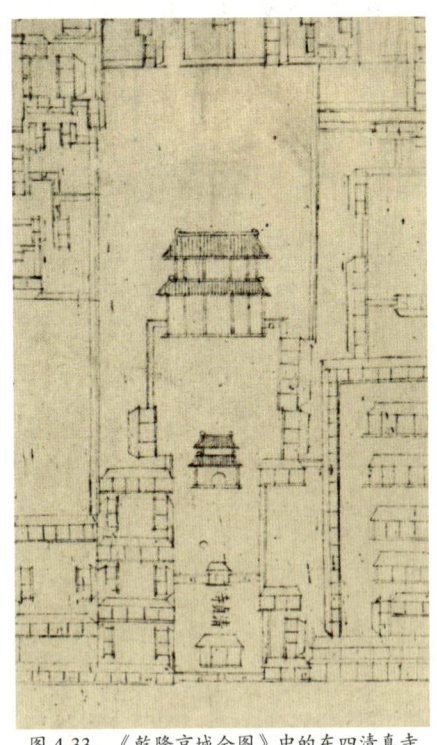

图4-33 《乾隆京城全图》中的东四清真寺

1300
○ 元朝至正六年（1346年）传说宋元期间有筛海尊哇默定的第三子筛海撒那定在北京东城建立清真寺。

1400
○ 明正统十二年（1447年），由明代后军都督同知陈友捐资重建。

○ 明成化二十二年（1486年），添盖邦克楼，又称宣礼楼。

1500
1600
1700
1800
1900
○ 清光绪末年（1908年），宣礼楼毁于地震。

○ 民国三年（1914年）改建（一说1920年改建）。

○ 民国二十五年（1936年），在该清真寺建立了"福德图书馆"，大殿南侧原来有一座西式砖楼，面阔六间，便是福德图书馆的馆址。

○ 中华人民共和国成立后1974年和2003年，国家曾拨款修缮。

第四章 变迁

厢房：大门内是一个纵向的院落，左右两侧有砖砌的近代式厢房，带有壁柱以及女儿墙，南北两厢各有一小间和六大间，浴室（净水堂）位于北厢房。

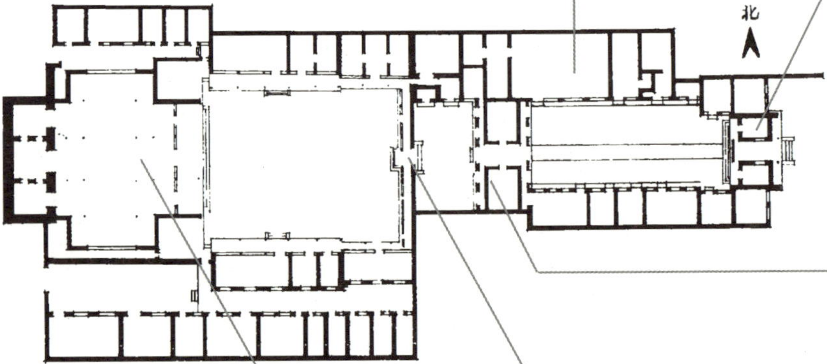

图 4-34 东四清真寺平面布局及单体建筑图

……随手赏……朝阳门外南海会寺、崇文门外玉清观各粥厂、岗子上兴善堂暖厂、东便门外三忠祠、朝阳门外清真寺各粥厂。粟米各一百五十石。
　　　　　　　　　　　　——《清实录光绪朝实录》

大门：现存的清真寺大门是在民国三年（1914年）改建（一说1920年改建）而成。寺门坐西朝东，面阔三间，进深七檩，绘有旋子彩画，硬山顶，灰筒瓦屋面。明间设有板门，并且出前后廊，后檐柱明间设有屏门。

二门：为过厅，面阔五间，前后带廊，廊子是砖砌券洞。

垂花门：二门内是一个小院，小院北面有三间平房。小院西侧有一垂花门，门的南北两侧有带漏窗的平顶走廊，此处原来是邦克楼（宣礼搂）的位置。邦克楼为一座二层方形攒尖顶建筑，是为招呼回民礼拜而建。

礼拜殿：垂花门内是一个很开阔的正方形大院，乃该清真寺的主院。院内的主要建筑是礼拜殿，坐西朝东，面阔五间，进深四间。殿前带有卷棚式抱厦，抱厦面阔三间，进深四檩。礼拜殿高15米，建筑面积500平方米，殿内可以同时容纳500人礼拜。该大殿共有大小七座券门，正面的三座拱门的门额上刻有《古兰经》经文，是中国其他清真寺少见的建筑形式。

"古代图文中的朝阳门内意象(1267—1912)"历史空间研究

三、 牌楼的变迁

四牌楼

　　四牌楼（东四牌楼）为四座三间四柱三楼式有戗柱的木牌楼，跨于路口四面的街道上。每座牌楼的正间上各挂一白色石匾，两面镌刻着同样的字，跨南北街的牌楼为"大市街"，东牌楼为"履仁"、西牌楼为"行义"，东、西两牌楼形制相仿。《京师坊巷志稿》卷曰："东大市街有坊四：东曰履仁，西曰行义，南、北曰大市街。俗称东四牌楼大街。"（图4-35—图4-40）

图4-35　1805年由日本人冈田玉山等编绘的与东四牌楼形制相仿的西四牌楼图像
（来源：《唐土名胜图会》）

图 4-36　1869 年东四牌楼北"大市街"牌楼

旧设宝泉局在城东四牌楼街北,今为公署,别设四厂,建炉鼓铸,又总督仓场,公署在城东。

汉军都统署俱在东四牌楼。

镶白旗在东四牌楼。

——《四部丛刊·大清一统志》

东厂在东四牌楼四条胡同。

——《清会典》

图 4-37　1914 年东四西"行义"牌楼

图 4-38　1912 年兵变后被火焚的东四牌楼

图 4-39　改建后的东四牌楼,年份不详

图 4-40　1954 年东四牌楼拆除中

第四章 变迁

1300 — **1400** — **1500** — **1600**

元 称十字街,未建牌楼。

明 于十字路口四面各建一座四柱三楼式木牌楼,因位居皇城之东,故称东四牌楼。

清 康熙三十八年(1699年),东四牌楼毁于大火。

清 后曾照原样重修。

民国 元年(1912年),北洋军第三镇士兵在朝阳门外东岳庙发生哗变,先朝阳门外劫掠果摊食铺,后与朝阳门内变兵会合,分头抢掠。在这场兵变中,东四牌楼也遭火焚。

民国 十二年(1923年),为通电车进行改建。

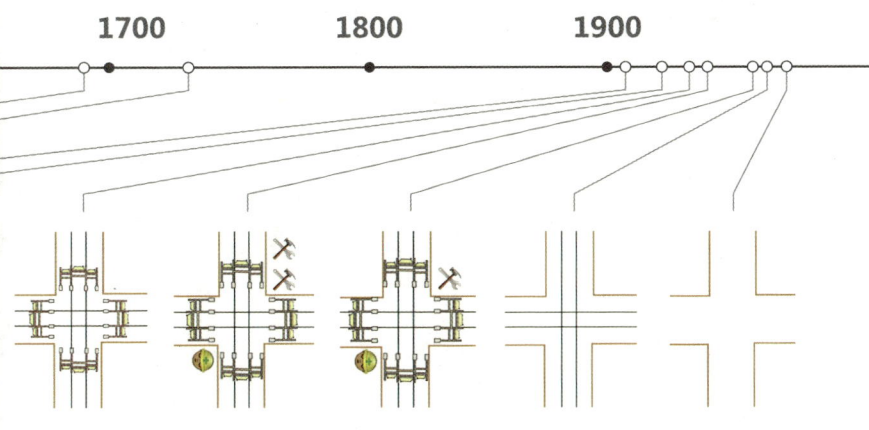

民国十九年（1930年）前，东四牌楼十字路口出现有轨电车的轨道，即3路电车（东四到西四）。

民国二十三年（1934年），东四牌楼改为混凝土结构，仍为三间四柱三楼式，各间的跨度和高度增加以应付日益增大的交通量，柱冠、石匾等部分沿用。

中华人民共和国成立后1951年，新中国政府对东四牌楼进行了维修。

中华人民共和国成立后1954年12月，东四牌楼被拆除。

中华人民共和国成立后1959年，东四十字路口的有轨电车轨道被拆除。

"古代图文中的朝阳门内意象(1267—1912)"历史空间研究

胡同口的牌楼

牌楼是中国传统建筑的一种特殊形式。牌楼历史悠久,由"衡门"发展而来,后来逐渐演变为现今常见的门洞式的纪念性建筑物。牌楼最初的功能是为区隔空间,明清以来,其功能重心转移为旌表褒奖、道德教化的精神功能,掩盖了其原有"门"的物质功能。民国到现代,封建制度的终结和社会的进步,使得牌楼功能重心进一步由旌表褒奖转向历史文化价值。经研究,朝阳门内片区的图示范围内至少曾存在44处牌楼(含四牌楼)(图4-41)。

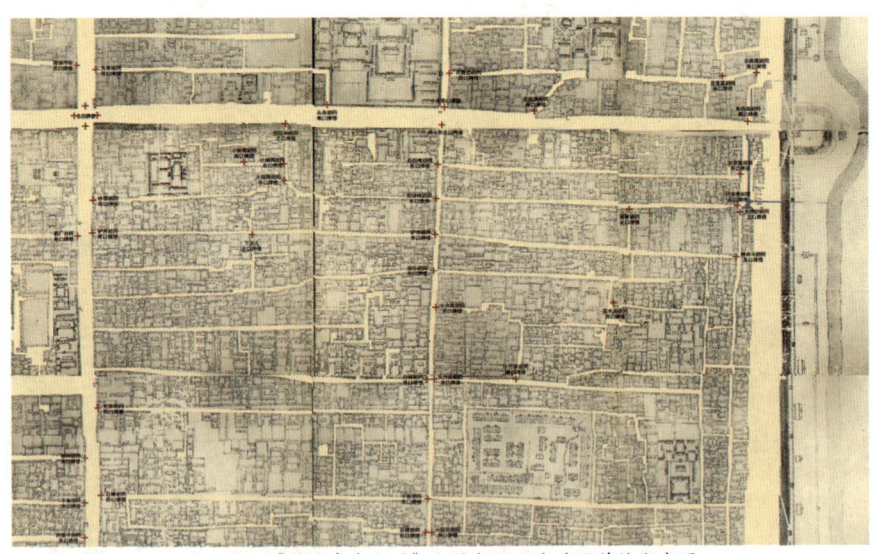

图 4-41 《乾隆京城全图》上的朝阳门内片区牌楼分布图

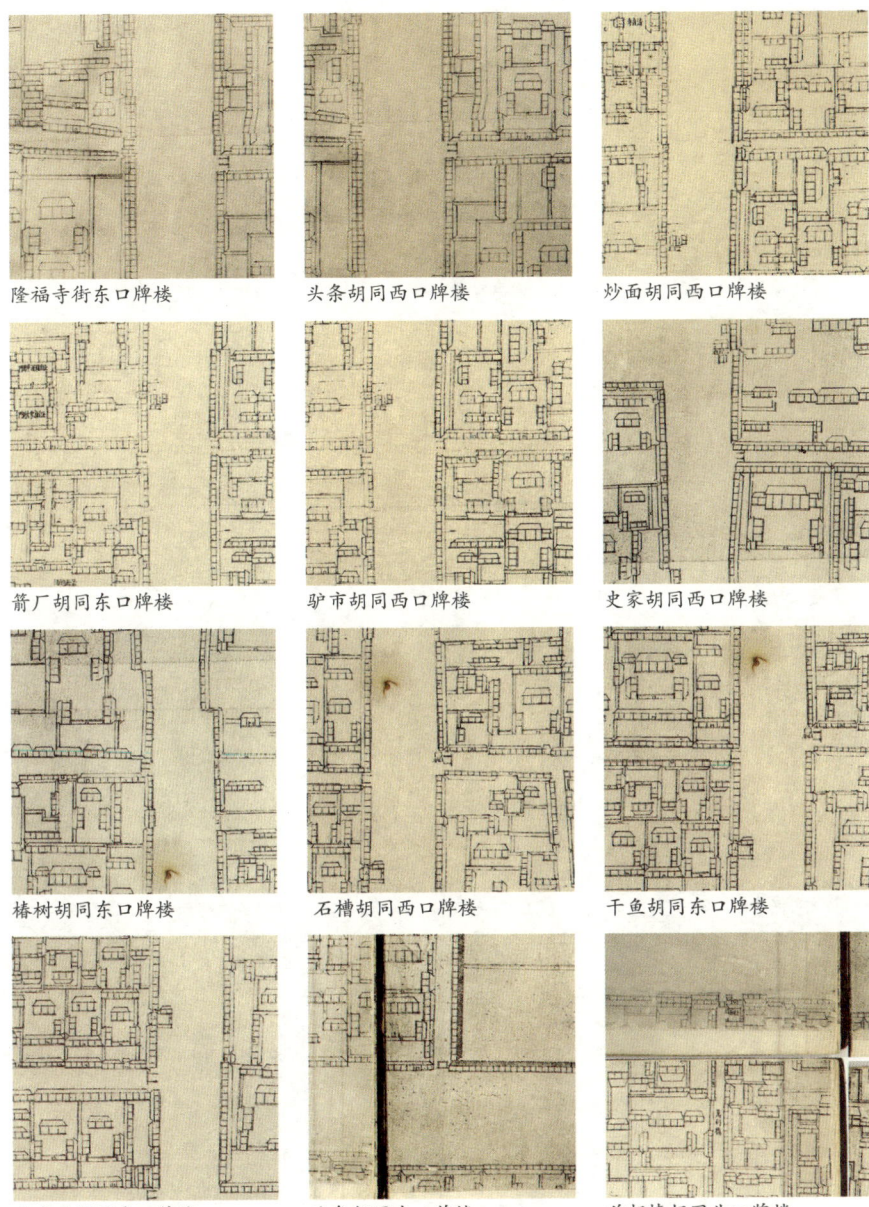

隆福寺街东口牌楼	头条胡同西口牌楼	炒面胡同西口牌楼
箭厂胡同东口牌楼	驴市胡同西口牌楼	史家胡同西口牌楼
椿树胡同东口牌楼	石槽胡同西口牌楼	干鱼胡同东口牌楼
西堂子胡同东口牌楼	头条胡同南口牌楼	前拐棒胡同北口牌楼

"古代图文中的朝阳门内意象(1267—1912)"历史空间研究

第四章 变迁

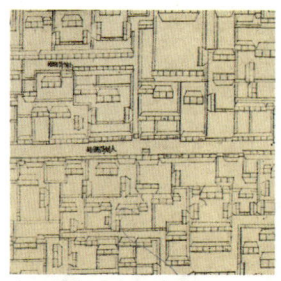
小烟筒胡同南口牌楼

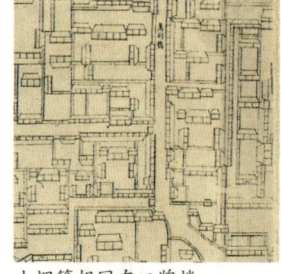
小烟筒胡同东口牌楼

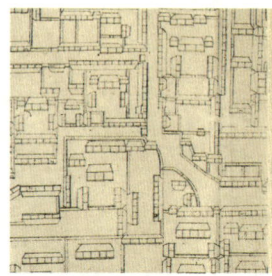
大烟筒胡同东口牌楼

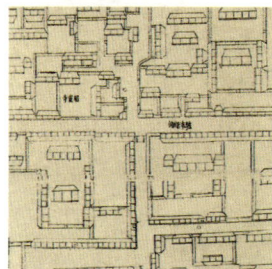
下洼儿北口牌楼

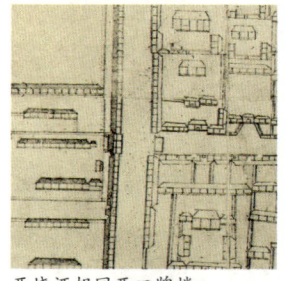
西烧酒胡同西口牌楼

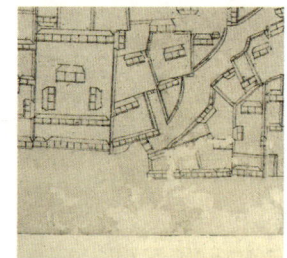
西烧酒胡同南口牌楼

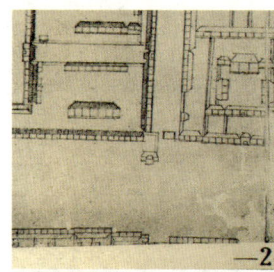
小街南口牌楼

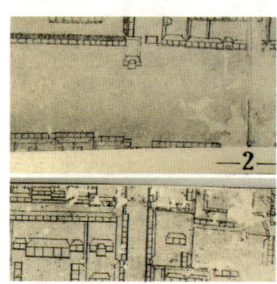
南小街北口牌楼

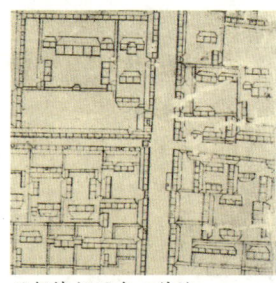
后拐棒胡同东口牌楼

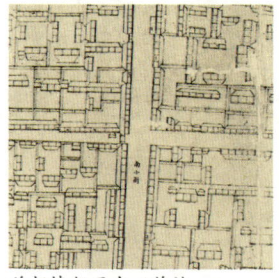
前拐棒胡同东口牌楼

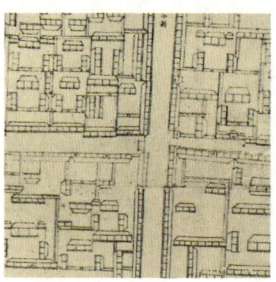
驴市胡同东口牌楼

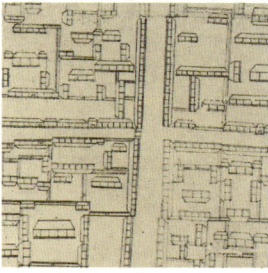
演乐胡同东口牌楼

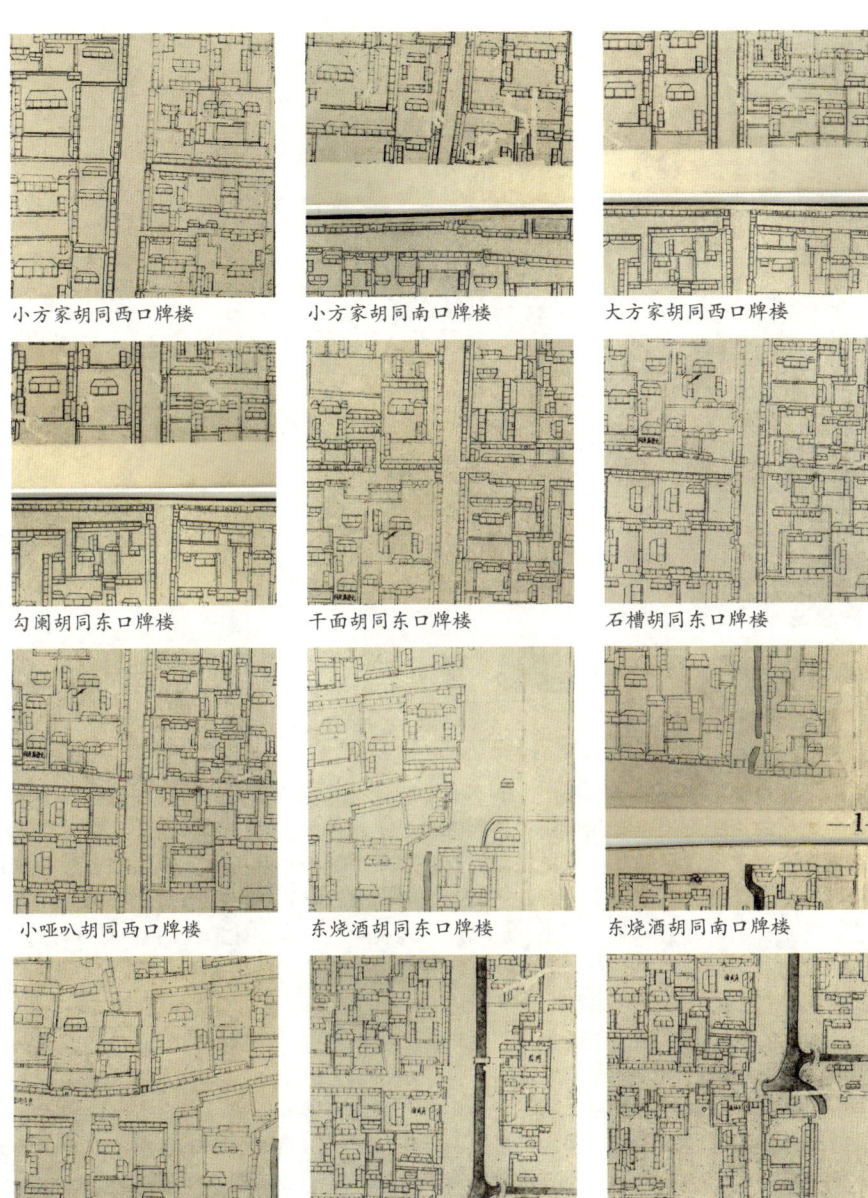

小方家胡同西口牌楼　　小方家胡同南口牌楼　　大方家胡同西口牌楼

勾阑胡同东口牌楼　　干面胡同东口牌楼　　石槽胡同东口牌楼

小哑叭胡同西口牌楼　　东烧酒胡同东口牌楼　　东烧酒胡同南口牌楼

豆芽菜胡同南口牌楼　　老君堂胡同东口牌楼　　竹竿巷胡同东口牌楼

"古代图文中的朝阳门内意象(1267—1912)"历史空间研究

第四章 变迁

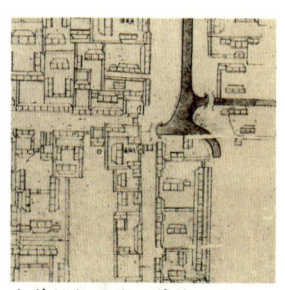
大牌坊胡同北口牌楼

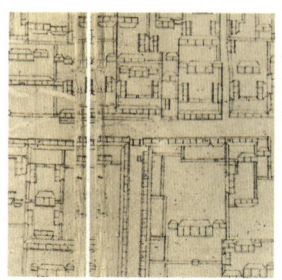
新鲜胡同北口牌楼

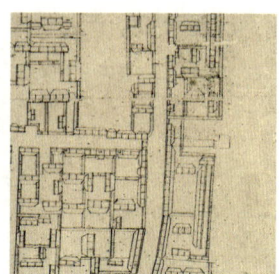
林驸马胡同东口牌楼

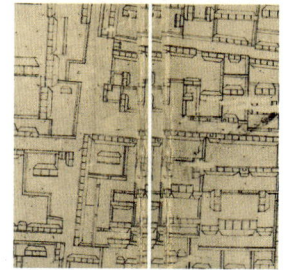
苦水井胡同西口牌楼

  北京是建设牌楼最多的城市，据不完全统计，北京曾建各式牌楼共300余座，如今现存的传统牌楼也有几十座。这些牌楼最早建于元朝，多建于明清时期，后随着北京城市建设发展和其他历史原因，许多牌楼遭到破坏和拆除。传统牌楼常见于街道、坛庙建筑、宗教建筑、商业建筑、皇家园林，且在城市中呈对称布局；就建造材料而言，可分为木制、石制、琉璃制、砖制牌楼；根据建造规制不同，可分为两柱单间单楼、三柱两间双楼、四柱三间三楼、五柱四间四楼和六柱五间五楼等；从外观样式来分，可分为冲天式、屋宇式及棂星门式样。

  元朝时候，北京牌楼尚处于萌芽期，在经历了之前各时期的演变后，逐步呈现出后世常见的固定建筑模式。

  明朝是北京牌楼的快速发展时期。北京老城街道牌楼的数量大增，出现了四面牌楼的路口。商业发展使得牌楼数量急剧增加，酒楼、店铺、手工业作坊等的建筑入口处多用牌楼作为装饰。同时宗教建筑也开始兴建牌楼。牌楼标识地段的功能逐渐减弱，而装饰性功能逐渐增强，牌楼的规制增大，间数、楼数增多，构造及工艺趋于复杂，多为四柱三间式牌楼。

清代是北京牌楼的延续发展时期。清代牌楼外观多沿用明朝样式,牌楼的数量进一步扩大,且城市中牌楼的建设呈现出对称性。据史料记载,紫禁城共有57座牌楼。当时有每逢重大节庆活动都建造彩牌楼习俗,在康熙年间的《万寿盛典图》中就有所体现(图4-42)。

近现代北京牌楼逐步变化,20世纪初,由于北京交通压力增大,迫于阻碍交通的影响,很多街道牌楼被拆除或加高。同时由于外来文化技术的引入,北京牌楼的建造也普遍由木制转变为混凝土制,钢筋混凝土弥补了木质材料在防水、防晒以及耐久性方面的不足,延长了建筑的保固年限,同时也使得牌楼的外观样式有了很大改变。该时期封建社会瓦解,传统牌楼的社会功能也因此从原来的旌表功能转移到文化功能上来。

中华人民共和国成立初期为拓宽道路,拆除了多处牌楼,北京的牌楼数量不断减少,后期又经历了多次复建。改革开放后新建的传统牌楼较多,大多为彩牌楼或者钢筋混凝土仿木牌楼,形制更加生活化、民俗化。2000年后倡导恢复北京古都风貌,传统牌楼的数量逐渐增多,外观样式有较大变动。

根据《乾隆京城全图》的转译,研究发现朝阳门内片区的图示范围内曾经至少有大小牌楼44个之多,亦即,除去地标性的东四牌楼外,还有40处小型的胡同口牌楼。多沿今东四南大街、朝阳门南小街及朝阳门南大街分布,其中沿南小街分布的胡同口牌楼最为密集,几乎在每个胡同口均有设置。除头条胡同西口、南口各设一处牌楼,小烟筒胡同南口、东口各设一处牌楼,西烧酒胡同西口、南口各设一处牌楼,小方家胡同西口、南口各设一处牌楼,东烧酒胡同东口、南口各设一处牌楼外,多数胡同只有一口设牌楼。不过,历经长年的变迁,《乾隆京城全图》中记载的朝阳门内片区大小44个牌楼现均已无存。

图4-42 彩牌楼图像(来源:《万寿盛典图》)

四、　植物景观的变迁

植物景观是指在城市空间中，利用乔、灌、藤、草等植物材料，通过多种手法，结合其生态效益和文化内涵等，营造出的景观空间。在古代，植物景观与人们的生活需要和审美情趣皆有密切关联，在当代，亦是城市景观的重要构成。本研究提取的古代植物景观意象则可谓当代所借鉴。

由《帝京景物略》《宸垣识略》《旧时风物》《藤阴杂记》《天咫偶闻》《道咸以来朝野杂记》等古书文献可知，朝阳门内片区曾有明确记载的植物至少 42 种。其中乔木有榆、柳、松、槐、栝松、枇杷、玉兰；小乔木和大灌木有苹果树、杏树、梨树、海棠、榴、夹竹桃、香橼、佛手、梅花、山茶、腊梅、碧桃、紫薇；小灌木有太平花、凌霄、迎春、天竹、虎刺、金丝桃、绣球、佛桑、茉莉、夜来香、牡丹、菊；其他植物有芦荻、荷、竹、牡丹、水仙、杜鹃、芙蓉、红蕉、珠兰、建兰。

东西亦岸堤，岸亦园亭，堤亦林木，水亦芦荻，芦荻下上亦鱼鸟。
——《帝京景物略》

绿香榆柳夏，青动芰荷天。
——麻城刘侗《夏日于司直招饮傅氏灈园》

荷径入松关，溪流作雨潺。
——大兴韩弘达《宿傅氏灈园》

池之前后为石坛者四，植以栝松。
——《宸垣识略》

从南端的小门进来，满院是丛笼的树木，而且大多是果树，有一棵梨树，一棵苹果树，西厢房对面是一棵杏树，每到夏天就结满水头很大的白杏。北方前是一株海棠，树冠很大，像搭起了凉棚。北方的右边有棵年年暮春时节绽放的太平花。在太平花背后，也就是从北房到西房的通道窗前，是一架虬枝盘绕的凌霄。
——《旧时风物》

王文端《题野园》诗：数竿修竹静生香，犹记开轩六月凉。
——《藤阴杂记》

惟寺左右唐花局中，日新月异。旧止春之海棠、迎春、碧桃。夏之荷、榴、夹竹桃。秋之菊，冬之牡丹、水仙、香橼、佛手、梅花之属。南花则山茶、腊梅，亦属寥寥。近则玉兰、杜鹃、天竹、虎刺、金丝桃、绣球、紫薇、芙蓉、枇杷、红蕉、佛桑、茉莉、夜来香、珠兰、建兰到处皆是。
——《天咫偶闻》

隆福寺街当年只有书肆三处，同立堂，天绘阁，宝书堂，后立三槐。
——《道咸以来朝野杂记》

五、 社会生活的变迁

  公共空间是城市中供居民日常生活和社会生活公共使用的外部空间，是进行各种公共交往活动的开放性空间场所。由于承担着城市中的经济、历史、文化等多种功能，它既是城市生态和生活的重要载体，也是城市各功能要素之间的空间映射。扬·盖尔指出，必要性、自发性和社会性的活动共同作用使城市和居住区的公共空间变得富有生气与魅力。
  历史街区是保存文物特别丰富、历史建筑集中成片、能够较完整和真实地体现传统格局和历史风貌，并有一定规模的区域。它的形成经历了漫长时期，不同历史时期都赋予其新的内容和形式。
  胡同是北京老城历史街区公共空间的主要形式，作为公共生活的重要载体，胡同往往承载着人们大量的集体记忆，蕴含着城市特色。东四南历史街区是北京老城颇具代表性的生活性历史街区，保留了比较完整的传统街巷、建筑肌理和社会生活。本研究关注东四南历史街区公共空间的变迁，旨在揭示不同时期居民集体记忆中社会生活的改变，并发掘指导未来历史街区更新的可能方向。

以东四南历史街区为例的今昔对比研究

东四南历史街区历史文脉清晰、传统建筑风貌与质量保护较好。街区内有多处文保单位，其中北京市级文保单位3处、文物普查登记项目6处、东城区四合院挂牌保护院落120处，具有很高的历史价值。该街区内主要有前炒面、前拐棒、礼士、灯草、演乐、本司、内务部街、史家、干面等9条胡同，多为4—6米宽；胡同之间以成片四合院住宅为主，绝大多数居住用地为单层合院式建筑。其作为典型的生活性历史街区，较好地保留了传统胡同肌理、生活方式和传统的公共空间形式，是进行历史街区公共空间研究的适宜样本（图4-43、图4-44）。

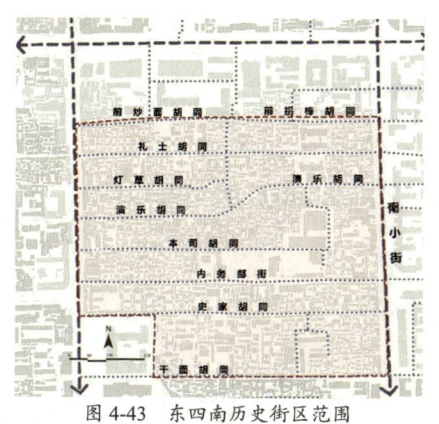
图4-43　东四南历史街区范围

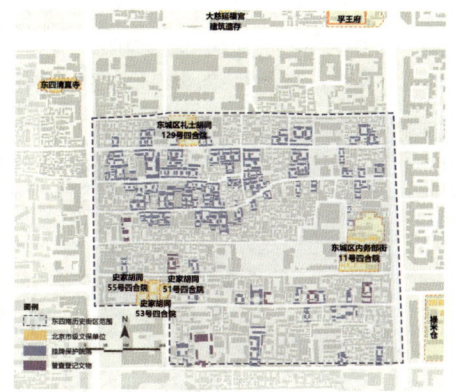
图4-44　东四南历史街区历史文化资源分布

本研究是对东四南历史街区公共空间的今昔变化进行比较研究，主要涉及的时间范围有今、昔两个时间段。今，即当前，也即研究小组到东四南历史街区进行现场踏勘和访谈的2017年上半年；昔，即过去，也即根据街区内现有老年长住居民记忆所能及的中华人民共和国成立初期（1952—1962年），简称中华人民共和国成立初期。中华人民共和国成立初期既是本次调研对街区内老年长住居民记忆挖掘所得的记忆时段，也是东四南历史街区内物质空间和社会结构相对稳定的时段。

当前的公共空间与社会生活

当前东四南历史保护街区公共空间主要可划分为两类,即胡同类公共空间与院落类公共空间。根据现场踏勘和问卷调查,可得其大体位置以及各空间中聚集人群的数量如图4-45所示(图中将公共空间停留人数分为4阶,颜色由浅至深依次代表0—8人)。

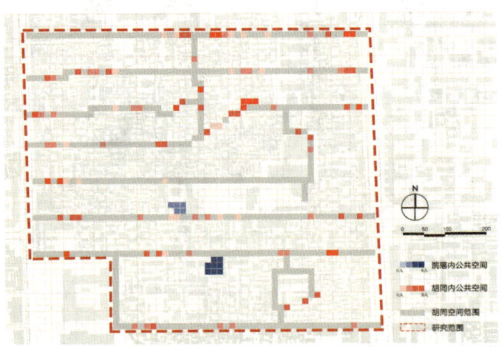

图4-45 当前东四南公共空间分布情况

胡同类公共空间是当前东四南的主要公共空间,主要集中于礼士胡同口、演乐胡同中部、内务部街中以及胡同交叉口处。胡同类公共空间主要有胡同交叉口、公共建筑门口、树荫下、屋檐下4种类型(图4-46)。胡同交叉口较直线型的街巷空间更为宽敞,为人们停留提供了空间,又有房屋外墙做背景,为交往提供安全感,且多植物点缀,环境较好,成为居民交往停留的首选;公共建筑(如新秀乐食品店、

图 4-46　当前东四南胡同类公共空间示意

裕成号商店等）作为胡同中重要的生活设施,其较大的人流量为社会交往提供了条件,居民多愿意与熟人在商铺门口寒暄；此外,人们还会在胡同的大树下、屋檐下,或自带板凳或利用公共座椅聚集停留。

虽然当前东四南内院落类公共空间因大部分院落加建严重而分布较少,但是随着街道的整体规划和文化建设工作的推进,部分院落也开始被作为活动空间得以利用。例如,史家胡同24号院原为著名作家、民国佳俪凌淑华女士和陈西滢先生的故居,后其后代无偿捐赠,在朝阳门街道办事处和英国查尔斯王储基金会的资助下改造成史家胡同博物馆并于2013年对公众开放,成为北京首家胡同博物馆；此外,由内务部街27号院改造而成的"朝阳门社区文化生活馆"也已经于2016年开馆,现在已经成为远近闻名的东城区公共文化空间。

根据现场踏勘及问卷调查,当前东四南公共空间的活动类型主要可分为7类：儿童游戏、聊天、散步、社团活动（如合唱团、戏剧团等）、踢毽子、下棋和休息。各类活动在街区内的空间分布和活动示意如表4-4所示。调查结果显示：大多数人在胡同中与熟人打招呼或闲聊；也有相当数量的人在胡同或院落的宽敞处踢毽子或做一些简单的运动；中老年人也喜欢在天气不错的时候下棋或打牌；小部分人在胡同中遛弯散步、搬着凳子靠着墙根晒太阳等；在特定时间,部分居民会在公共院落参加社团的兴趣活动；偶尔也能看到孩子跑动玩耍。

表4-4　当前东四南历史街区公共空间活动的类型、分布及示意

类型	活动分布示意图	活动示意图
儿童游戏		

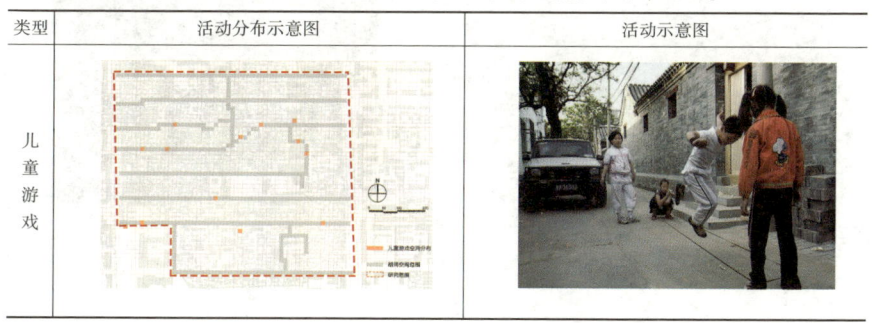

第四章 变迁

续表

类型	活动分布示意图	活动示意图
聊天		
散步		
社团活动		
踢毽子		

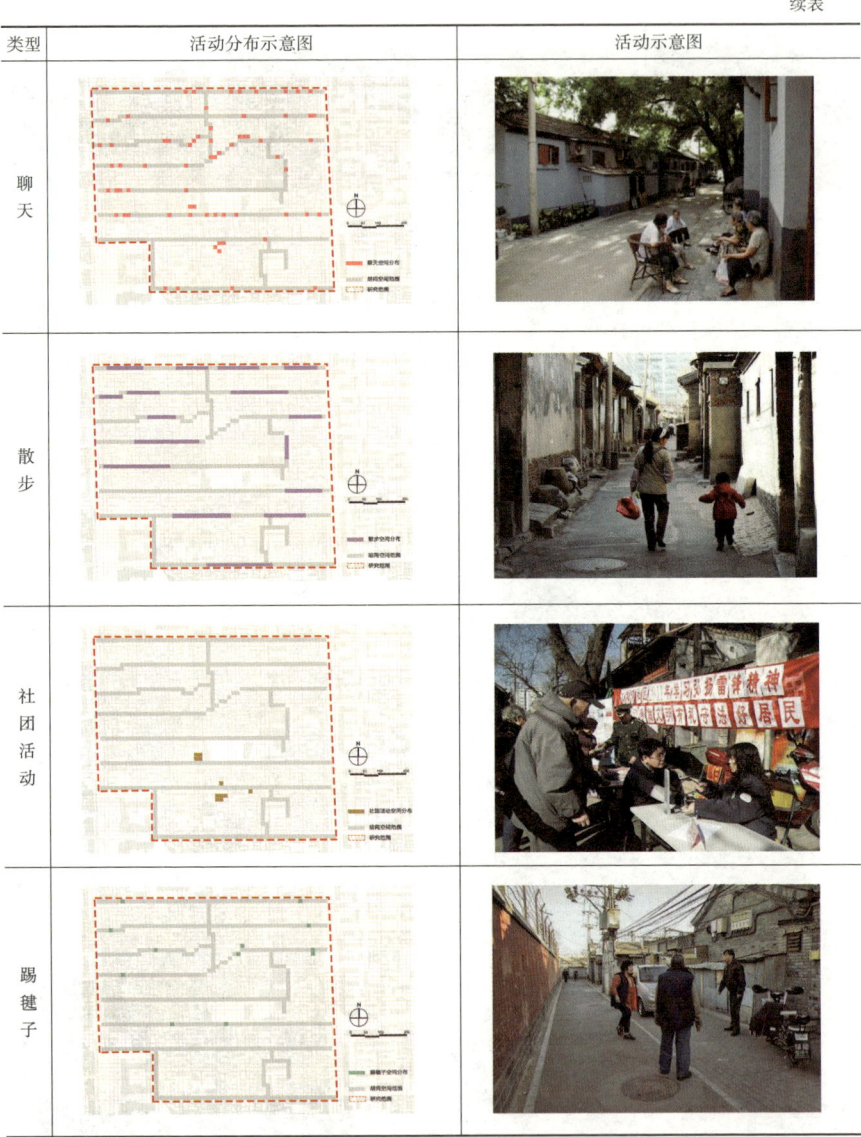

续表

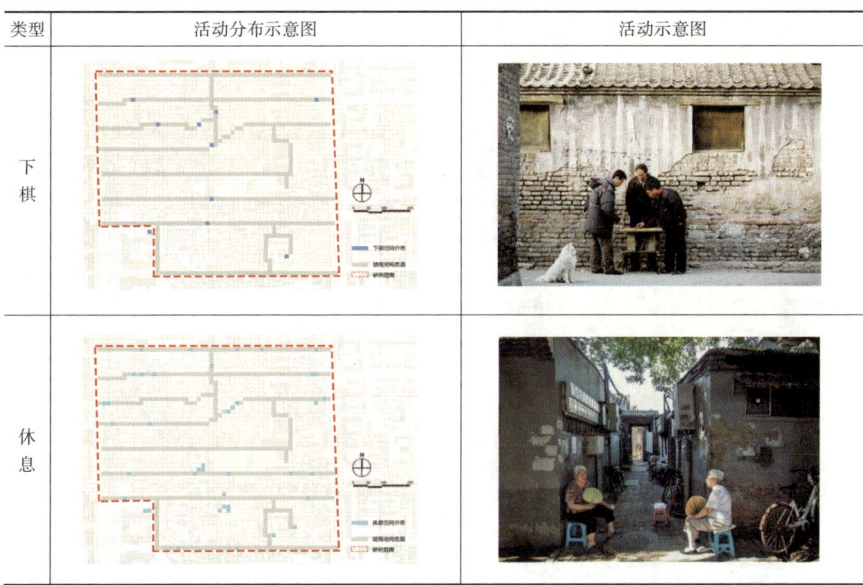

当前东四南公共空间的主要使用人群为老年人,其次是儿童,相比之下中青年人对公共空间的使用最少(图4-47)。而对公共空间的选择倾向方面:老年人大多聚集于胡同的大树下、屋檐下或公共建筑门口,如礼士胡同东段、演乐胡同中段、内务胡同西段;中青年人多在胡同口等人容易聚集的地方,如东花厅胡同与演乐胡同交口等;儿童更倾向于在相对宽敞的场地活动,如史家胡同东段、演乐胡同东侧拐角等。

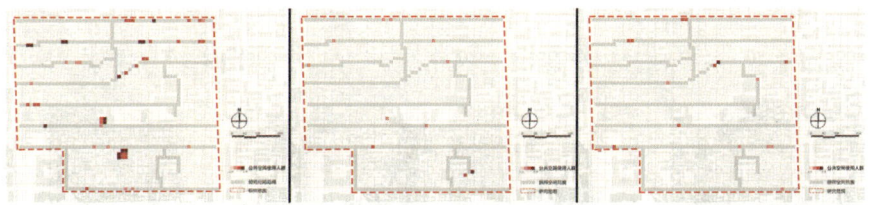

图4-47 当前东四南公共空间使用人群分布(从左至右依次为老年人、中青年人和儿童)

"古代图文中的朝阳门内意象(1267—1912)"历史空间研究

老人记忆中的公共空间与社会生活

通过对老人的访谈得到过去东四南公共空间的大体位置以及每个空间中聚集人数。过去东四南的公共空间以院落为主,礼士胡同、灯草胡同、演乐胡同两侧的院落居多。此外,少部分胡同空间也被用于交往停留,主要为公共建筑门口。通过访谈及历史照片的收集可知过去公共空间的类型包括院落中、公共建筑门口、屋檐下和胡同交叉口。过去住在同一院落中的人们大多具有亲缘关系或者相互熟识,院落空间也相对更安全、宽敞、舒适,故人们倾向于在院落中进行活动与交往(图4-48、图4-49)。

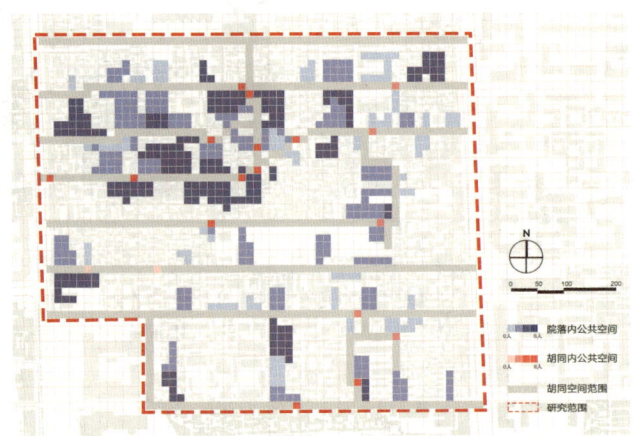

图4-48 中华人民共和国成立初期东四南公共空间使用人群分布

| 树荫下 | 公共建筑门口 | 屋檐下 | 胡同交叉口 |

图4-49 中华人民共和国成立初期东四南公共空间类型

中华人民共和国成立初期东四南各类活动在街区内的空间分布和活动示意如表4-5所示。人们最经常进行的活动是聊天和休息。街坊们也经常在夏天的傍晚，在院子里搭起一张桌子，各家凑几盘下酒菜，坐在一起喝酒；或是冬天围坐在烧水的煤炉旁，喝茶聊天。男人们也会坐在屋檐下或院里的石桌边下棋。每天早上起来，会有人在院子里晨练，如打太极、散步等。儿童则多成群玩耍，邻里关系融洽。

根据对老人的访谈得知，中华人民共和国成立初期老人和儿童也是东四南公共空

表4-5 中华人民共和国成立初期的东四南历史街区公共空间活动的类型、分布及示意

类型	活动分布示意图	活动示意图
儿童游戏		
聊天		
散步		
喝酒饮茶		

续表

类型	活动分布示意图	活动示意图
晨练	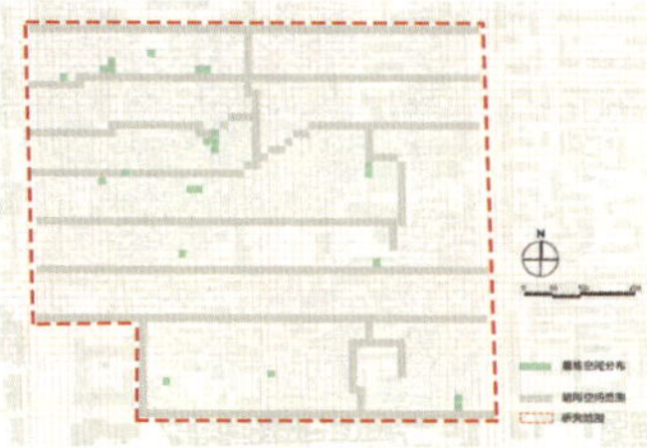	
下棋	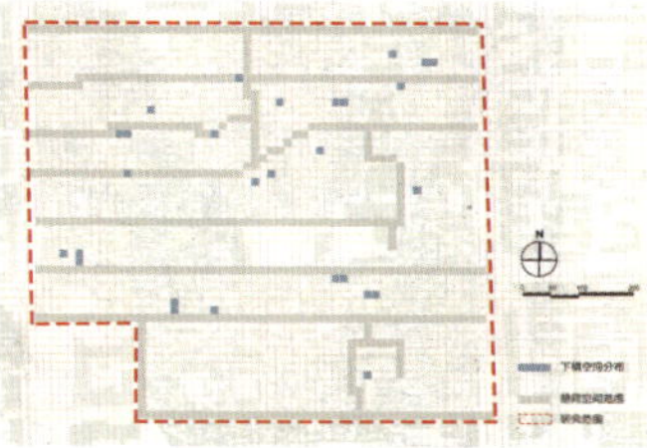	
休息	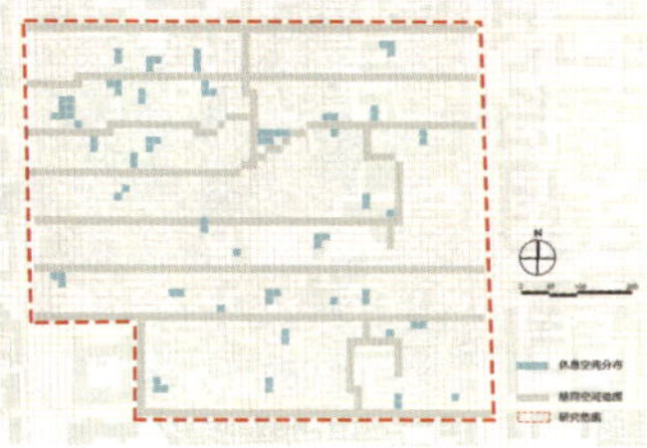	

间的主要使用者,中青年人公共活动稍少(图4-50)。而对公共空间的选择倾向方面:老年人多选择在院落内活动,如灯草胡同西段两侧的院落、东花厅胡同西侧院落等;中青年人虽也多在院落内活动,但是其分布较为分散,如礼士胡同中段南侧个别院落和史家胡同两侧个别院落;儿童多在院落内活动,如演乐胡同中段两侧院落,此外也会在胡同交叉口等相对开阔地段聚集玩耍,如演乐胡同和灯草胡同交叉口。

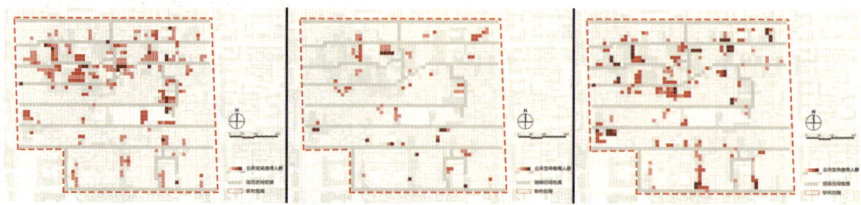

图4-50 中华人民共和国成立初期东四南公共空间使用人群分布
(从左至右依次为老年人、中青年人和儿童)

承载社会生活的公共空间变迁小结

1. 空间分布的变迁：从院落到胡同

自中华人民共和国成立初期至当前，东四南历史街区公共空间分布发生了巨大的变迁。这种变迁首先表现在整体公共空间数量的锐减，其次表现为公共空间类型的变化。从中华人民共和国成立初期到当前，东四南街区整体公共空间数量减少了近一半，公共空间的主要类型也由原来的以院落空间为主、以部分胡同空间为辅变成当前以部分胡同空间为主、以个别院落为辅（图 4-51、图 4-52）。虽较中华人民共和国成立初期街巷空间现在而言车辆少而宽敞，但以院落为主的交往方式和亲切友好的邻里关系使居民对胡同交往空间的需求不高。后来人口数量增加导致院落加建，使院落交往空间大大减少，人们不得不走出院落，开辟新的交往空间。同时院落内私自占用公共空间导致邻里关系恶化，以及外来人口带来文化与生活习惯的冲击，也促使人们走出院落，在更大范围内寻找交往对象，退而求其次在胡同中活动。

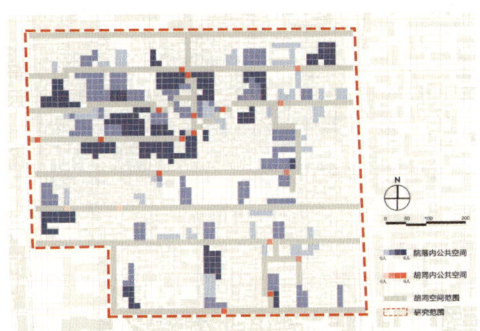

图 4-51　中华人民共和国成立初期东四南主要公共空间分布示意图

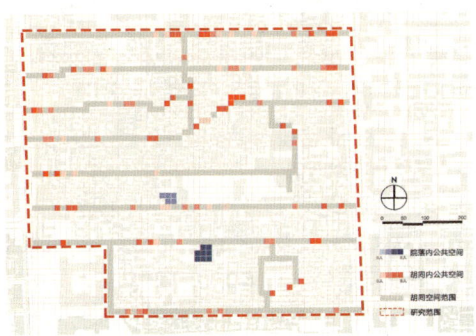

图 4-52　当前东四南主要公共空间分布示意图

2. 活动类型的变迁：从众人同乐到自得其乐

自中华人民共和国成立初期至当前，东四南历史街区公共空间的活动类型因客观条件的限制发生了较大变化。中华人民共和国成立初期东四南院落宽敞，人们更愿意在院落中活动休闲，通常倾向于进行聊天、喝酒饮茶、下棋、休息等需要较大空间、停留时间较久的活动。儿童多成群玩耍，邻里一同聊天，活动种类丰富（图4-53）。而当前虽然也有个别用作社区活动站的院落为各类兴趣社团提供了活动空间，但是人们通常以胡同院墙后退留出的小空间作为主要公共空间，而在其中的主要活动为休息、晒太阳、聊天、遛弯散步等，很少有下棋、踢毽子、儿童玩耍等停留时间较长的活动（图4-54）。

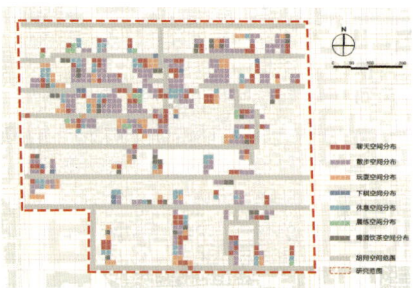

图 4-53 中华人民共和国成立初期东四南公共空间活动类型

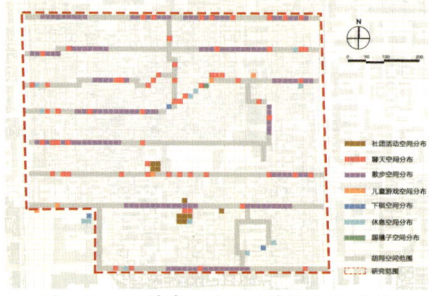

图 4-54 当前东四南公共空间活动类型

3. 使用人群的变迁：从三代共享到老人留守

中华人民共和国成立初期东四南的公共空间以共享空间为主，只有部分空间被老年人独享（图4-55）；而现在公共空间中共享空间数量锐减，以老年人单独活动的空间为主（图4-56）。这种变迁主要和街区内居民家庭结构和社会关系变化有关：过去邻里关系融洽，生活节奏较慢，小孩子课业负担较小，居住在同一屋檐下的祖孙三代都愿意在闲暇时走出屋门，与街坊邻居交往，同一空间下经常有不同年龄的人一起使用；而当前街区内留守老人较多，且居住时间较长，相互之间较为熟络；

儿童相对较少且课业负担大;中青年人多为外地打工租户,日常工作繁忙且邻里熟悉度较低。此外,中华人民共和国成立初期以院落为主体的公共空间也更加便于人们熟络并进而产生交往;而当前胡同、院落空间的恶化,更多年轻人选择稍远一些、环境更好的地方休闲活动。

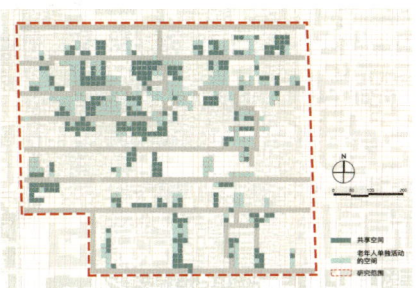

图4-55 中华人民共和国成立初期东四南公共空间使用人群情况

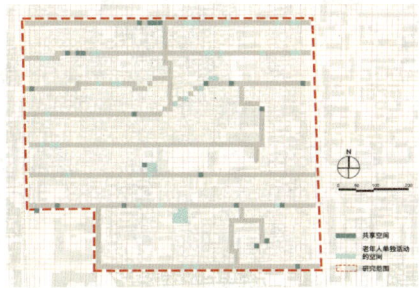

图4-56 当前东四南公共空间使用人群情况

从中华人民共和国成立初到现在,东四南历史街区的公共空间及其承载的社会活动发生了巨大变化:在空间分布上由多变少、从以院落为主到以胡同为主;在活动类型上从众人参与的丰富活动到少数人参与的单一活动;在使用人群上从三代共享到留守老人独享。历史街区的物质空间虽然看似变化无多,但社会生活却始终处于变迁当中,相信本研究所提供和阐释的这些意象信息,可为未来东四南历史街区公共空间营造提供基础参考和方向指引。

第五章

遗存

一、 遗存总览

在通过历史信息的转译、叠合得到重要历史建筑与院落后,研究团队对这些建筑和院落的现状情况进行了系统的走访、调查、研究和梳理。

首先查询历史文献。一方面找出文字记载中的建筑与院落建造时间、地点规模、搬迁历史、修葺或增建历史、名称的更替等信息;另一方面从古代地图中提取所需最直观的地理位置信息。

厘清这些信息后,首先得到每个时代可考的建筑名录,然后根据空间逻辑推断每座建筑或院落与其周围建筑或院落的位置关系,结合调查现状的建筑街巷空间关系,以及居民访谈中得到的记忆信息,综合推测其在不同时代的空间位置。

综合之前章节分析得到的古代图文中涉及的共计 138 处古代建筑与院落意象,除去若干院落、牌楼等未做标记的建构筑物,合并有空间叠压关系的意象,对最后得到的 72 处重点建筑与院落展开遗存现状的调研。

通过对调研信息的整理,可得出历史建筑、院落与现状空间位置的对应关系,总结为表 5-1。

表 5-1　遗存调研的建筑与院落清单

所在片区	历史建筑与院落	现状位置
1	兴隆寺 - 东四	钱粮胡同东段路北
1	火祖庙	东四头条胡同东段路北
1	延福宫	头条胡同中段路南
1	四牌楼	朝阳门内大街与东四南大街交叉口
2	怡亲王府（含孚王府）	朝阳门内大街与朝阳门北小街交叉口路西北角
2	弓匠营	南弓匠营胡同路东
2	五圣庵 - 北小街	朝阳门北小街路东
2	永丰庵	朝阳门内大街路北
2	圆通寺	朝阳门内大街路北
2	恒亲王府	朝阳门内大街路北
3	北水关（含财神庙、钓鱼台）	朝阳门内大街与朝阳门北大街交叉口路西北角
3	朝阳门（含城墙）	朝阳门内大街与朝阳门北大街交叉口及东二环沿线
3	万安仓	朝阳门北大街路东
4	清真寺	东四南大街北段路西
4	正白旗汉军、蒙古衙门	报房胡同东段路北
4	毗卢庵	灯市口大街同福夹道北端
4	箭厂	东四南大街与灯市口大街交叉口路西北角
4	相府	灯市口大街东段路北
4	玄坛庙	东四南大街与朝阳门内大街交叉口路东南角
4	土地庙 - 朝阳门内大街	朝阳门内大街与前拐棒胡同交叉口路东南角
4	昭灵寺	礼士胡同与灯草胡同交叉口路北
4	镶白旗汉军固山衙门	灯草胡同东段路北
4	五圣庵 - 灯草胡同	灯草胡同东段路北
4	兴隆寺 - 礼士胡同	灯草胡同与礼士胡同交叉口东北角
4	正蓝旗满洲、汉军、蒙古固山衙门	演乐胡同与东四南大街交叉口东南角
4	天仙庵 - 演乐胡同	演乐胡同西段南
4	灵官庙	本司胡同西段路北
4	三元庵 - 本司胡同	本司胡同中段路北
4	东西院	本司胡同中段路北
4	解脱庵	演乐胡同中段路南
4	□□庵	演乐胡同中段路南
4	财神庙 - 本司胡同	本司胡同中段路北
4	上帝庙	内务段街西段路北
4	民政部	内务部街中段路北
5	弥勒庵	灯草胡同与礼士胡同交叉口东南角
5	仁义庵	本司胡同中段路北
5	左翼前锋统领衙门	东花厅胡同北口西南角
5	炮厂（含伏魔庵）	东花厅胡同与西花厅胡同间
5	明瑞府	内务部街与朝阳门南小街交叉口西北角

续表

所在片区	历史建筑与院落	现状位置
5	地藏庵 - 朝阳门内大街	朝阳门内大街东段路南
5	老君堂	朝阳门内大街东段路南
5	吉庆庵	北竹竿胡同路北
5	证因寺	北竹竿胡同路南
5	土地庙 - 南竹杆胡同	南竹杆胡同与西水井胡同交叉口东南角
5	宗学	新鲜胡同中段路北
5	方家园	朝阳门内小街与芳嘉园胡同交叉口东南角
5	桂公府（含地藏庵、斗母庙、官学）	芳嘉园胡同与后芳嘉园胡同交叉口东北角
5	净业庵	后芳嘉园胡同中段路南
5	牌楼馆	朝阳门内小街与大方家胡同交叉口东北角
5	海关学馆北院	内务部街东段路北
6	莲园（含真武庙）	南水关胡同中段路西
6	南水关（含门监）	朝阳门内大街与朝阳门南大街交叉口西南角
6	真武庙 - 北竹竿胡同	朝阳门内大街与朝阳门南大街交叉口西南角
6	天仙庵 - 北竹竿胡同	北竹竿胡同东段路南
6	二圣庵	朝阳门南大街路西
6	太平仓	朝阳门南大街路东
7	二郎庙	东四南大街中段路东
7	关帝庙 - 甘雨胡同	甘雨胡同东段路北
7	玄极观	甘雨胡同东段路北
7	土地庙 - 干面胡同	东四南大街与干面胡同交叉口东北角
7	白衣庵	干面胡同中段路南
8	海关学馆	内务部街东段路北
8	三元庵 - 干面胡同	干面胡同东段路北
8	火德真君祠	干面胡同东段路南
8	关帝庙 - 大方家胡同	大方家胡同中段路北
8	慈善寺	大方家胡同中段路南
8	禄米仓	禄米仓胡同西段路北
8	武学	禄米仓胡同中段路北
8	仓神庙	禄米仓胡同西段路南
9	关帝庙 - 大方家胡同东	大方家胡同东段路北
9	智化寺	禄米仓胡同东段路北
9	小庙	禄米仓胡同东段路北

在进一步的研究中，研究小组将重要历史建筑与院落分为"现状留存的建筑与院落"及"业已消失的建筑与院落"两大类共72处。

其中，第一类"现状留存的建筑与院落"共有33处，记为A类，包括4处"原状留存"的建筑与院落（记为A-I）、6处"原状部分留存"的建筑与院落（记为A-II），以及23处"原状风貌基本留存"的建筑与院落（记为A-III）；第二类"业已消失的建筑与院落"共有39处，记为B类，包括26处"原址新建建筑"的建筑与院落（记为B-I），13处"原址未新建建筑"的建筑与院落（记为B-II）两种，具体建筑与院落名称如表5-2、图5-1所示。

表5-2　调研建筑与院落分类表

现状留存的建筑与院落（A）	原状留存（Ⅰ）	A-I-01 清真寺、A-I-02 镶白旗汉军固山衙门、A-I-03 明瑞府、A-I-04 智化寺
	原状部分留存（Ⅱ）	A-II-01 延福宫、A-II-02 怡亲王府（含孚王府）、A-II-03 恒亲王府、A-II-04 桂公府（含地藏庵、斗母庙、官学）、A-II-05 莲园（含真武庙）、A-II-06 禄米仓
	原状风貌基本留存（Ⅲ）	A-III-01 兴隆东-东四、A-III-02 正白旗汉军、蒙古衙门、A-III-03 正蓝旗满洲、蒙古、汉军固山衙门、A-III-04 天仙庵-演乐胡同、A-III-05 灵官庙、A-III-06 三元庵-本司胡同、A-III-07 上帝庙、A-III-08 昭灵宫、A-III-09 兴隆寺-礼士胡同、A-III-10 财神庙-本司胡同、A-III-11 五圣庵-灯草胡同、A-III-12 解脱庵、A-III-13 □□庵、A-III-14 东西院、A-III-15 左翼前锋统领衙门、A-III-16 弥勒庵、A-III-17 仁义庵、A-III-18 二郎庙、A-III-19 白衣庵、A-III-20 仓神庙、A-III-21 慈善寺、A-III-22 武学、A-III-23 小庙
业已消失的建筑与院落（B）	原址新建建筑	B-I-01 火祖庙、B-I-02 弓匠营、B-I-03 五圣庵-北小街、B-I-04 永丰庵、B-I-05 圆通寺、B-I-06 毗卢庵、B-I-07 箭厂、B-I-08 玄坛庙、B-I-09 相府、B-I-10 炮厂（含伏魔庵）、B-I-11 海关学馆、B-I-12 海关学馆北院、B-I-13 方家园、B-I-14 净业庵、B-I-15 牌楼馆、B-I-16 宗学、B-I-17 地藏庵-朝阳门内大街、B-I-18 老君堂、B-I-19 证因寺、B-I-20 吉庆庵、B-I-21 真武庙-北竹竿胡同、B-I-22 二圣庵、B-I-23 三元庵-干面胡同、B-I-24 玄极观、B-I-25 关帝庙-甘雨胡同、B-I-26 火德真君祠
	原址未新建建筑（Ⅱ）	B-II-01 四牌楼、B-II-02 太平仓、B-II-03 万安仓、B-II-04 南水关（含门监）、B-II-05 北水关（含财神庙、钓鱼台）、B-II-06 天仙庵-北竹竿胡同、B-II-07 关帝庙-大方家胡同东、B-II-08 关帝庙-大方家胡同、B-II-09 土地庙-干面胡同、B-II-10 土地庙-朝阳门内大街、B-II-11 土地庙-南竹杆胡同、B-II-12 民政部、B-II-13 朝阳门（含城墙）

第五章 遗存

图 5-1 遗存建筑与院落的调研地图

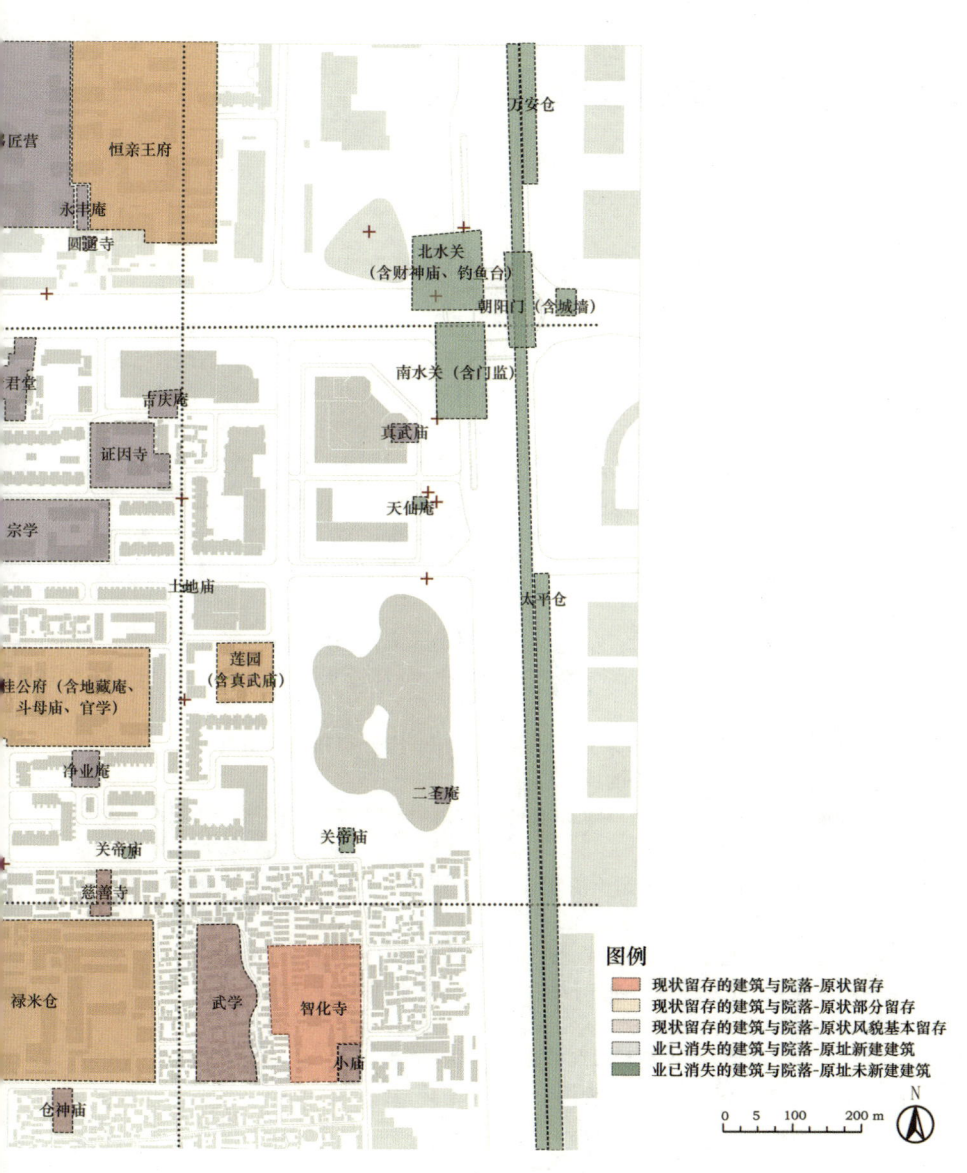

"古代图文中的朝阳门内意象 (1267—1912)" 历史空间研究

二、 现状留存的建筑与院落一览

现状留存的建筑与院落主要可分为"原状留存"、"原状部分留存"和"原状风貌基本留存"3 类。

其中"原状留存"的建筑与院落共有 4 处：清真寺，镶白旗汉军固山衙门，明瑞府，智化寺；"原状部分留存"的建筑与院落共有 6 处：延福宫，怡亲王府（含孚王府），恒亲王府，桂公府（含地藏庵、斗母庙、官学），莲园（含真武庙），禄米仓；"原状风貌基本留存"的建筑与院落共有 23 处：兴隆寺 - 东四，正白旗汉军、蒙古衙门，正蓝旗满洲、蒙古、汉军固山衙门，天仙庵 - 演乐胡同，灵官庙，三元庵 - 本司胡同，上帝庙，昭灵寺，兴隆寺 - 礼士胡同，财神庙 - 本司胡同，五圣庵 - 灯草胡同，解脱庵，□□庵，东西院，左翼前锋统领衙门，弥勒庵，仁义庵，二郎庙，白衣庵，仓神庙，慈善寺，武学，小庙。

在现状留存的建筑与院落中，孚王府为国家级文物保护单位；智化寺、东四清真寺、恒亲王府、禄米仓为北京市级文物保护单位；桂公府、莲园为东城区级文物保护单位。

从风貌方面，智化寺、恒亲王府、怡亲王府、桂公府和东四清真寺等处的现状风貌较好，禄米仓、莲园等处的风貌较差。

从功能方面，智化寺现作为北京文博交流馆对外开放；东四清真寺现作为北京伊斯兰协会会址，少部分用作商业；智化寺、恒亲王府现作为游览参观场所，同时智化寺仍保留寺庙功能；怡亲王府现作为世界图书出版公司等机构办公场所；桂公府、二郎庙等处遗存改作商业用途；官学仍用作教育功能，为新鲜胡同小学，斗母庙等处遗存现也演变为教育用地；禄米仓大部分已被拆除，并新建为单位大院，遗存的部分建筑经过一定修缮后闲置；明瑞府、莲园保留了居住功能，其余大部分现状留存的建筑与院落也已逐渐演变为居住功能。

本节整理了所有 33 处现状留存的建筑与院落，调查和绘制各自现状的位置和保护情况，并截取、提炼和展示古地图中相应的意象信息。

A-I-01 清真寺

清真寺位于今东四南大街 13 号，曾为法明寺，现为北京伊斯兰教协会驻地，是一处建筑风貌较好的寺庙，保护级别为北京市文物保护单位，共在 1 张古地图中出现，被标注为"清真寺"。

现状卫星图

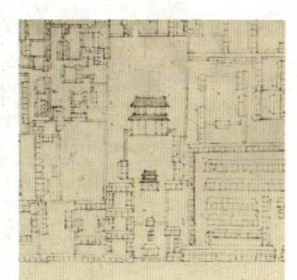

清真寺
1750 年《乾隆京城全图》

东四清真寺占地面积约为 3000 平方米，坐西面东，总体布局亦为轴线对称式。三进院落沿轴线依次展开。大殿五楹三进。庑殿顶，无推山，三踩单昂斗栱，为北京清真寺中最高形制。室内重点部位装饰《古兰经》经文及图案，色调较为清冷。后窑殿屋顶内部是三个砖砌窑顶相连，通体刷白，而外部则为歇山式，保留着早期清真寺特征。寺门开于东四南大街，大门内为一竖向院落，左右有砖砌的近代式厢房，南北两厢各 1 小间和 6 大间。二门为过厅，门内为一小院，院西有一垂花门，门南北有带漏窗的平顶走廊。此处原为邦克楼部位。邦克楼是一座二层方形攒尖顶建筑，建于明成化二十二年，于清光绪年间毁于一次地震。

东四清真寺历史悠久。从建筑斗栱形式、雀替及梁枋比例看，该寺是北京明代伊斯兰建筑中最优者。寺内收藏众多著名伊斯兰经典与文物：大殿抱厦南侧立有明

第五章 遗存

万历七年的《清真法明百字圣号》碑。抱厦北侧存有明成化二十二年为邦克楼制造的大铜顶,邦克楼毁后遗留于此。寺内还收藏有一块明代精制的瓷牌,堪称珍品。

东四清真寺紧邻东四南大街,周边现代商业建筑与其风貌不协调(图 5-2、图 5-3)。

图 5-2 东四清真寺山门及周边建筑

图 5-3 东四清真寺山门

A-Ⅰ-02 镶白旗汉军固山衙门

镶白旗汉军固山衙门位于今灯草胡同东段北侧,现作为办公使用(图5-4),共在1张古地图中出现,被标注为"镶白旗汉军固山衙门"。

现状卫星图

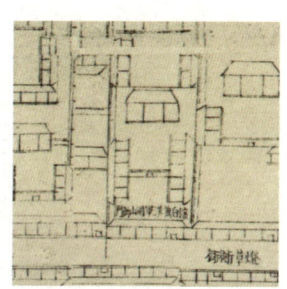

镶白旗汉军固山衙门
1750年《乾隆京城全图》

图5-4 镶白旗汉军固山衙门现状照片

A-Ⅰ-03 明瑞府

明瑞府位于今内务部街胡同 11 号,又称寿恩固伦公主府(图 5-5),1984 年被列为北京市级文物保护单位,共在 1 张古地图中出现,未标注。

现状卫星图

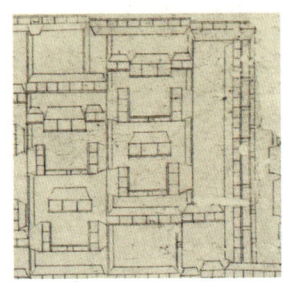
未标注[①]
1750 年《乾隆京城全图》

图 5-5 明瑞府现状照片

---

① 说明:"未标注"是指图中有该历史建筑或院落,但未用文字标注,下同。

A-I-04 智化寺

智化寺位于今禄米仓胡同 5 号，现为北京文博交流馆，是一处建筑风貌较好的寺庙（图 5-6、图 5-7），保护级别为全国重点文物保护单位，共在 10 张古地图中出现，曾被标注为"智化寺""MIAO""Temple de Tche-rhoa""齐化寺"。

现状卫星图

未标注
1738 年《镶白旗满洲蒙古汉军地图》

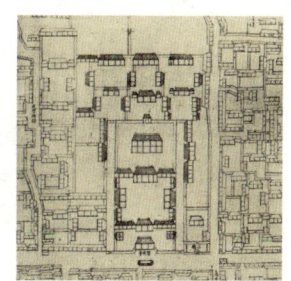

智化寺
1750 年《乾隆京城全图》

MIAO
1752 年《PLAN DE LA VILLE TARTARE ET CHINOISE DE PEKIN》

未标注
1765 年《PLAN DE LA VILLE TARTARE DE PEKING》

未标注
1843 年《CHINESE PLAN OF THE CITY OF PEKING》

"古代图文中的朝阳门内意象 (1267—1912)" 历史空间研究

第五章 遗存

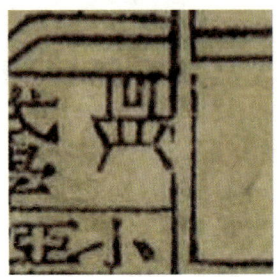
未标注
1870年《京师城内首善全图》

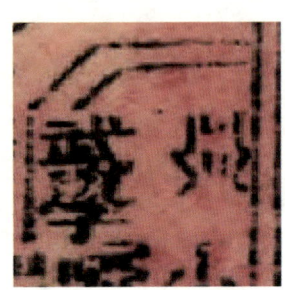
未标注
1900年《京城各国暂分界址全图》

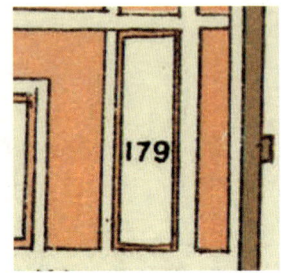
Temple de Tche-rhoa
1902年《PLAN DE PEKIN》

齐化寺
1903年《北京全图》

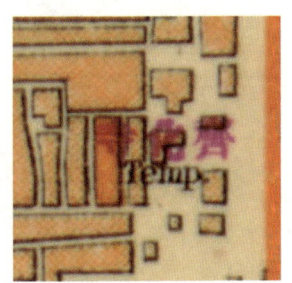
齐化寺
1907年《北京附地》

　　该寺山门开于禄米仓胡同，坐北朝南，主体位于禄米仓胡同与大方家胡同之间。寺内原有东、中、西三路院落，但如今仅存中路。其中路自南至北依次为山门、智化门、智化殿、如来殿万佛阁（下层为如来殿，上层为万佛阁）、大悲堂、万法堂。寺内建筑除钟楼、鼓楼以及如来殿万佛阁为二层外，其余均为一层建筑。现今总长278.8米，宽44.5米，占地面积约1.24万平方米。该寺仿佛教寺院"伽蓝七堂"规制而建，其布局在明代佛寺中具有很强的代表性。

　　智化寺建筑布局有明代特点，风格保存着宋代向明清过渡的显著特征，开清代建筑风格之先。该寺现状结构状况良好，寺内虽经过多次修缮，但其建筑的梁架、斗栱等依然保留了原状，尤其是内部结构、经橱、佛像、转轮藏及其上面的雕刻，都保存了明代建筑的特征，是北京城内比较完整的明代建筑，有很高的历史和艺术价值。智化寺除保留了一组具有明代特点的建筑外,还保留一部"京音乐"。据说是王振于明英宗正统十一年(1446年)将宫廷音乐移入家庙智化寺中,已有540多年历史。智化寺京音乐是中国现存古乐中唯一按代传承的乐种。

智化寺周边多为北京传统风格民居,风貌虽好但建筑质量有待提高。距离智化寺不远处存在体量巨大的银河SOHO,与智化寺及其周边的传统风貌建筑极不协调。

图5-6　智化寺山门

图5-7　智化寺内部

第五章 遗存

有智化寺,明珰王振建。英宗复辟,为振建祠于寺北,曰旌忠。乾隆八年,御史沈廷芳奏毁,详寺观。

智化寺西民居存石狮二,云即明武学遗址。

——《京师坊巷志稿》

黄华坊四牌二十一铺,有武学、王府仓、禄米仓、武德街、舆武街、豹韬街、神策街、龙虎街、智化寺、二郎庙。

天顺元年四月,诏复王振官,刻木为振形,招魂以葬,塑像智化寺北祠之,敕赐祠曰旌忠。

正德二年五月,升僧录司右觉义性道,为右让经金押行事,兼智化寺住持。

智化寺今存,在禄米仓东。

——《日下旧闻考》

智化寺,在禄米仓胡同,为明王振舍宅所建,极宏丽,今已半颓矣。殿宇极多,像塑尚出明代。西殿为转轮藏,别无佛像,亦它寺所无。万佛阁规模巨丽,碑述振事极详。振自宣德时入宫用事,宜宣宗之末,三杨不能制之矣。旧有振祠,今毁。

——《天咫偶闻》

振……跋扈,不可制,作大第皇城东,建智化寺,穷极土木,兴麓川之师。

——《四部丛刊》

本月初八,目东城智化寺米厂门口,有领米民人挤倒压毙。

——《清实录》

A - II - 01 延福宫

延福宫位于今朝阳门内大街以北,现仅存部分建筑和遗址,为市级文物保护单位大慈延福宫建筑遗存,其原址的东部已新建为现代风貌的北京外交人员服务局单位建筑,南部也有占用和新建的情况(图5-8),共在11张古地图中出现,曾被标注为延福宫、Miao、三官庙、San-kouang-miao。

现状卫星图

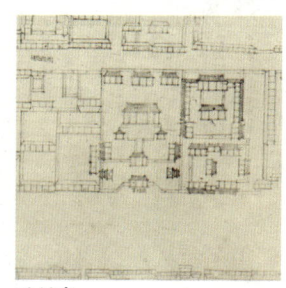
延福宫
1750年《乾隆京城全图》

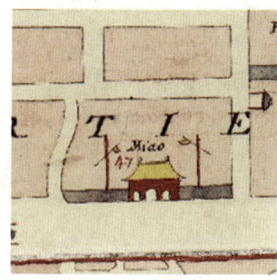
Miao
1752年《PLAN DE LA VILLE TARTARE ET CHINOISE DE PEKIN》

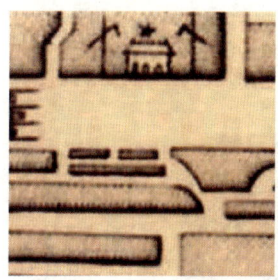
未标注
1765年《PLAN DE LA VILLE TARTARE DE PEKING》

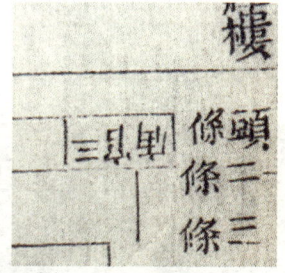
三官庙
1788年《镶白旗图》(《正白旗图》)

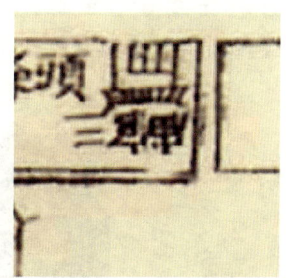
三官庙
1796—1820年《首善全图》

"古代图文中的朝阳门内表象(1267—1912)"历史空间研究

第五章 遗存

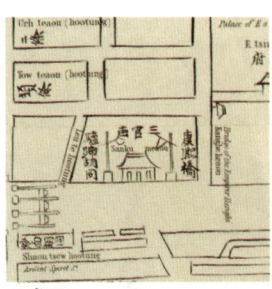

三官庙
1843年《CHINESE PLAN OF THE CITY OF PEKING》

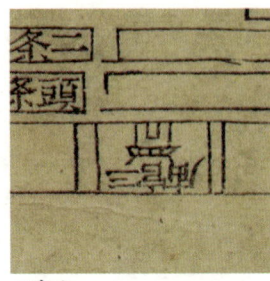

三官庙
1870年《京师城内首善全图》

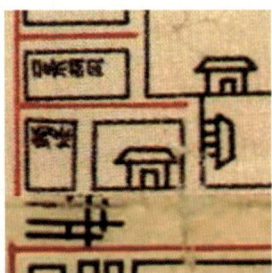

未标注
1875—1900年《京师城内河道沟渠图》

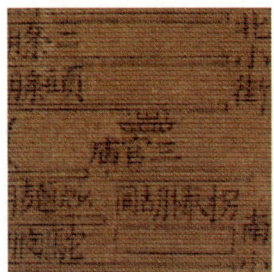

三官庙
1900年《京城全图》

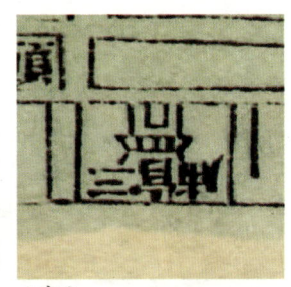

三官庙
1900年《京城各国暂分界址全图》

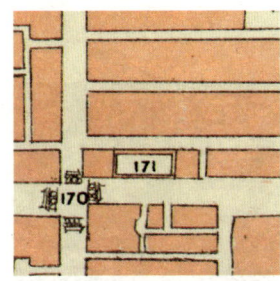

San-kouang-miao
1902年《PLAN DE PEKIN》

　　御制重修三官神庙碑记，京城迤东朝阳门内之思诚坊有旧庙直途者，视所颜榜曰大慈延福宫，所奉神曰三官之神，是明成化十八年建也。乃诏将作，比岁囯废臻治，百度且麓，颜兹礤奇弗完，都人挚乡暴牲，谓典其阙。遽以乾隆庚寅嘉平开工。

——《日下旧闻考》

图5-8　延福宫现状照片

A - Ⅱ - 02 怡亲王府（含孚王府）

怡亲王府（含孚王府）位于今朝阳门内大街路北137号，现为多个单位占用，是一处风貌保存较为完好的办公建筑院落，为全国重点文物保护单位（图5-9、图5-10），共在14张古地图中出现，曾被标注为"怡亲王府""Palais de Regulo""I-thsin-wang-fou""府""Fou""怡王府""九爷府"。

现状卫星图

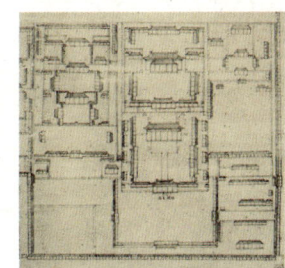

怡亲王府
1750年《乾隆京城全图》

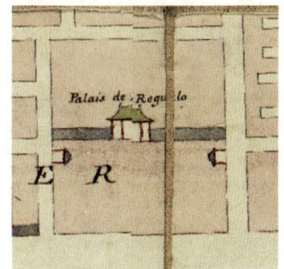

Palais de Regulo
1752年《PLAN DE LA VILLE TARTARE ET CHINOISE DE PEKIN》

未标注
1765年《PLAN DE LA VILLE TARTARE DE PEKING》

I-thsin-wang-fou
1817年《PLAN OF PEKING》

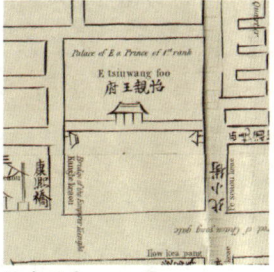

怡亲王府
1843年《CHINESE PLAN OF THE CITY OF PEKING》

"古代图文中的朝阳门内意象(1267—1912)"历史空间研究

第五章 遗存

府
1861—1887年《北京全图》

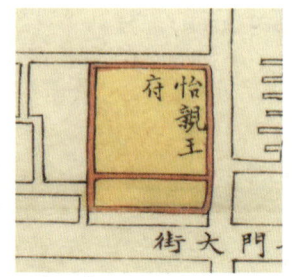
怡亲王府
1865年《北京地里全图》

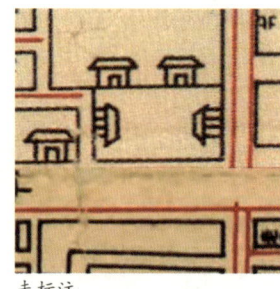
未标注
1875—1900年《京师城内河道沟渠图》

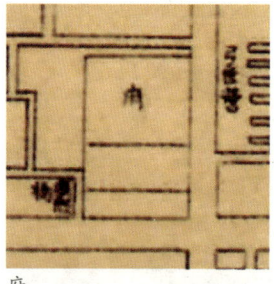
府
1900年《订正改版北京详细地图》

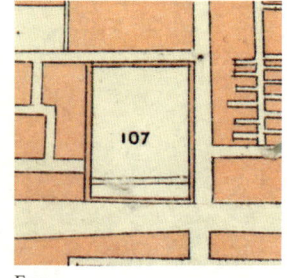
Fou
1902年《PLAN DE PEKIN》

怡王府、九爷府
1903年《北京全图》

怡王府、九爷府
1907年《北京附地》

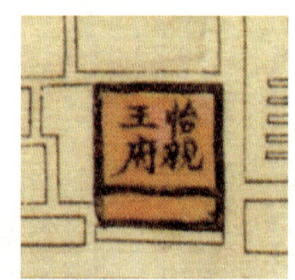
怡亲王府
1908年《京师全图》

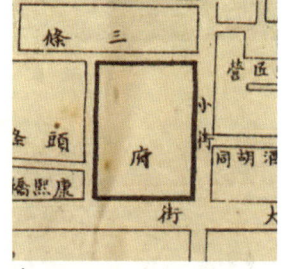
府
1908年《最新北京精细全图》

怡亲王旧府在煤炸胡同，今为贤良寺，新府在朝阳门北小街。

——《啸亭杂录》

孚王府坐北朝南，府门开于朝阳门内大街。占地面积44000平方米，整体呈长方形，分东路、中路、西路。其内建筑布局完全与《大清会典》所规定的王府形式相符。中路有前庭和后寝两个部分。正殿名为银安殿，左右各有配楼7间。后殿5间，后寝7间，最后有后罩楼7间。后罩楼两侧各有一个独立的庭院。正院西侧有几个四合院，原为王府眷属的居住区。东路院原属府库、厨厩及执事侍从的住所。孚王府布局严谨规整，是清代王府的典型建筑，也是北京现存较完整的少数王府之一，具有一定的历史价值。孚王府紧邻朝阳门内大街，与经过立面整饰的朝内大街北侧一层商业建筑风貌较为协调一致。但在朝内大街南侧存在体量较大的现代建筑，这些建筑与孚王府风貌不相协调。

图5-9 孚王府府门

图5-10 孚王府内部

A-Ⅱ-03 恒亲王府

恒亲王府位于今朝阳门内大街 55 号，现留存的局部为一处修缮后风貌较好的文物古迹院落，列为北京市级文物保护单位，原址的西部、北部和南部均已新建了现代建筑和景观（图 5-11、图 5-12），共在 15 张古地图中出现，曾被标注为"恒亲王府""Palasi de Regulo""Heng-thsin-wang-fou""府""惇王府""府第""五爷府""Fou""空府"。

现状卫星图

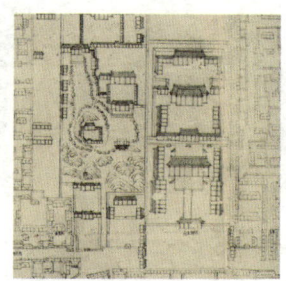
恒亲王府
1750 年《乾隆京城全图》

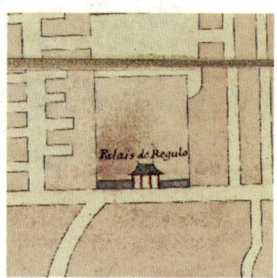
Palasi de Regulo
1752 年《PLAN DE LA VILLE TARTARE ET CHINOISE DE PEKIN》

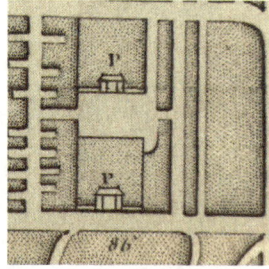
未标注
1765 年《PLAN DE LA VILLE TARTARE DE PEKING》

Heng-thsin-wang-fou
1817 年《PLAN OF PEKING》

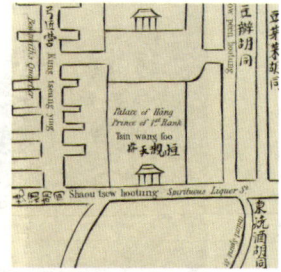
恒亲王府
1843 年《CHINESE PLAN OF THE CITY OF PEKING》

府
1861—1887年《北京全图》

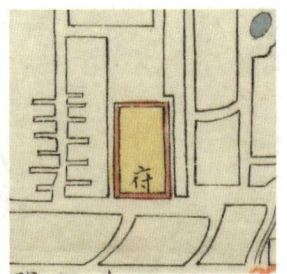
府
1865年《北京地里全图》

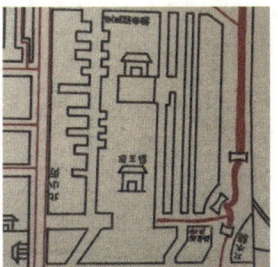
惇王府
1875—1908年《京师城内河道沟渠图》

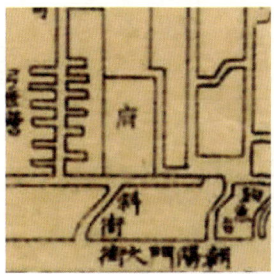
府
1900—1911年《订正改版北京详细地图》

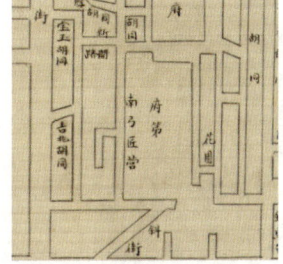
府第
1900年《京师九城全图》

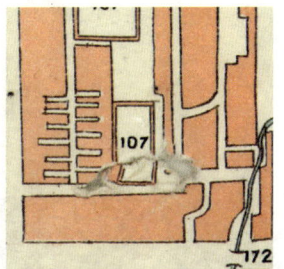
Fou
1902年《PLAN DE PEKIN》

五爷府
1903年《北京全图》

五爷府
1907年《北京附地》

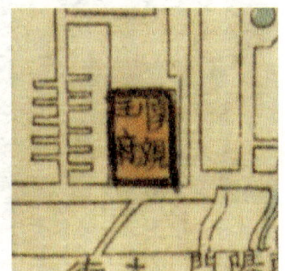
恒亲王府
1908年《京师全图》

第五章 遗存

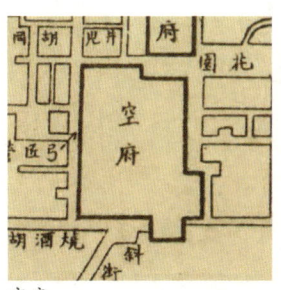

空府
1908年《最新北京精细全图》

图 5-11 恒亲王府府门

图 5-12 恒亲王府与周边建筑

恒亲王府现状遗存在新闻出版大厦的西侧，需要绕过大厦来到王府门前。王府坐北朝南，原本分为中、东、西三路，规制严整。其主要建筑有：面阔5间的正门，面阔7间的大殿，前出丹墀，面阔各7间的东西配楼，面阔5间的后殿，面阔7间的后寝（带面阔5间的抱厦），面阔7间的后罩正房。规制严整。在中轴线建筑群院落以西还有一个院落面积大小与中轴线建筑群院落差不多，中间是座较大的花园，园中及园的南北有房屋100多间。共有房屋300余间。现存西跨院，正房3间及东西耳房，东配房3间。院落景观整治良好，环境优美。

恒亲王府俗称"五爷府"，民国以后出售，经过多次分割改建，宅院后部院墙仍基本完整。2003年被公布为第七批北京市级文物保护单位，是北京市腾退修复的首个王府，在府内地下出土过酒坛、刀剑、火枪等文物。

周边紧邻现代建筑的体量和建筑风格均与恒亲王府有较大差异，风貌不协调。

A - Ⅱ - 04 桂公府（含地藏庵、斗母庙、官学）

桂公府位于今芳嘉园 11 号，是一处保存较为完好的王府院落，为东城区级文物保护单位，现主体遗存为餐饮服务业使用，部分已拆除并新建为小学、幼儿园等（图 5-13、图 5-14），共在 1 张古地图中出现。

现状卫星图

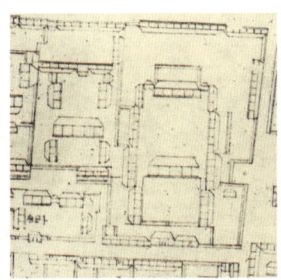

未标注
1750 年《乾隆京城全图》

地藏庵位于今后芳嘉园胡同 4 号楼东侧，现已无存，遗址上新建现代风貌的幼儿园（图 5-15），共在 1 张古地图中出现。

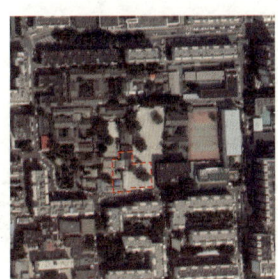

现状卫星图

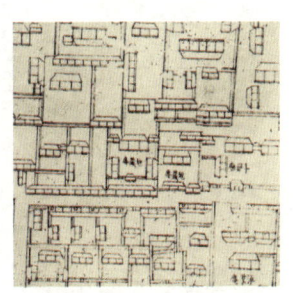

地藏庵
1750 年《乾隆京城全图》

第五章 遗存

　　斗母庙位于今后芳嘉园胡同 3 号楼,现已无存,遗址上新建现代风貌的幼儿园(图 5-15),共在 4 张古地图中出现,曾被标注为"斗母庙""斗母宫"。

现状卫星图

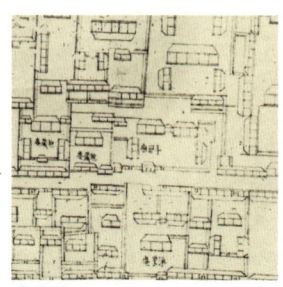

斗母庙
1750 年《乾隆京城全图》

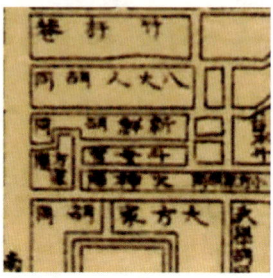

斗母宫
1900—1911 年《订正改版北京详细地图》

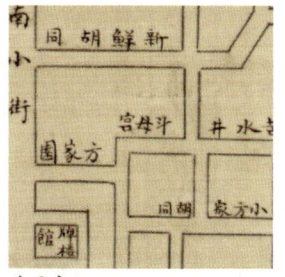

斗母宫
1900 年《京师九城全图》

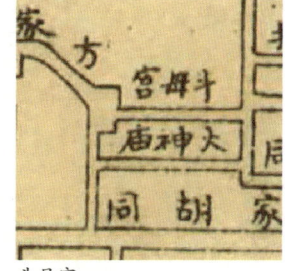

斗母宫
1908 年《最新北京精细全图》

　　官学位于今新鲜胡同 36 号,1914 年更名为第一平民学校,今中部主体建筑保留较完整,被列为东城区区级文物保护单位正白旗觉罗学建筑遗存(图 5-16),共在 2 张古地图中出现,曾被标注为官学。

现状卫星图

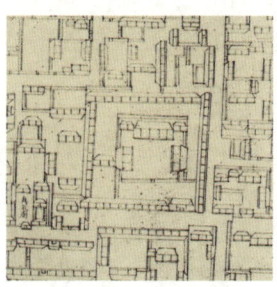

未标注
1750 年《乾隆京城全图》

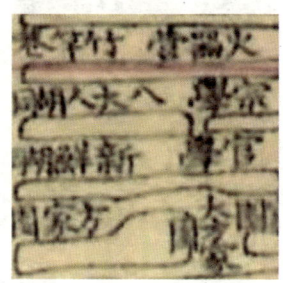

官学
1875—1908 年《京城内外全图》

图 5-13　桂公府府门现状照片

咸丰年间都统胜保利用净业庵旧址起建了一座豪宅，并转赐予慈禧太后之弟承恩公桂祥，位于后芳嘉园胡同和新鲜胡同之间，坐北朝南，整个桂公府规模很大，共有五组大院，彼此相连，鼎盛时其屋舍当不下二百间，中路为正院所在，但现已遭到较大破坏，仅余最后一座后殿和殿左右各两间耳房。东路也遭到一定破坏，大门和倒座房已失。在东路西侧原有一个小花园，现在只剩下一座六角亭。西路共有三组院落。

桂公府周边存在多层的现代住宅楼和部分北京传统民居，由于体量适中，对桂公府风貌协调性的影响相对较小。

图 5-14　桂公府内部现状照片

第五章 遗存

钦差大臣都统胜保，住东城方家园。籍没后，赐与承恩公桂祥。

——《道咸以来朝野杂记》

后为承恩公桂祥女，即孝钦之侄。一门两世，正位中宫，都人荣之，称大方家园承恩公府为凤凰巢。

——《荃詧予斋诗序·清孝定景皇后挽词注》

图 5-15　地藏庵、斗母庙现状照片

图 5-16　官学现状照片

A - II - 05 莲园（含真武庙）

莲园（含真武庙）位于今红岩胡同东端，今分为南北两部分，北临新鲜胡同，正门为红岩胡同 17 号，原为苦水井，被列为东城区级文物保护单位（图 5-17）。

莲园坐北朝南，与《乾隆京城全图》中展现的真武庙及其周边院落格局不同，应是后代在原宅基址上改建，现存建筑为清晚期至民国初年所建，是北京老城内保存比较完整的一座旧宅园。据北京建筑学会 1978 年的《北京现存明清宅园调查报告》里记载：莲园面积 3600 平方米。西侧为住宅，东侧为花园。

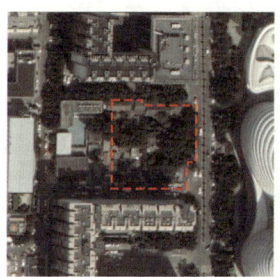

现状卫星图

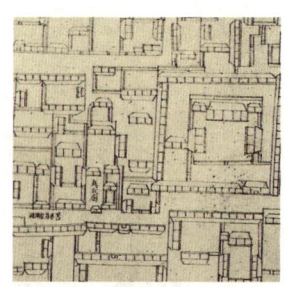

真武庙
1750 年《乾隆京城全图》

图 5-17 莲园、真武庙现状照片

A - II - 06 禄米仓

禄米仓位于今北京市东城区禄米仓胡同 71、73 号，曾用作陆军被服厂，现主体为军需装备研究所占用，仅遗存 5 座仓廒，被列为北京市级文物保护单位（图 5-18、图 5-19），共在 24 张古地图中出现，曾被标注为"禄米仓""Maga/in du Ris pourles Mandarins""Lou-mi-thsing""Grenier d'Abondance"。

现状卫星图

禄米仓
1738 年《镶白旗满洲蒙古汉军地图》

禄米仓
1750 年《乾隆京城全图》

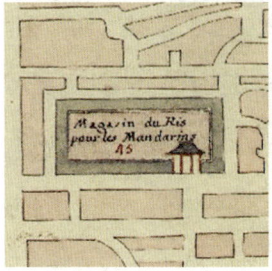

Maga/in du Ris pourles Mandarins
1752 年《PLAN DE LA VILLE TARTARE ET CHINOISE DE PEKIN》

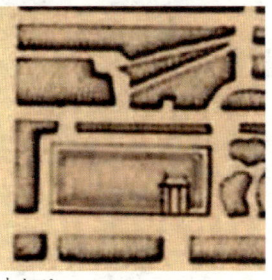

未标注
1765 年《PLAN DE LA VILLE TARTARE DE PEKING》

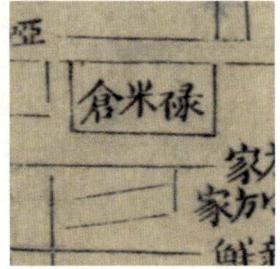

禄米仓
1788 年《镶白旗图》

京通各仓监督，满洲汉人各一人。在京，仓十有四城以内，曰禄米仓、南新仓、旧太仓、富新仓、兴平仓，均在朝阳门内，国初因明旧制建。
——《钦定四库全书》

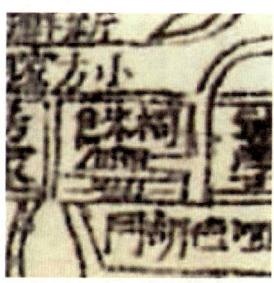
禄米仓
1796—1820年《首善全图》

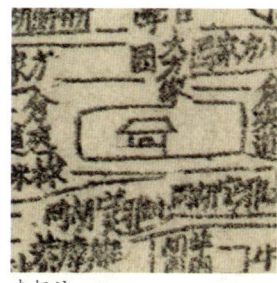
未标注
1800年《京城内外首善全图》

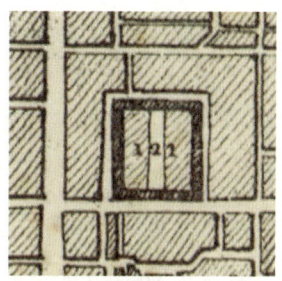
Lou-mi-thsing
1817年《PLAN OF PEKING》

禄米仓
1843年《CHINESE PLAN OF THE CITY OF PEKING》

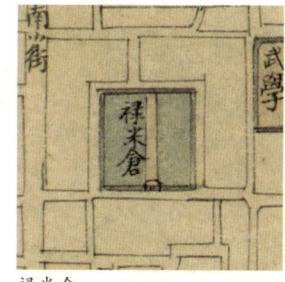
禄米仓
1861—1887年《北京全图》

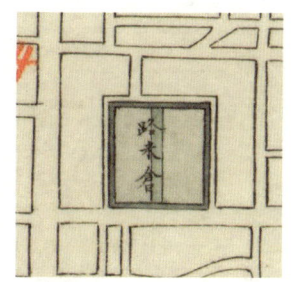
禄米仓
1865年《北京地里全图》

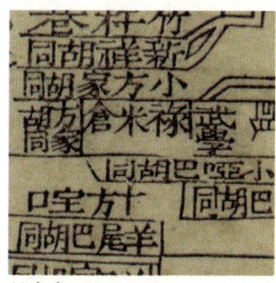
禄米仓
1870年《京师城内首善全图》

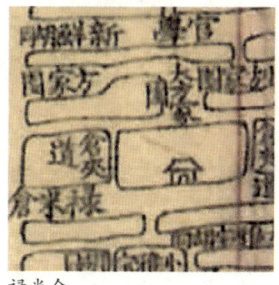
禄米仓
1875—1908年《京城内外全图》

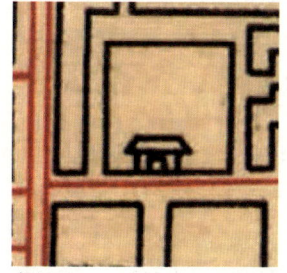
未标注
1875—1908年《京师城内河道沟渠图》

 "古代图文中的朝阳门内意象(1267—1912)"历史空间研究

第五章　遗存

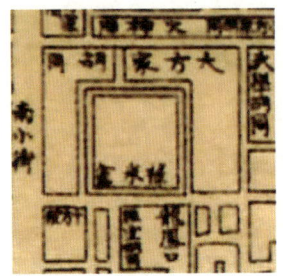
禄米仓
1900—1911年《订正改版北京详细地图》

Grenier d' Abondance
1900年《THÉÂTRE DES OPÉRATIONS EN CHINE》

禄米仓
1900年《京城全图》

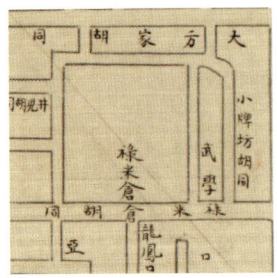
禄米仓
1900年《京师九城全图》

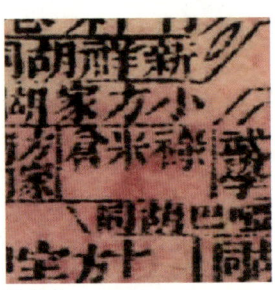
禄米仓
1900年《京城各国暂分界址全图》

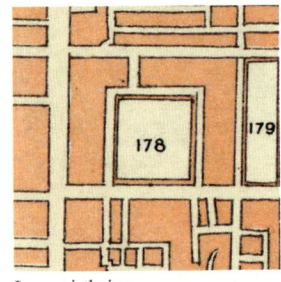
Lou-mi-thsing
1902年《PLAN DE PEKIN》

禄米仓
1903年《北京全图》

禄米仓
1907年《北京附地》

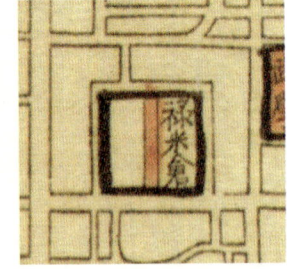
禄米仓
1908年《京师全图》

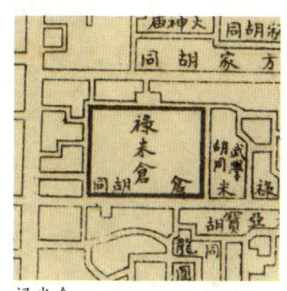

禄米仓
1908年《最新北京精细全图》

  禄米仓是明朝、清朝储存京官俸米的粮仓。清朝初年,禄米仓有30廒,康熙二十二年增加至57廒。清朝末年,漕运衰退,漕粮减少,仓储廒座陆续撤销,到光绪末年,禄米仓已减至43廒。1900年庚子事变,粮仓全部改为他用。民国初期,禄米仓被改为陆军被服厂。如今院内仅存仓廒5座。禄米仓现存廒房中,西部3座是一座一廒,东部1座是一座二廒。如今禄米仓院内地面高于仓内地面约1米,每座廒面阔5间(23米),进深3间(约17米),高约7米。

  禄米仓是元、明、清时期南粮北运的产物,是南粮济京的重要代表性建筑,也是中国古代南方生活资料调剂的见证;同时,它又是南北大运河的终点所在,对研究中国运河史有着重大价值。同时,禄米仓也是中国现存古建筑中的一个特殊类型的建筑,它巧妙的布局、结构和形式以及一套完整的运作方式和管理制度,体现了古代劳动人民的聪明智慧和高超的建筑技艺,是研究古代仓储制度和仓房建筑的宝贵的实物资料。

  禄米仓大部分已被拆除改作他用,剩余部分仍保留原有建筑形制与特征,但缺乏修缮。周边现代的建筑风貌与之不协调。

第五章 遗存

图 5-18 现状为军需装备研究所占用

图 5-19 禄米仓遗存建筑

黄华坊四牌二十一铺，有武学、王府仓、禄米仓、武德街、舆武街、豹韬街、神策街、龙虎街、智化寺、二郎庙。

武德等街俱无考。武学久废，今智化寺西民居存石狮二，云即武学遗址也。禄米等仓详官署门。

——《日下旧闻考》

坊巷胡同集：黄华坊四牌二十一铺。有武学、王府仓、禄米仓、武德卫、兴武卫、豹韬卫、神策卫、龙虎卫、智化寺、二郎庙。

——《京师坊巷志稿》

总督仓场公署在城之东，裱褙衚衕，设于正统三年。粮储抵通，分贮京通二处。在京者曰旧大仓，曰百万仓，曰南新仓，曰北新仓，曰海运仓，曰禄米仓，曰新大仓，曰广备库仓。

——《天府广记》

禄米仓大街以禄米仓得名，清时为仓储之所，民国以来改为陆军被服厂，其西有安乐巷、井儿胡同、油房胡同，其东有仓夹道、八宝胡同、武学胡同、小牌坊胡同，智化寺在焉。

——《燕都丛考》

A - III - 01 兴隆寺 - 东四

兴隆寺位于今钱粮胡同 38 号附近,现为传统民居(图 5-20),共在 1 张古地图中出现。

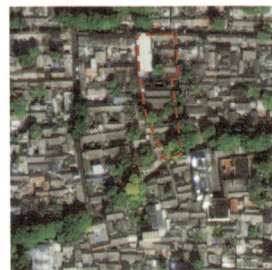

现状卫星图

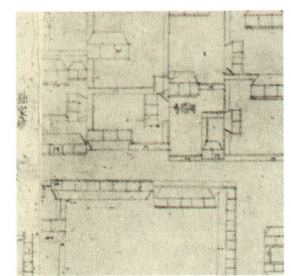

兴隆寺
1750 年《乾隆京城全图》

图 5-20 兴隆寺现状照片

A - III - 02 正白旗汉军、蒙古衙门

正白旗汉军衙门和正白旗蒙古衙门位于今报房胡同 38 号院，现为传统民居（图 5-21），共在 1 张古地图中出现。

现状卫星图

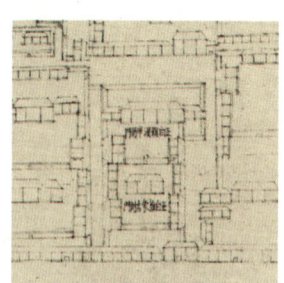
正白旗汉军衙门
1750 年《乾隆京城全图》

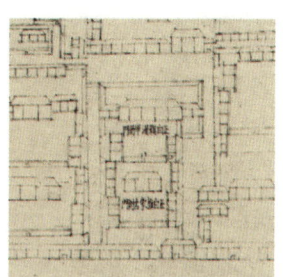
正白旗蒙古衙门
1750 年《乾隆京城全图》

图 5-21 正白旗汉军、蒙古衙门现状照片

A - III - 03 正蓝旗满洲、蒙古、汉军固山衙门

正蓝旗满洲固山衙门位于今演乐胡同 114 号，现为传统民居（图 5-22），共在 1 张古地图中出现。

现状卫星图

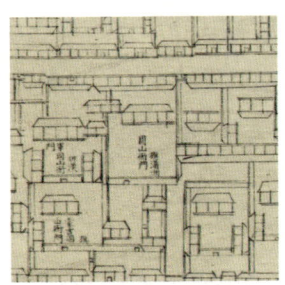

（正蓝）旗满洲固山衙门
1750 年《乾隆京城全图》

图 5-22　正蓝旗满洲固山衙门现状照片

正蓝旗蒙古固山衙门位于今本司胡同 75 号，现为传统民居（图 5-23），共在 1 张古地图中出现。

现状卫星图

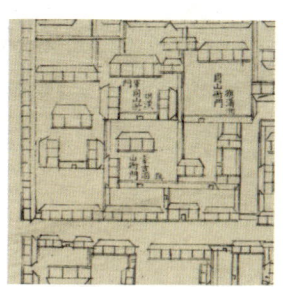
（正蓝）旗蒙古固山衙门
1750 年《乾隆京城全图》

图 5-23　正蓝旗蒙古固山衙门现状照片

第五章 遗存

正蓝旗汉军固山衙门位于今演乐胡同 116 号,现为传统民居风貌的餐饮建筑(图 5-24),共在 1 张古地图中出现。

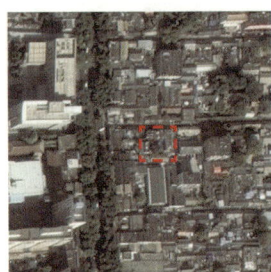

现状卫星图

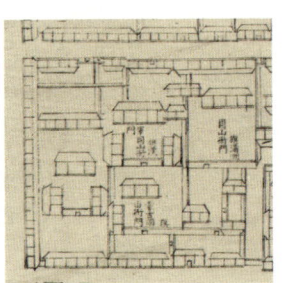

(正蓝)旗汉军固山衙门
1750 年《乾隆京城全图》

图 5-24 正蓝旗汉军固山衙门现状照片

A - III - 04 天仙庵 - 演乐胡同

　　天仙庵位于今演乐胡同 104 号，现为中国书店库房（图 5-25），共在 1 张古地图中出现。

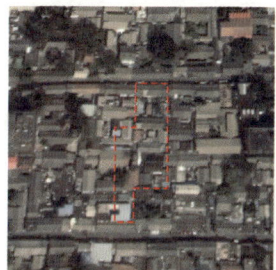

现状卫星图

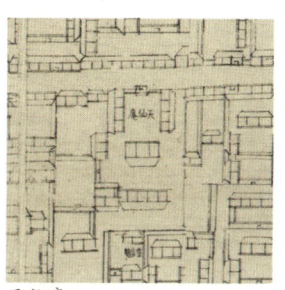

天仙庵
1750 年《乾隆京城全图》

图 5-25　天仙庵现状照片

A - Ⅲ - 05 灵官庙

灵官庙位于今本司胡同100号,现为传统民居(图5-26),共在1张古地图中出现。

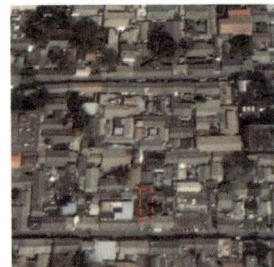
现状卫星图

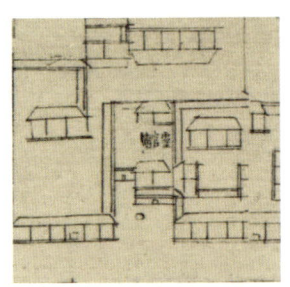
灵官庙
1750年《乾隆京城全图》

图5-26 灵官庙现状照片

A - III - 06 三元庵 - 本司胡同

三元庵位于今本司胡同37号，现为传统民居（图5-27），共在1张古地图中出现。

现状卫星图

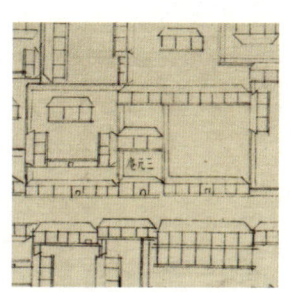

三元庵
1750年《乾隆京城全图》

图 5-27 三元庵现状照片

A - III - 07 上帝庙

上帝庙位于今内务部街 27 号,为传统民居风貌院落,现为朝阳门社区文化生活馆使用(图 5-28),共在 1 张古地图中出现。

现状卫星图

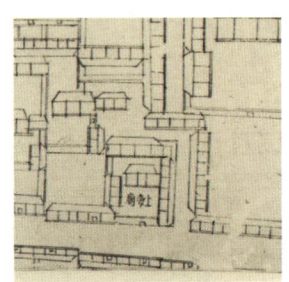
上帝庙
1750 年《乾隆京城全图》

图 5-28 上帝庙现状照片

A - III - 08 昭灵寺

昭灵寺位于今礼士胡同 123 号附近,现为传统民居(图 5-29),共在 1 张古地图中出现。

现状卫星图

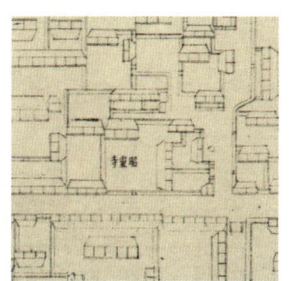
昭灵寺
1750 年《乾隆京城全图》

图 5-29　昭灵寺现状照片

A - III - 09 兴隆寺 - 礼士胡同

兴隆寺位于今礼士胡同 26 号附近，现为传统民居（图 5-30），共在 1 张古地图中出现。

现状卫星图

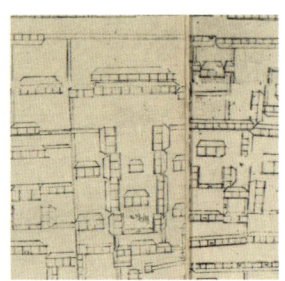

兴隆寺
1750 年《乾隆京城全图》

图 5-30　兴隆寺现状照片

A - III - 10 财神庙 - 本司胡同

财神庙位于今本司胡同 26 号,现为传统民居(图 5-31),共在 1 张古地图中出现。

现状卫星图

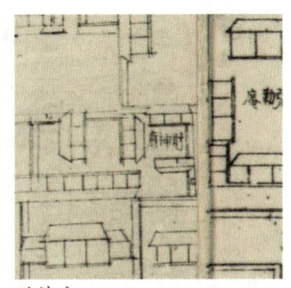

财神庙
1750 年《乾隆京城全图》

图 5-31 财神庙现状照片

A - III - 11 五圣庵 - 灯草胡同

　　五圣庵位于今灯草胡同 11 号,现为传统民居(图 5-32),共在 1 张古地图中出现。

现状卫星图

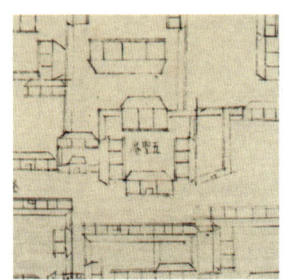

五圣庵
1750 年《乾隆京城全图》

图 5-32　五圣庵现状照片

A - III - 12 解脱庵

解脱庵位于今演乐胡同86—87号，现为传统风貌民居和现代风貌的公厕（图 5-33），共在 1 张古地图中出现。

现状卫星图

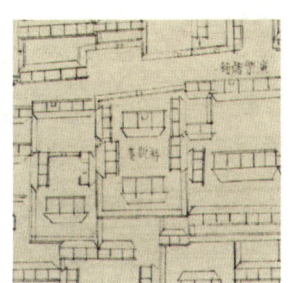

解脱庵
1750 年《乾隆京城全图》

图 5-33 解脱庵现状照片

A - III - 13 □□庵

□□庵位于今演乐胡同 54 号、58 号、62 号附近,现为传统民居风貌的酒店(图 5-34),共在 1 张古地图中出现。

现状卫星图

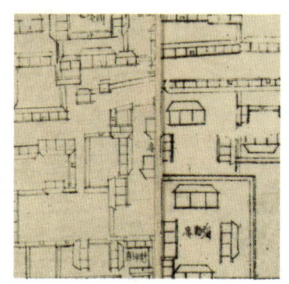

□□庵
1750 年《乾隆京城全图》

图 5-34　□□庵现状照片

A - Ⅲ - 14 东西院

位于今本司胡同 31 号附近，曾为东院和西院，现为传统民居（图 5-35），共在 1 张古地图中出现。

现状卫星图

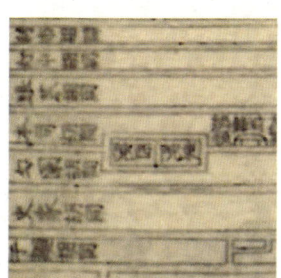

东西院
1805 年《镶白旗居址之图》

图 5-35 东西院现状照片

A - III - 15 左翼前锋统领衙门

左翼前锋统领衙门位于今西花厅胡同 13 号、15 号附近，现为传统民居（图 5-36），共在 1 张古地图中出现。

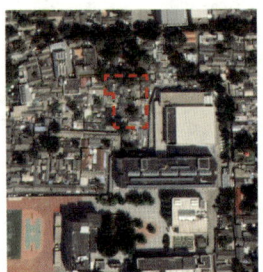

现状卫星图

左翼前锋统领衙门
1805 年《镶白旗居址之图》

图 5-36 左翼前锋统领衙门现状照片

A - III - 16 弥勒庵

弥勒庵位于今西花厅胡同 23 号、25 号附近，现为传统民居（图 5-37），共在 1 张古地图中出现。

现状卫星图

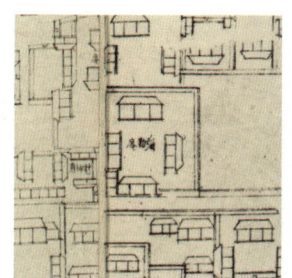
弥勒庵
1750 年《乾隆京城全图》

图 5-37 弥勒庵现状照片

A - Ⅲ - 17 仁义庵

仁义庵位于今本司胡同 17 号，现为传统民居（图 5-38），共在 1 张古地图中出现。

现状卫星图

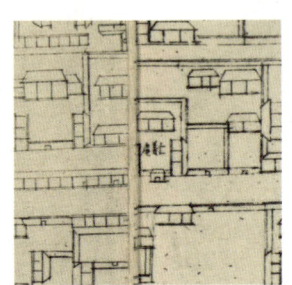
仁义庵
1750 年《乾隆京城全图》

图 5-38 仁义庵现状照片

A - III - 18 二郎庙

二郎庙位于东四南大街 144 号,现为传统尺度、现代风貌的商业建筑(图 5-39),共在 9 张古地图中出现,曾被标注为二郎庙、Miao。

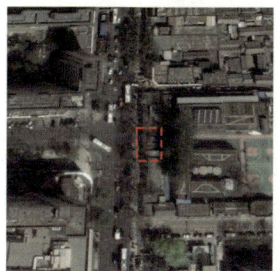
现状卫星图

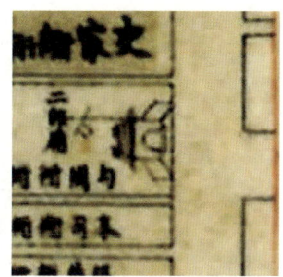
二郎庙
1738 年
《镶白旗满洲蒙古汉军地图》

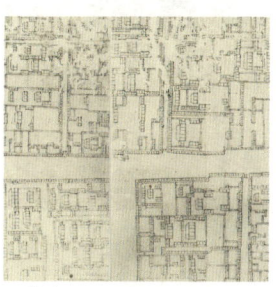
二郎庙
1750 年《乾隆京城全图》

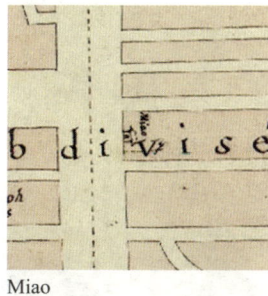
Miao
1752 年《PLAN DE LA VILLE TARTARE ET CHINOISE DE PEKIN》

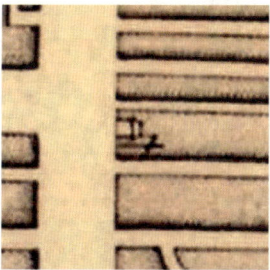
未标注
1765 年《PLAN DE LA VILLE TARTARE DE PEKING》

二郎庙
1796—1820 年《首善全图》

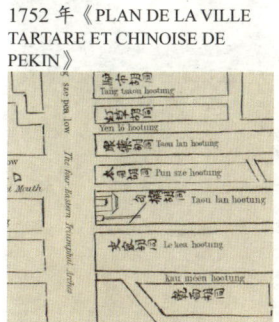
未标注
1843 年《CHINESE PLAN OF THE CITY OF PEKING》

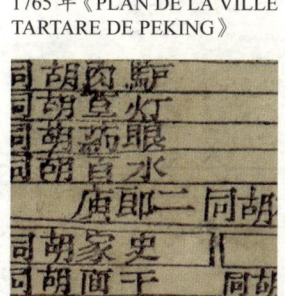
二郎庙
1870 年《京师城内首善全图》

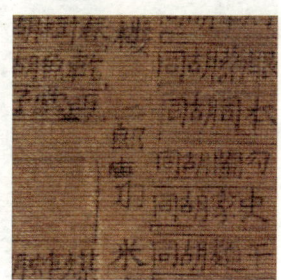
二郎庙
1900 年《京城全图》

 "古代图文中的朝阳门内意象 (1267—1912)" 历史空间研究

第五章　遗存

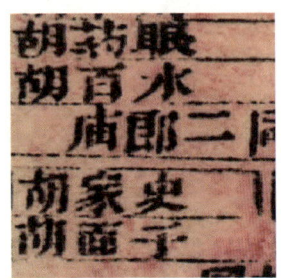

二郎庙
1900年《京城各国暂分界址全图》

黄华坊四牌二十一铺，有武学、王府仓、禄米仓、武德街、兴武街、豹韬街、神策街、龙虎街、智化寺、二郎庙。

——《日下旧闻考》

坊巷胡同集：黄华坊四牌二十一铺。有武学、王府仓、禄米仓、武德卫、兴武卫、豹韬卫、神策卫、龙虎卫、智化寺、二郎庙。

——《京师坊巷志稿》

图 5-39　二郎庙现状照片

A - Ⅲ - 19 白衣庵

白衣庵位于今干面胡同 24 号附近，现为与传统风貌基本协调的二层现代民居和商店建筑（图 5-40），共在 1 张古地图中出现。

现状卫星图

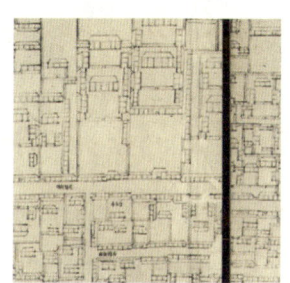

白衣庵
1750 年《乾隆京城全图》

图 5-40　白衣庵现状照片

A - III - 20 仓神庙

仓神庙位于今禄米仓胡同 35 号，现主体院落已新建现代风貌的多层住宅（图 5-41），共在 1 张古地图中出现。

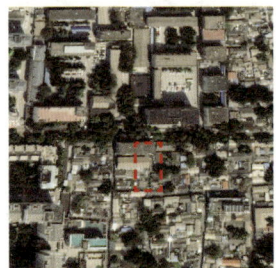

现状卫星图

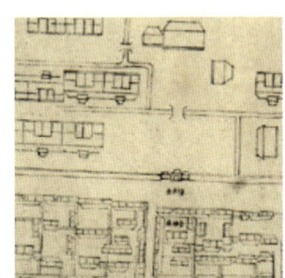

仓神庙
1750 年《乾隆京城全图》

图 5-41 仓神庙现状照片

A - Ⅲ - 21 慈善寺

慈善寺位于今大方家胡同 36 号院东,现为传统民居(图 5-42),共在 1 张古地图中出现。

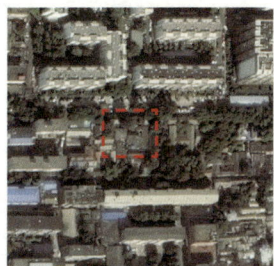
现状卫星图

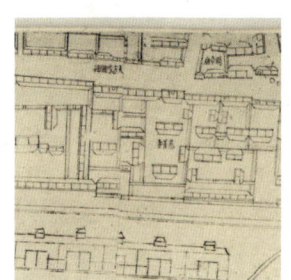
慈善寺
1750 年《乾隆京城全图》

图 5-42 慈善寺现状照片

第五章 遗存

A - III - 22 武学

　　武学位于今禄米仓东侧、智化寺西侧，现为传统民居和胡同（图 5-43、图 5-44），共在 21 张古地图中出现，曾被标注为武学，或以武学胡同代指。

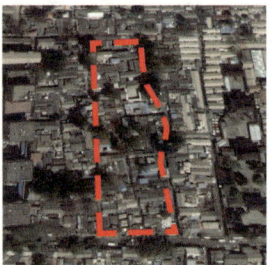

现状卫星图

武学
1738 年《镶白旗满洲蒙古汉军地图》

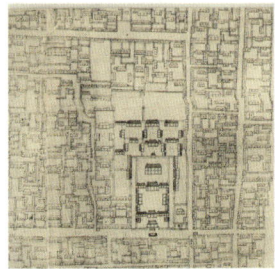

武学
1750 年《乾隆京城全图》

未标注
1752 年《PLAN DE LA VILLE TARTARE ET CHINOISE DE PEKIN》

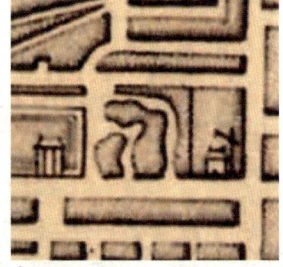

未标注
1765 年《PLAN DE LA VILLE TARTARE DE PEKING》

武学
1796—1820 年《首善全图》

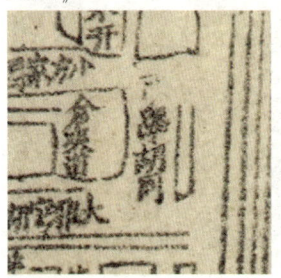

武学胡同
1800 年《京城内外首善全图》

未标注
1817 年《PLAN OF PEKING》

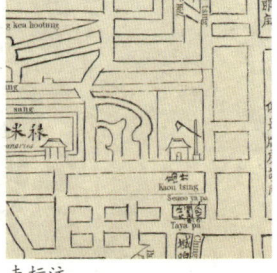

未标注
1843 年《CHINESE PLAN OF THE CITY OF PEKING》

武学
1865—1887年《北京全图》

未标注
1865—1887年《北京地里全图》

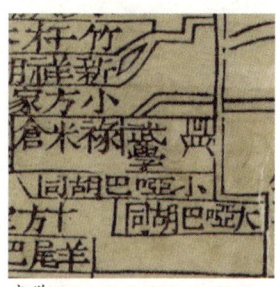
武学
1870年《京师城内首善全图》

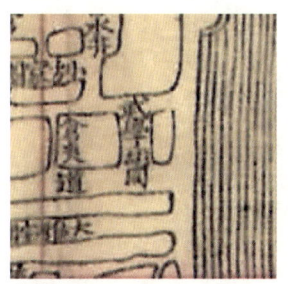
武学胡同
1875—1908年《京城内外全图》

未标注
1875—1908年《京师城内河道沟渠图》

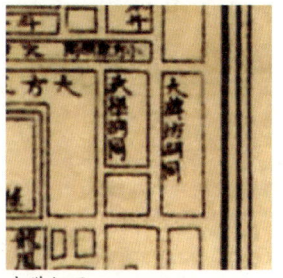
武学胡同
1900—1911年《订正改版北京详细地图》

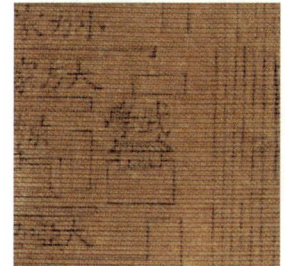
武学
1900年《京城全图》

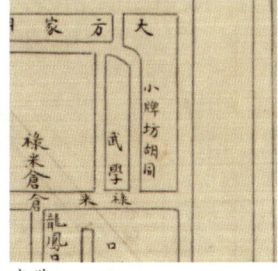
武学
1900年《京师九城全图》

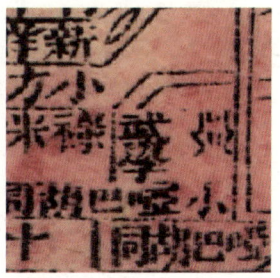
武学
1900年《京城各国暂分界址全图》

"古代图文中的朝阳门内意象(1267—1912)"历史空间研究

第五章 遗存

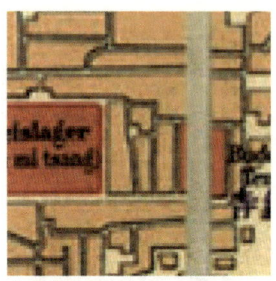
未标注
1903年《北京全图》

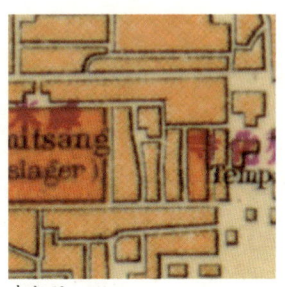
未标注
1907年《北京附地》

武学
1908年《京师全图》

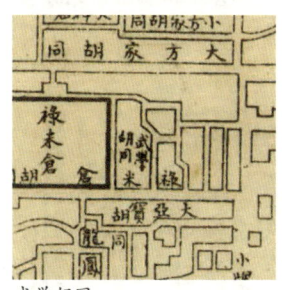
武学胡同
1908年《最新北京精细全图》

  武学是中国古代的军事学校，始于王安石变法。天顺八年，东城一所旧宅改为武学（即今武学胡同内16号院）。嘉靖十五年，因武学地点偏僻，又改建在西城大兴隆寺。后清朝只设武举而无武学，武学胡同曾存一石碑，由于风化，连上面的"武学"等字样也难以辨认。今仅存武学胡同。

  武学胡同，清朝属镶白旗，称武学胡同，因明朝此地设有武学，故而得名，民国后沿称。位于东城区东南部，呈南北走向，中间曲折。北起禄米仓东巷，南至禄米仓胡同，东邻小牌坊胡同，西有支巷通东八宝胡同。

  武学现状民居建筑修缮较好，街道整洁，整体风貌良好。

图 5-43　武学胡同现状照片（1）

图 5-44　武学胡同现状照片（2）

"古代图文中的朝阳门内意象(1267—1912)"历史空间研究

第五章　遗存

　　坊巷胡同集：黄华坊四牌二十一铺。有武学、王府仓、禄米仓、武德卫、兴武卫、豹韬卫、神策卫、龙虎卫、智化寺、二郎庙。明史外戚传：陈万言，肃皇后父也。嘉靖元年，赐第黄华坊。案：诸卫久废，武学、二郎庙，见后。

——《京师坊巷志稿》

　　黄华坊四牌二十一铺，有武学、王府仓、禄米仓、武德街、舆武街、豹韬街、神策街、龙虎街、智化寺、二郎庙。

　　武德等街俱无考。武学久废，今智化寺西民居存石狮二，云即武学遗址也。禄米等仓详官署门。

——《日下旧闻考》

A - III - 23 小庙

小庙位于今禄米仓胡同智化寺东南角,现为传统民居(图 5-45),共在 1 张古地图中出现。

现状卫星图

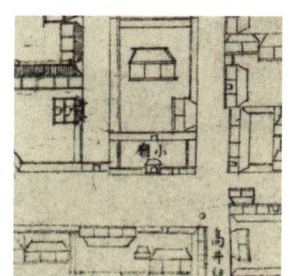

小庙
1750年《乾隆京城全图》

图 5-45 小庙现状照片

"古代图文中的朝阳门内意象(1267—1912)"历史空间研究

三、业已消失的建筑与院落一览

业已消失的建筑与院落主要可分为"原址新建建筑"和"原址未建新建筑"两类。其中"原址新建建筑"指在原有建筑与院落消亡后人们已在其旧址上建设了新的建筑，这类建筑与院落共有 26 处：火祖庙、弓匠营、五圣庵 - 北小街、永丰庵、圆通寺、毗卢庵、箭厂、玄坛庙、相府、炮厂（含伏魔庵）、海关学馆、海关学馆北院、方家园、净业庵、牌楼馆、宗学、地藏庵 - 朝阳门内大街、老君堂、证因寺、吉庆庵、真武庙 - 北竹竿胡同、二圣庵、三元庵 - 干面胡同、玄极观、关帝庙 - 甘雨胡同、火德真君祠。在这些历史建筑与院落原址上建设的建筑功能主要以居住、教育和商业为主，兼有办公和其他公共服务功能；新建的建筑类型较为多样，有四合院、普通平房、多层和高层建筑及大型商业综合体。

"原址上未建新建筑"则指的是原有建筑与院落在消亡后，人们未在其旧址上新建其他建筑，这类建筑与院落共有 13 处：四牌楼、万安仓、太平仓、南水关（含门监）、北水关（含财神庙、钓鱼台）、天仙庵 - 北竹竿胡同、关帝庙 - 大方家胡同东、关帝庙 - 大方家胡同、土地庙 - 干面胡同、土地庙 - 朝阳门内大街、土地庙 - 南竹杆胡同、民政部、朝阳门（含城墙）。这些建筑与院落多是由于交通通行等需求，消失的建筑与院落原址场地被用于道路、停车场、绿化带等。

本节整理了所有 39 处业已消失的建筑与院落，推测和绘制各自曾在的位置和现状情况，并截取、提炼和展示古地图中相应的意象信息。

B-I-01 火祖庙

火祖庙位于今东四头条 19 号,现已无存,遗址上新建现代风貌民居(图 5-46),共在 1 张古地图中出现。

现状卫星图

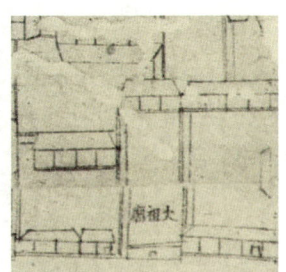
火祖庙
1750 年《乾隆京城全图》

图 5-46 火祖庙现状照片

B-I-02 弓匠营

弓匠营位于今东四小区,现已无存,遗址上新建现代风貌的多层住宅(图5-47),共在 8 张古地图中出现,曾被标注为弓匠营、箭营、南弓箭营、南弓匠营、箭管。

现状卫星图

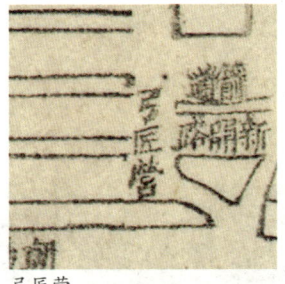
弓匠营
1800年《京城内外首善全图》

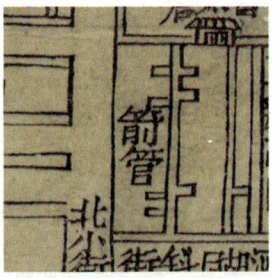
箭营
1870年《京师城内首善全图》

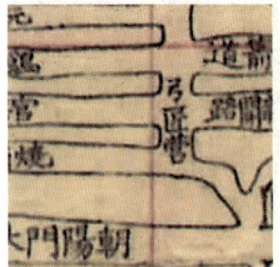
弓匠营
1875—1908年《京城内外全图》

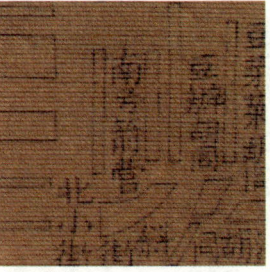
南弓箭营
1875—1908年《京城内外全图》

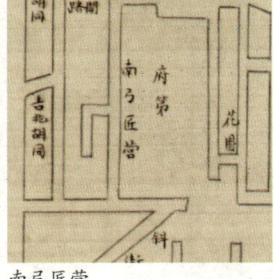
南弓匠营
1900年《京师九城全图》

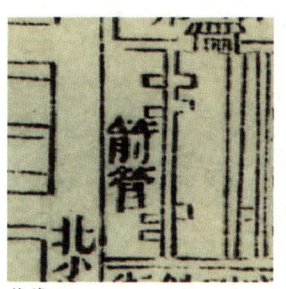
箭管
1900年《京城各国暂分界址全图》

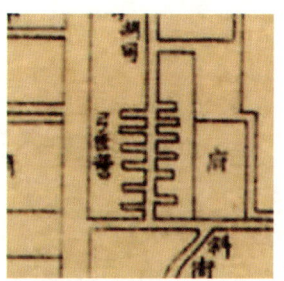
弓匠营
1900—1911年《订正改版北京详细地图》

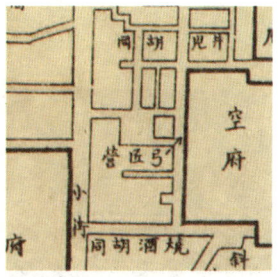
弓匠营
1908年《最新北京精细全图》

图5-47 弓匠营现状照片

B-I-03 五圣庵-北小街

五圣庵位于今东四小区北 1 门南侧,现已无存,遗址上新建现代的多层风貌住宅(图 5-48),共在 1 张古地图中出现。

现状卫星图

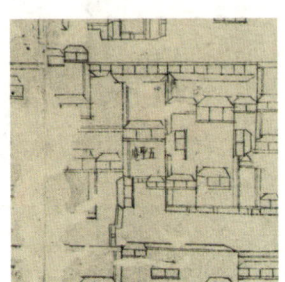

五圣庵
1750 年《乾隆京城全图》

图 5-48 五圣庵现状照片

B-I-04 永丰庵

永丰庵位于今朝阳门内大街 75 号，现已无存，遗址上新建现代多层风貌的酒店（图 5-49），共在 1 张古地图中出现。

现状卫星图

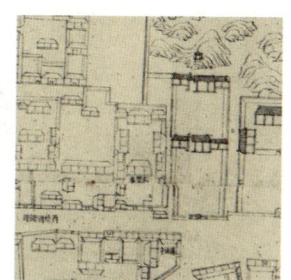

永丰庵
1750 年《乾隆京城全图》

图 5-49 永丰庵现状照片

B-I-05 圆通寺

圆通寺位于今烧酒胡同甲 3 号，现已无存，遗址上新建现代风貌的商业、办公建筑（图 5-50），共在 1 张古地图中出现。

现状卫星图

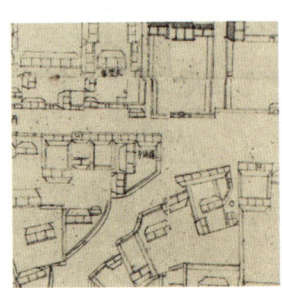

圆通寺
1750 年《乾隆京城全图》

图 5-50　圆通寺现状照片

B-I-06 毗卢庵

毗卢庵位于今同福夹道 3 号，现已无存，遗址上新建现代风貌的学校操场及低层办公楼（图 5-51），共在 1 张古地图中出现。

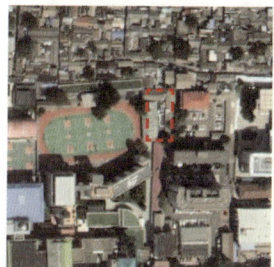

现状卫星图

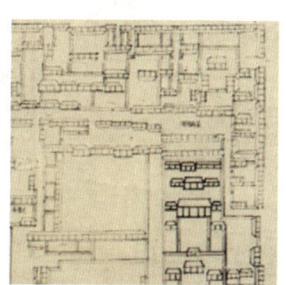

毗卢庵
1750 年《乾隆京城全图》

图 5-51 毗卢庵现状照片

B-I-07 箭厂

箭厂位于今东四南大街与灯市口大街交叉口西北角，现已无存，遗址上新建现代风貌的商业、居住建筑（图5-52），共在2张古地图中出现。

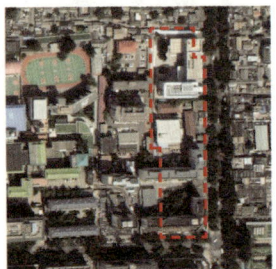
现状卫星图

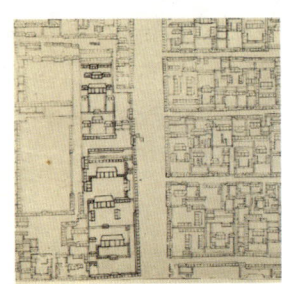
箭厂
1750年《乾隆京城全图》

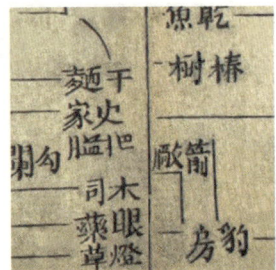
箭厂
1788年《镶白旗图》

图5-52 箭厂现状照片

B-I-08 玄坛庙

玄坛庙位于今朝阳门内大街与东四南大街交叉口东南角,现已无存,遗址上现为现代风貌商业建筑(图5-53),共在1张古地图中出现。

现状卫星图

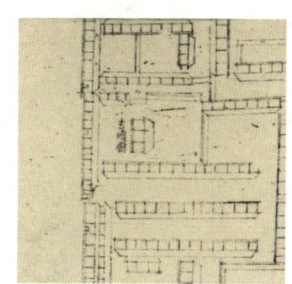

玄坛庙
1750年《乾隆京城全图》

图5-53 玄坛庙现状照片

B-I-09 相府

相府位于今同福夹道 2 号，现已无存，遗址上新建现代风貌住宅（图 5-54），共在 4 张古地图中出现，曾被标注为府、相府、Pei-le-fou（贝勒府）。

此地相传最早是明嘉靖朝权相严嵩之子严世蕃的故宅。清朝时因佟国纲、佟国维并袭赐为佟府。而后又曾为贝子彰泰宅，民间讹传为张贝子府。

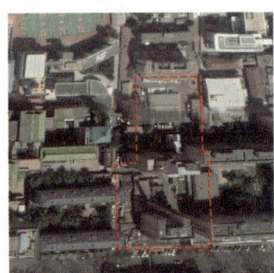

现状卫星图

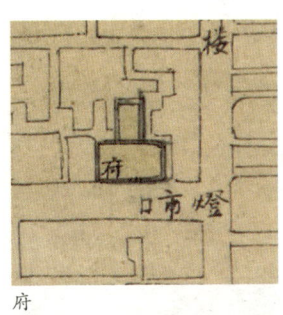

府
1861 年《北京全图》

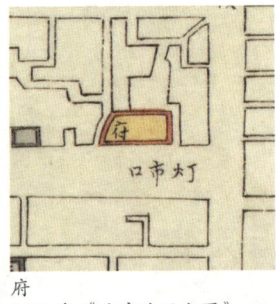

府
1865 年《北京地里全图》

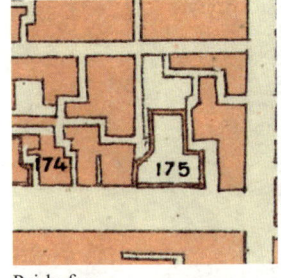

Pei-le-fou
1902 年《PLAN DE PEKIN》

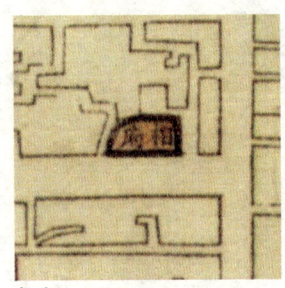

相府
1908 年《京师全图》

顺治时孝康章皇后之兄、安北将军佟国纲，康熙时孝懿仁皇后之父、内大臣佟国维，皆封一等承恩公。后并袭，其赐第在此，故名。传云：前明严世蕃故宅也。《藤阴杂记》：介少宗伯福第，在灯市口，有野园。汪文端由敦题野园诗：数竿修竹静生香，犹记开轩六月凉，多少楼台图画里，吟情不较野园长。案：介为国纲曾孙，野园今尚存。《芜史》：宝和等店，管商贩杂货，岁征银数万两，除正项进御外，余皆提督内臣公用，店有六，曰宝和、和远、顺宁、福德、福吉、宝延，俱在戎府街。传云起自嘉靖年间，裕邸差官征收，神庙时，属慈宁宫李太后收用。天启时，逆贤攘为己有。《武宗外纪》：尝游宝和店，令内侍出所储摊门，身衣估人衣，首戴瓜拉。自宝和至宝延凡六店，历与贸易持簿算，喧詾不相下，别令作市正调和之。案：西河诗话载甬东叶太乐宫词云：宝和六店裕军储，炰凤烹龙日所须。谓武宗扮商贾与六店贸易，既罢，就宿廊下。则似六店在皇城内也。案：今佟府夹道有明碑一，列大珰刘瑾名，结衔称钦差提督宝和店。又武宗常游之，则非始自嘉靖也。其地明称戎府街，今鲜能举其名矣。

——《京师坊巷志稿》

图5-54　相府现状照片

B-I-10 炮厂（含伏魔庵）

炮厂位于今东花厅胡同和西花厅胡同围合出的小街区中，现已无存，新建为现代风貌的学校（图 5-55），共在 1 张古地图中出现。

现状卫星图

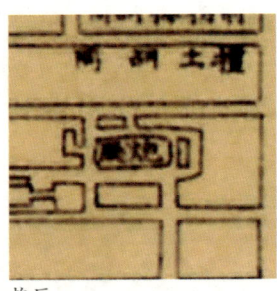

炮厂
1900—1911 年《订正改版北京详细地图》

伏魔庵位于今东花厅胡同和西花厅胡同围合出的小街区东南角，现已无存，新建为现代风貌的学校（图 5-56），共在 1 张古地图中出现。

现状卫星图

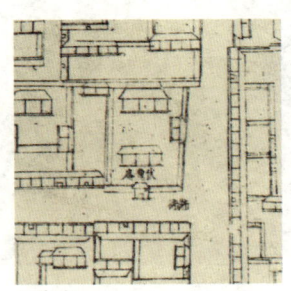

伏魔庵
1750 年《乾隆京城全图》

图 5-55 炮厂现状照片

图 5-56 伏魔庵现状照片

B-I-11 海关学馆

海关学馆位于今史家胡同 9 号，现已无存，新建为仿古风貌的现代多层酒店（图 5-57），共在 5 张古地图中出现，曾被标注为海关学馆、Academies du Nord et du Sud、Nan-iuang。

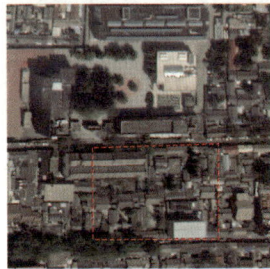
现状卫星图

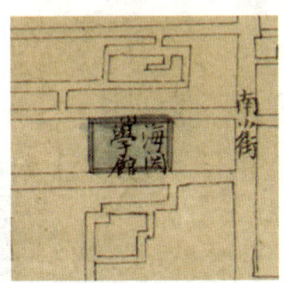
海关学馆
1861 年《北京全图》

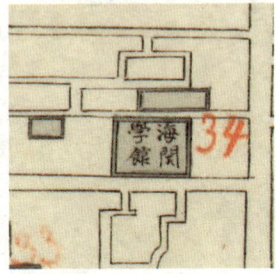
海关学馆
1865 年《北京地里全图》

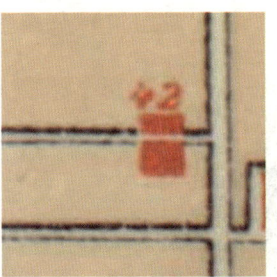
Academies du Nord et du Sud
1900 年《ENVIRONS DE PEKING》

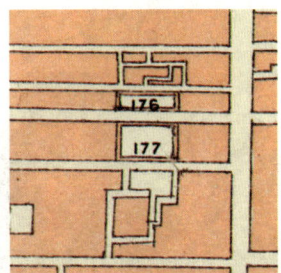
Nan-iuang
1902 年《PLAN DE PEKIN》

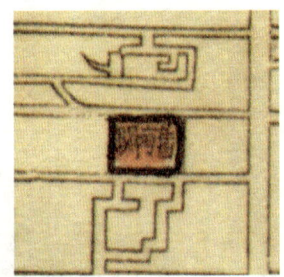
海关学馆
1908 年《京师全图》

图 5-57 海关学馆现状照片

B-I-12 海关学馆北院

海关学馆北院位于今内务部街北侧，现为北京市第二中学（图 5-58），共在 3 张古地图中出现，曾被标注为 Academies du Nord et du Sud、Pe-iuang。

现状卫星图

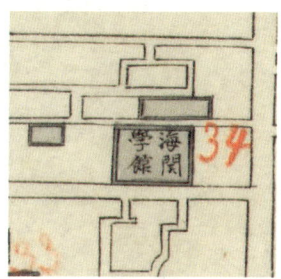
未标注
1865 年《北京地里全图》

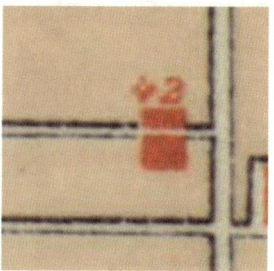
Academies du Nord et du Sud
1900 年《ENVIRONS DE PEKING》

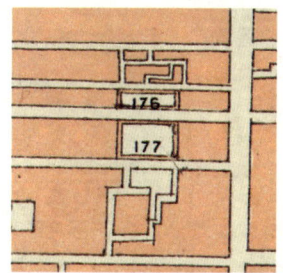
Pe-iuang
1902 年《PLAN DE PEKIN》

图 5-58 海关学馆北院现状照片

"古代图文中的朝阳门内意象(1267—1912)"历史空间研究

B-I-13 方家园

方家园位于今芳嘉园胡同9号，现已无存，新建为现代风貌的高层住宅（图5-59），共在7张古地图中出现。

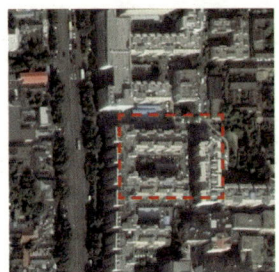

现状卫星图

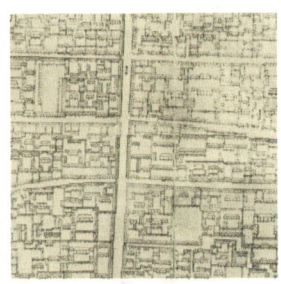

未标注
1750年《乾隆京城全图》

方家园
1800年《京城内外首善全图》

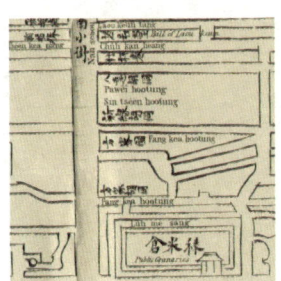

方家园
1843年《CHINESE PLAN OF THE CITY OF PEKING》

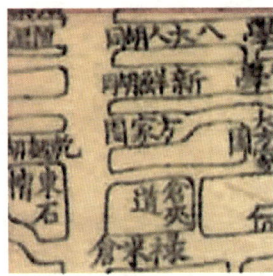

方家园
1875—1908年《京城内外全图》

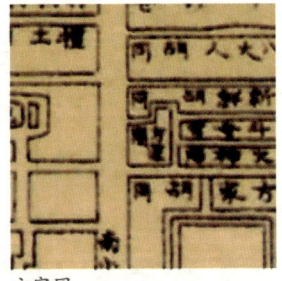

方家园
1900—1911年《订正改版北京详细地图》

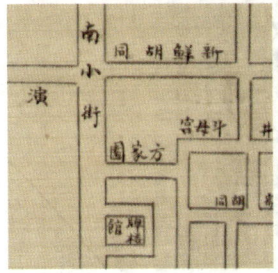

方家园
1900年《京师九城全图》

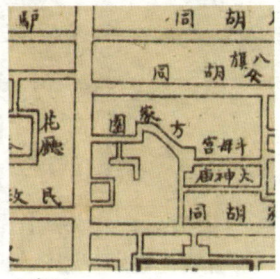

方家园
1908年《最新北京精细全图》

东院之东旧有方家园。园废,建净业庵于其址。殿左庑,有镇阳林潮书许鲁斋先生演千字文文字。以万历十一年八月刻石,嵌于壁。案庵今废,林书亦无考。

——《京师坊巷志稿》

图 5-59 方家园现状照片

"古代图文中的朝阳门内意象(1267—1912)"历史空间研究

B-I-14 净业庵

净业庵位于今桂公府南侧,现已无存,新建为现代风貌的高层住宅(图 5-60),共在 1 张古地图中出现。

现状卫星图

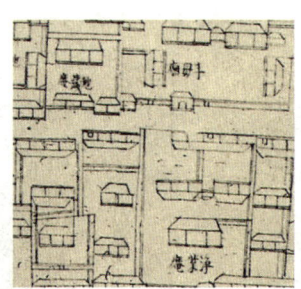

净业庵
1750 年《乾隆京城全图》

图 5-60　净业庵现状照片

B-I-15 牌楼馆

牌楼馆位于今芳嘉园胡同9号,现已无存,新建为现代风貌的高层住宅(图5-61),共在5张古地图中出现。

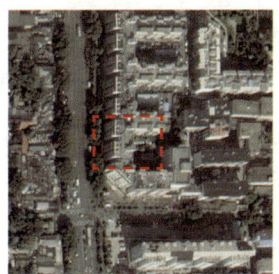
现状卫星图

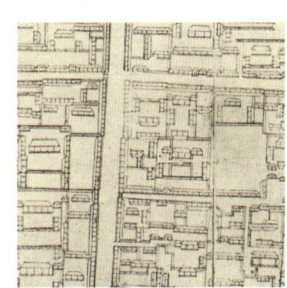
未标注
1750年《乾隆京城全图》

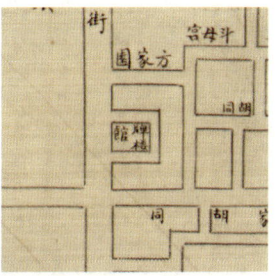
牌楼馆
1900年《京师九城全图》

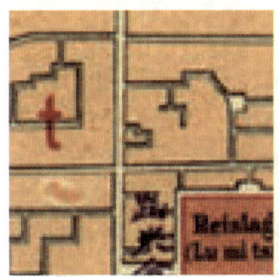
未标注
1903年《北京全图》

未标注
1907年《北京附地》

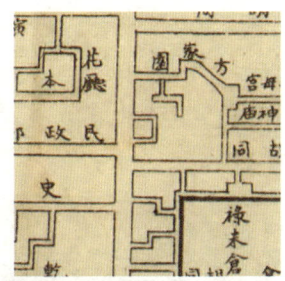
未标注
1908年《最新北京精细全图》

图5-61 牌楼馆现状照片

"古代图文中的朝阳门内意象(1267—1912)"历史空间研究

B-I-16 宗学

宗学位于今南竹杆胡同 81 号,现已无存,遗址上现为北京市第二中学分校(图 5-62),共在 2 张古地图中出现。

现状卫星图

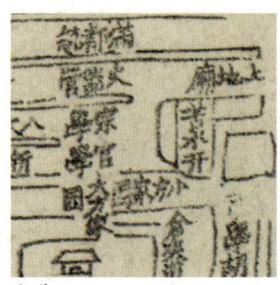
宗学
1800 年《京城内外首善全图》

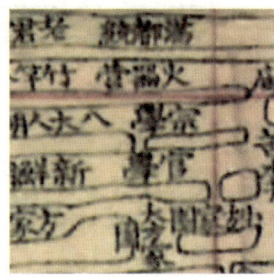
宗学
1875—1908 年《京城内外全图》

图 5-62 宗学现状照片

B-I-17 地藏庵-朝阳门内大街

地藏庵位于今朝阳门内大街134号,现已无存,新建为现代风貌的高层商业建筑(图5-63),共在1张古地图中出现。

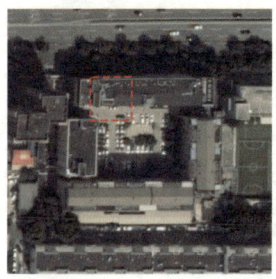

现状卫星图

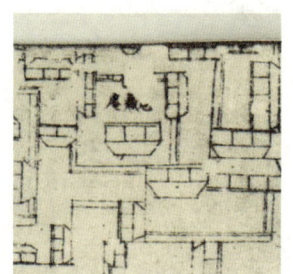

地藏庵
1750年《乾隆京城全图》

图5-63 地藏庵现状照片

"古代图文中的朝阳门内意象(1267—1912)"历史空间研究

B-I-18 老君堂

老君堂位于今朝阳门内大街 124 号，现已无存，遗址上新建现代风貌学校（图 5-64），共在 12 张古地图中出现，均标注为"老君堂"。

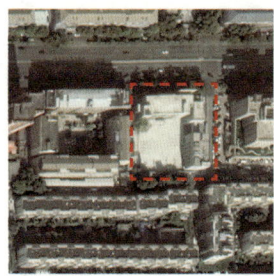

现状卫星图

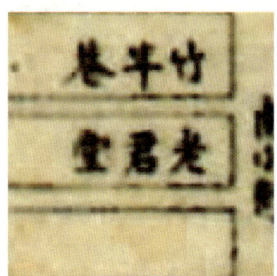

老君堂
1738 年《镶白旗满洲蒙古汉军地图》

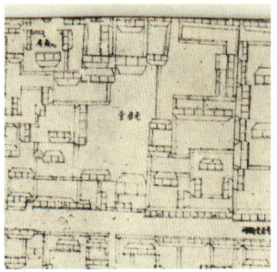

老君堂
1750 年《乾隆京城全图》

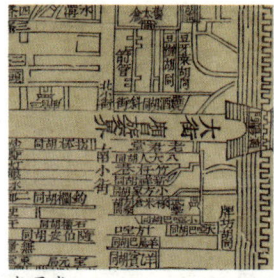

老君堂
1800 年《京城内外首善全图》

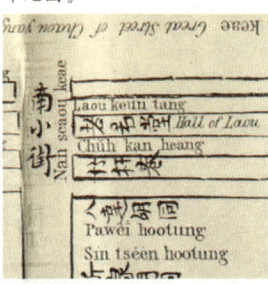

老君堂
1843 年《CHINESE PLAN OF THE CITY OF PEKING》

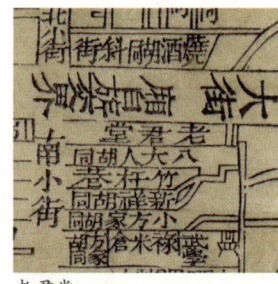

老君堂
1870 年《京师城内首善全图》

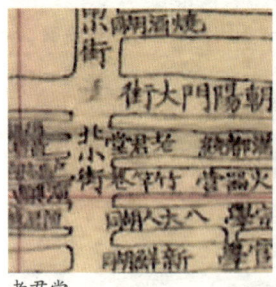

老君堂
1875—1908 年《京城内外全图》

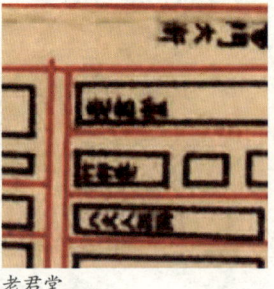

老君堂
1875—1908 年《京师城内河道沟渠图》

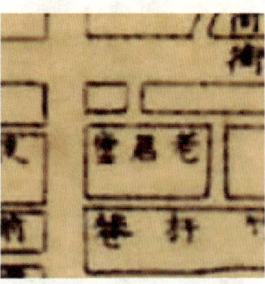

老君堂
1900—1911 年《订正改版北京详细地图》

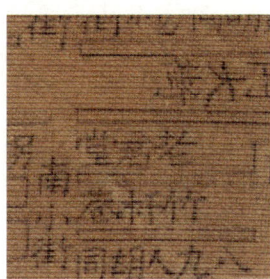
老君堂
1900年《京城全图》

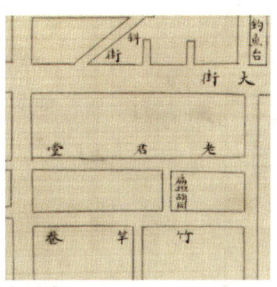
老君堂
1900年《京师九城全图》

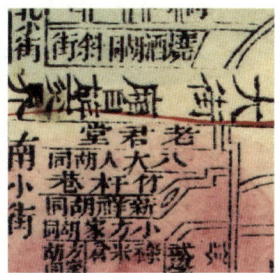
老君堂
1900年《京城各国暂分界址全图》

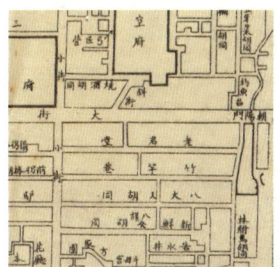
老君堂
1908年《最新北京精细全图》

图 5-64　老君堂现状照片

"古代图文中的朝阳门内意象 (1267—1912)"历史空间研究

第五章 遗存

B-I-19 证因寺

　　证因寺位于今北竹竿胡同2号，现已无存，遗址上新建现代风貌住宅（图5-65），共在1张古地图中出现。

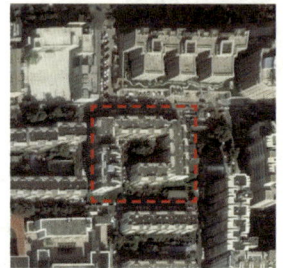
现状卫星图

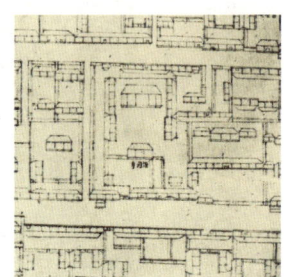
证因寺
1750年《乾隆京城全图》

图5-65　证因寺现状照片

B-I-20 吉庆庵

吉庆庵位于今朝阳门内大街 79 号附近，现已无存，新建为现代风貌的商业建筑（图 5-66），共在 1 张古地图中出现。

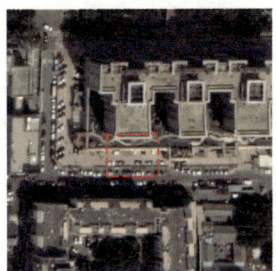

现状卫星图

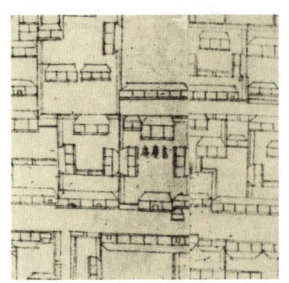

吉庆庵
1750 年《乾隆京城全图》

图 5-66　吉庆庵现状照片

"古代图文中的朝阳门内意象 (1267—1912)" 历史空间研究

B-I-21 真武庙-北竹竿胡同

真武庙位于今朝阳门内大街 2 号，现已无存，新建为现代风貌的高层商业办公建筑（图 5-67），共在 1 张古地图中出现。

现状卫星图

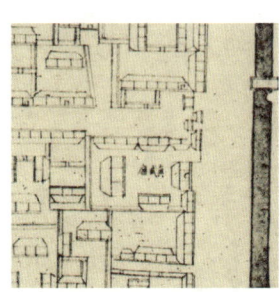

真武庙
1750 年《乾隆京城全图》

图 5-67　真武庙现状照片

B - I - 22 二圣庵

二圣庵位于今银河 SOHO 的东南角，现已无存，新建为现代风貌的大型商业办公综合体（图 5-68），共在 1 张古地图中出现。

现状卫星图

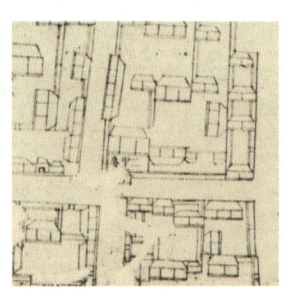
二圣庵
1750 年《乾隆京城全图》

图 5-68 二圣庵现状照片

B - I - 23 三元庵 - 干面胡同

三元庵位于今干面胡同北侧的东罗圈胡同和西罗圈胡同之间，现已无存，新建为现代风貌的多层住宅（图5-69），共在1张古地图中出现。

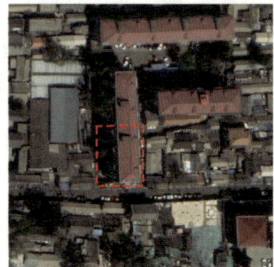

现状卫星图

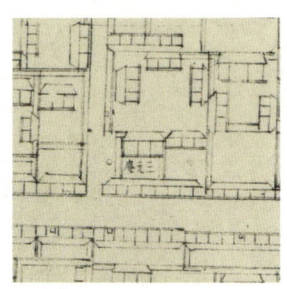

三元庵
1750年《乾隆京城全图》

图 5-69 三元庵现状照片

B-I-24 玄极观

玄极观位于今甘雨胡同2号院,现已无存,新建为现代风貌的多层住宅(图5-70),共在1张古地图中出现。

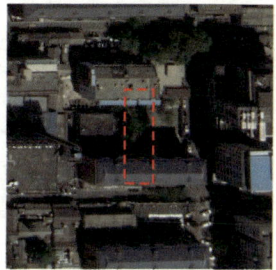
现状卫星图

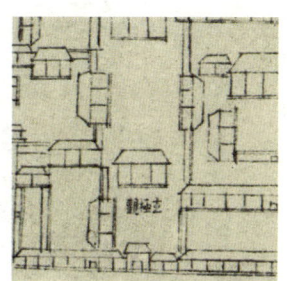
玄极观
1750年《乾隆京城全图》

图5-70 玄极观现状照片

"古代图文中的朝阳门内意象(1267—1912)"历史空间研究

B-I-25 关帝庙-甘雨胡同

关帝庙位于今甘雨胡同 31 号,现已无存,遗址上新建现代风貌酒店(图 5-71),共在 1 张古地图中出现。

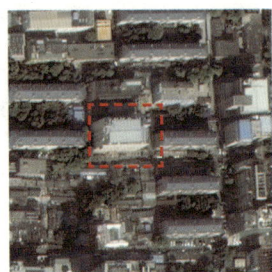

现状卫星图

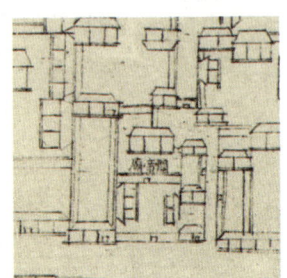

关帝庙
1750 年《乾隆京城全图》

图 5-71 关帝庙现状照片

B-I-26 火德真君祠

火德真君祠位于今干面胡同10号，现已无存，遗址上新建现代风貌政府办公机构（图5-72），共在1张古地图中出现。

现状卫星图

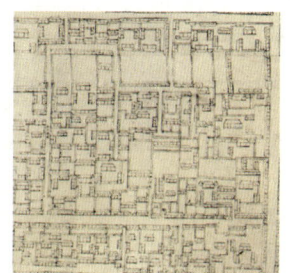

火德真君祠
1750年《乾隆京城全图》

图5-72 火德真君祠现状照片

第五章 遗存

B - II - 01 四牌楼

　　四牌楼位于今朝阳门内大街与东四南大街交叉的十字路口，现已无存（图 5-73），共在 25 张古地图中出现，曾标注为四牌楼、东四牌楼、4 Arcs de Triomphes、Toung-sse-phai-leou、Tong-sse-phai-leou。

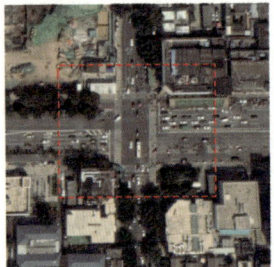

现状卫星图

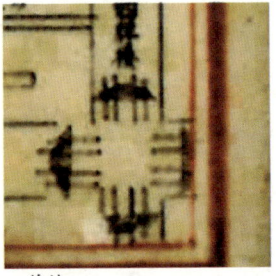

四牌楼
1738 年《镶白旗满洲蒙古汉军地图》

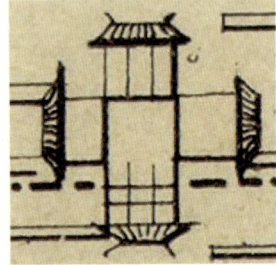

未标注
1750 年《京城全图》

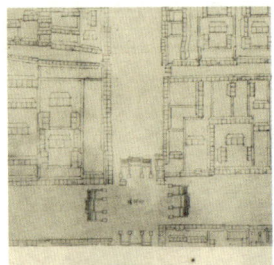

四牌楼
1750 年《乾隆京城全图》

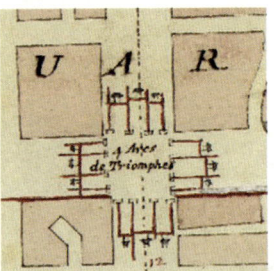

4 Arcs de Triomphes
1752 年《PLAN DE LA VILLE TARTARE ET CHINOISE DE PEKIN》

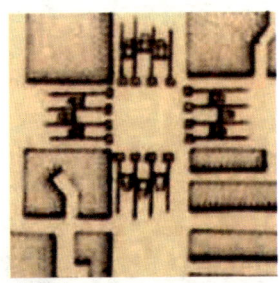

未标注
1765 年《PLAN DE LA VILLE TARTARE DE PEKING》

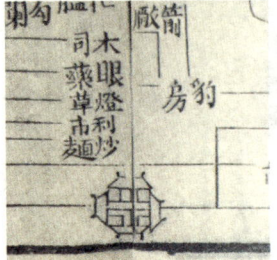

未标注（《正白旗图》标注为东四牌楼）
1788 年《镶白旗图》

四牌楼
1796—1820 年《首善全图》

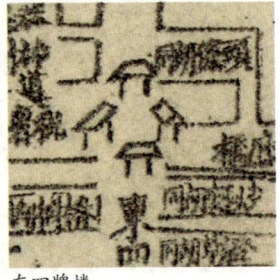

东四牌楼
1800 年《京城内外首善全图》

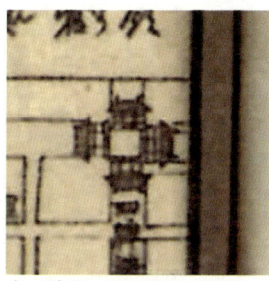
东四牌楼
1805年《镶白旗居址之图》

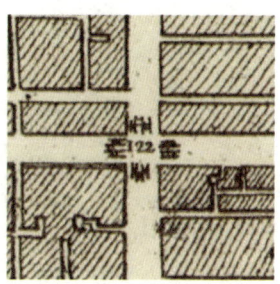
Toung-sse-phai-leou
1817年《PLAN OF PEKING》

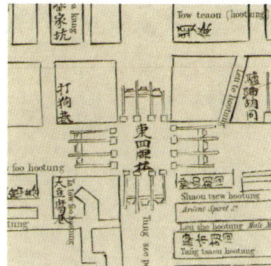
东四牌楼
1843年《CHINESE PLAN OF THE CITY OF PEKING》

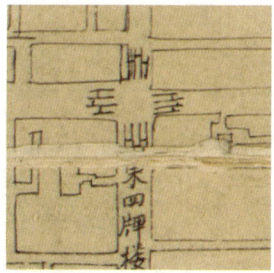
东四牌楼
1861年《北京全图》

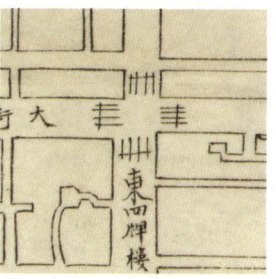
东四牌楼
1865年《北京地里全图》

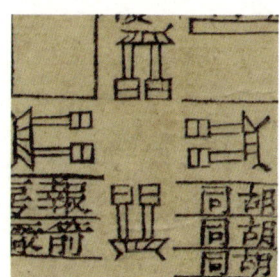
东四牌楼
1870年《京师城内首善全图》

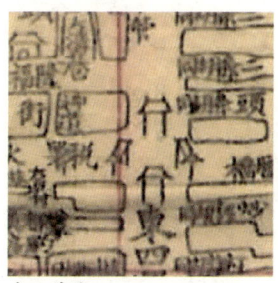
东四牌楼
1875—1908年《京城内外全图》

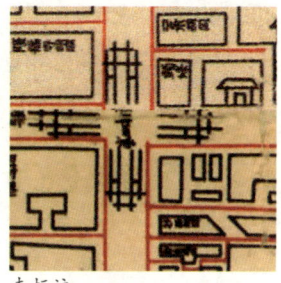
未标注
1875—1908年《京师城内河道沟渠图》

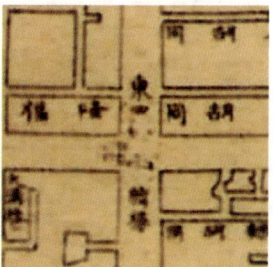
东四牌楼
1900—1911年《订正改版北京详细地图》

"古代图文中的朝阳门内意象(1267—1912)"历史空间研究

第五章 遗存

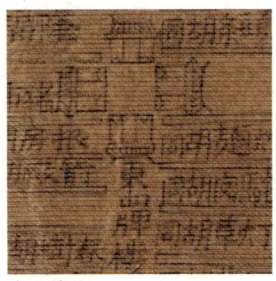
东四牌楼
1900 年《京城全图》

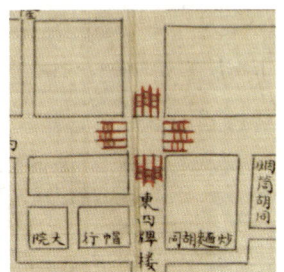
东四牌楼
1900 年《京师九城全图》

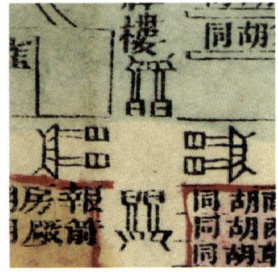
东四牌楼
1900 年
《京城各国暂分界址全图》

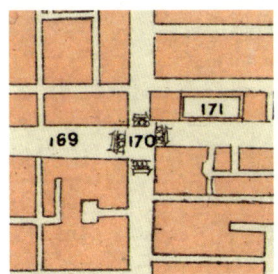
Tong-sse-pai-leou
1902 年《PLAN DE PEKIN》

四牌楼
1903 年《北京全图》

东四牌楼
1907 年《北京附地》

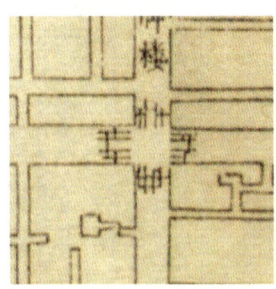
东四牌楼
1908 年《京师全图》

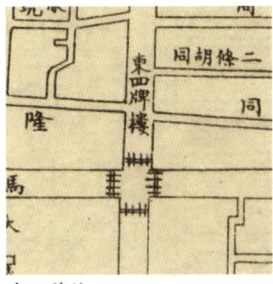
东四牌楼
1908 年《最新北京精细全图》

东四位于东城区中部,元代称十字街,明代于十字路口四面各建一座四柱三楼式木牌楼,因位居皇城之东,故称东四牌楼,简称东四。牌楼于1699年(清康熙三十八年)毁于大火,后曾照原样重修。1954年东四牌楼被彻底拆除。

东四牌楼为四座三间四柱三楼式有戗柱的木牌楼,跨于路口四面的街道上。每座牌楼的正间上各挂一白色石匾,两面镌刻着同样的字,跨南北街的牌楼为"大市街",东牌楼为"履仁"、西牌楼为"行义"。

图 5-73 四牌楼现状照片

崇文门大街与东长安街相交处有东单牌楼,再往北有义和团之乱后,为已死德国公使克德林男爵立的石碑,俗称石头牌楼,再往北与朝阳门大街相交处有东四牌楼。在崇文门大街和东城墙之间有大体可贯通南北的街道,称南小街、北小街。朝阳门大街先与南北小街相交,然后又在东四牌楼处与崇文门大街相交。由东单牌楼经东长安街西行,约走一百米,有一条往北直通安定门的大街,但准确地说这条大街并不成一条直线,而是在中间稍有弯曲,这条大街在中间弯曲处分为南北两段。南段为王府大街,北段为安定门大街。

——《测绘志》

B-Ⅱ-02 太平仓

太平仓位于今东二环和朝阳门南大街，现已无存（图 5-74），共在 5 张古地图中出现，曾被标注为太平仓、太平仓房、Tsang-ngao。

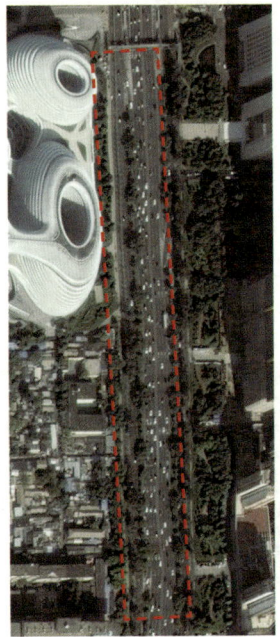

现状卫星图

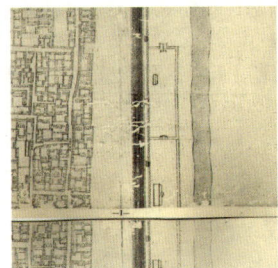

太平仓
1750 年《乾隆京城全图》

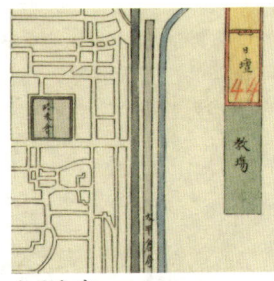

太平仓房
1865 年《北京地里全图》

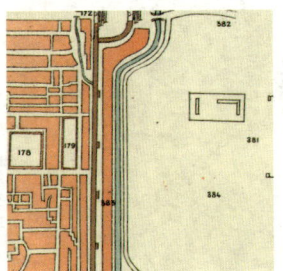

Tsang-ngao
1902 年《PLAN DE PEKING》

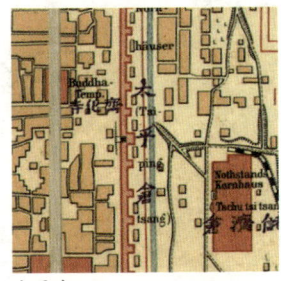

太平仓
1903 年《北京全图》

图 5-74　太平仓现状照片

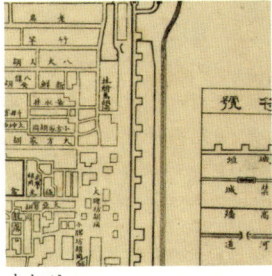

未标注
1908 年《最新北京精细全图》

B-II-03 万安仓

万安仓位于今东二环和朝阳门北大街,现已无存(图5-75),共在2张古地图中出现,曾被标注为万安仓、万安仓房。

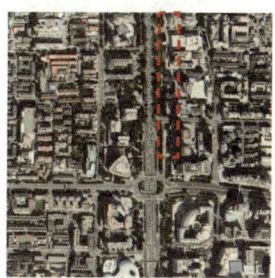
现状卫星图

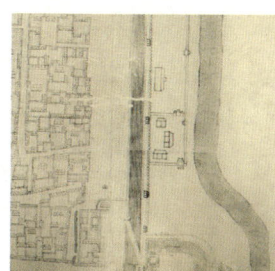
万安仓
1750年《乾隆京城全图》

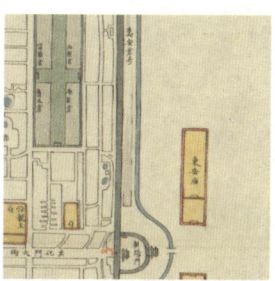
万安仓房
1865年《北京地里全图》

图5-75 万安仓现状照片

"古代图文中的朝阳门内意象(1267—1912)"历史空间研究

B-Ⅱ-04 南水关（含门监）

　　南水关位于今朝阳门立交桥西南侧，现已无存（图5-76），共在11张古地图中出现。

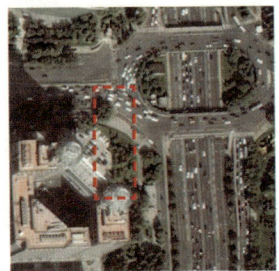

现状卫星图

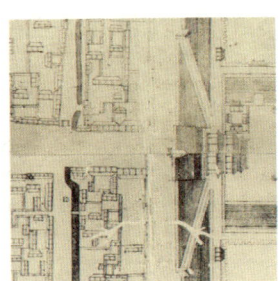

未标注
1750年《乾隆京城全图》

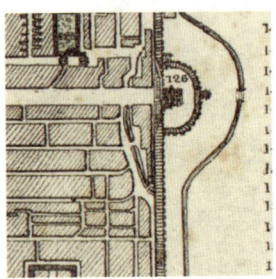

未标注
1817年《PLAN OF PEKING》

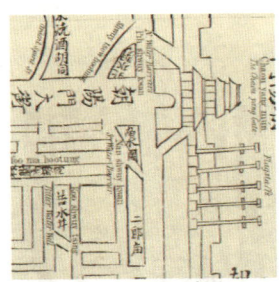

南水关
1843年《CHINESE PLAN OF THE CITY OF PEKING》

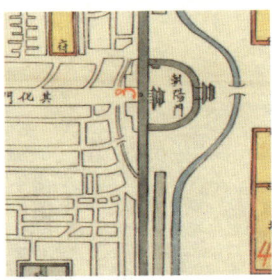

未标注
1865年《北京地里全图》

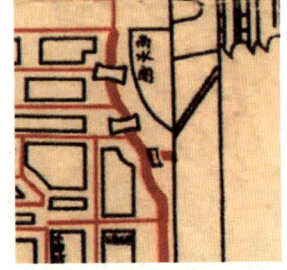

南水关
1875—1908年《京师城内河道沟渠图》

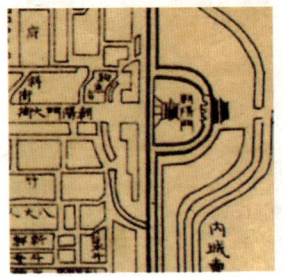

未标注
1900—1911年《订正改版北京详细地图》

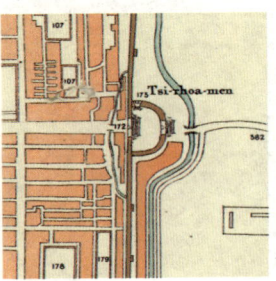

未标注
1902年《PLAN DE PEKING》

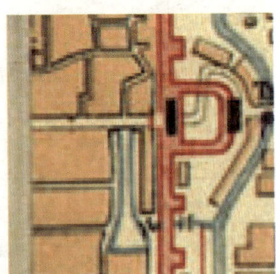

未标注
1903年《北京全图》

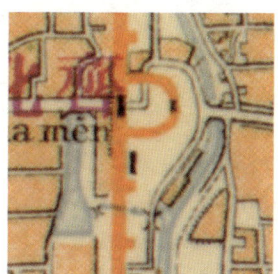
未标注
1907年《北京附地》

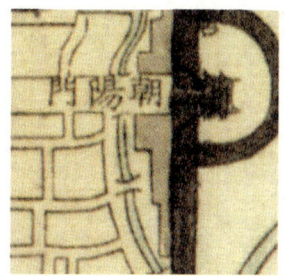
未标注
1908年《京师全图》

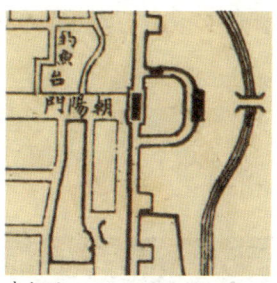
未标注
1908年《最新北京精细全图》

门监位于今朝阳门内大街2号，现已无存（图5-77），共在1张古地图中出现。

现状卫星图

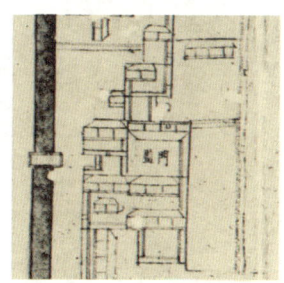
门监
1750年《乾隆京城全图》

图5-76 南水关现状照片

图5-77 门监现状照片

"古代图文中的朝阳门内意象(1267—1912)"历史空间研究

B - II - 05 北水关（含财神庙、钓鱼台）

北水关位于今朝阳门立交桥西北侧，现已无存（图 5-78），共在 11 张古地图中出现。

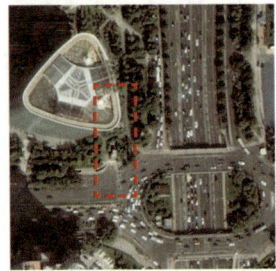
现状卫星图

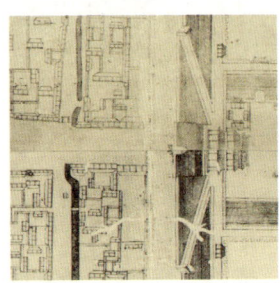
未标注
1750 年《乾隆京城全图》

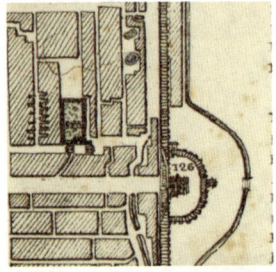
未标注
1817 年《PLAN OF PEKING》

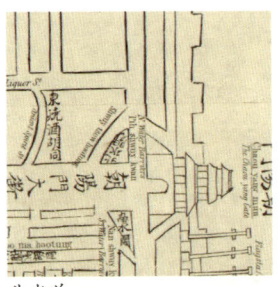
北水关
1843 年《CHINESE PLAN OF THE CITY OF PEKING》

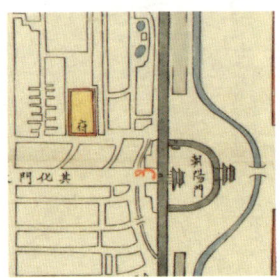
未标注
1865 年《北京地里全图》

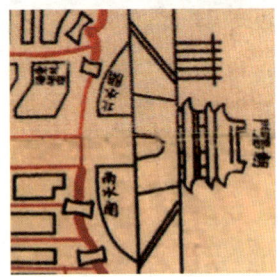
北水关
1875—1908 年《京师城内河道沟渠图》

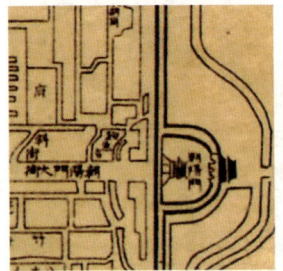
未标注
1900—1911 年《订正改版北京详细地图》

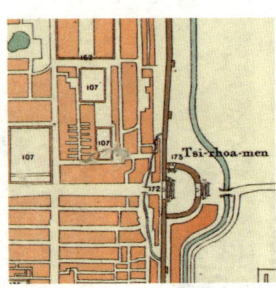
未标注
1902 年《PLAN DE PEKING》

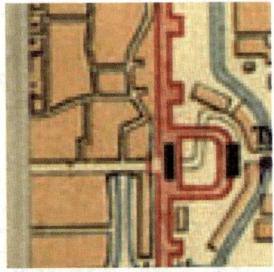
未标注
1903 年《北京全图》

 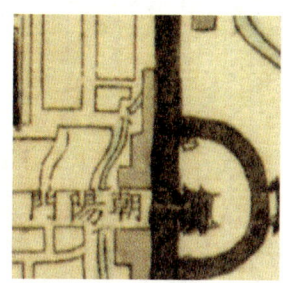 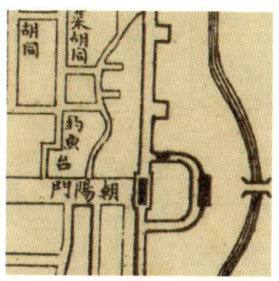

未标注
1907年《北京附地》

未标注
1908年《京师全图》

未标注
1908年《最新北京精细全图》

财神庙位于今朝阳门内大街25号，现已无存（图5-79），共在1张古地图中出现。

 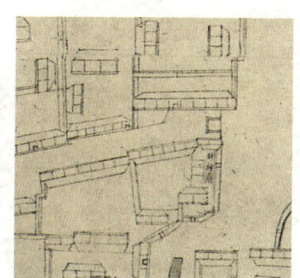

现状卫星图

财神庙
1750年《乾隆京城全图》

钓鱼台位于今朝阳门北大街25号，现已无存（图5-80），共在3张古地图中出现。

 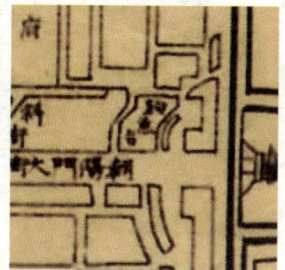 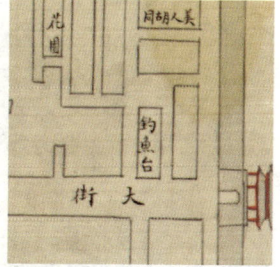

现状卫星图

钓鱼台
1900—1911年《订正改版北京详细地图》

钓鱼台
1900年《京师九城全图》

"古代图文中的朝阳门内意象(1267—1912)"历史空间研究

第五章 遗存

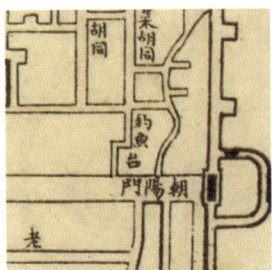

钓鱼台
1908年《最新北京精细全图》

图 5-78 北水关现状照片

图 5-79 财神庙现状照片

图 5-80 钓鱼台现状照片

B - II - 06 天仙庵 - 南竹杆胡同

天仙庵位于今南竹杆胡同1号，现已无存（图5-81），共在1张古地图中出现。

现状卫星图

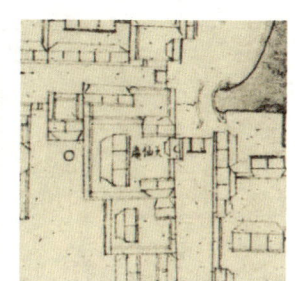

天仙庵
1750年《乾隆京城全图》

图5-81 天仙庵现状照片

B-II-07 关帝庙-大方家胡同东段

关帝庙位于今银河 SOHO 西南角，现已无存（图 5-82），共在 1 张古地图中出现。

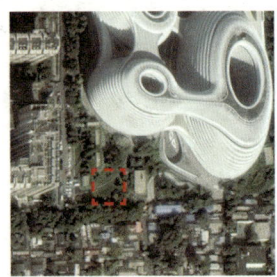

现状卫星图

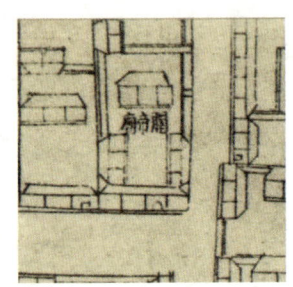

关帝庙
1750 年《乾隆京城全图》

图 5-82 关帝庙现状照片

B - II - 08 关帝庙 - 大方家胡同中段

关帝庙位于今大方家胡同的大方家小区 7 号楼南侧，现已无存（图 5-83），共在 1 张古地图中出现。

现状卫星图

关帝庙
1750 年《乾隆京城全图》

图 5-83 关帝庙现状照片

B-Ⅱ-09、10、11 土地庙（3处）

土地庙（3处）分别位于今干面胡同、朝阳门内大街、南竹杆胡同，现已无存，用作停车场（图5-84），共在3张古地图中出现。

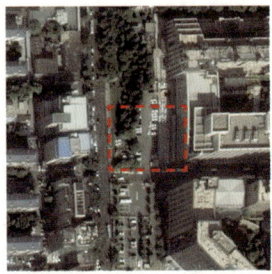
现状卫星图（1）

现状卫星图（2）

现状卫星图（3）

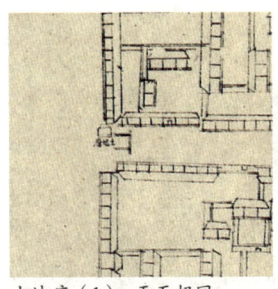
土地庙（1）-干面胡同
1750年《乾隆京城全图》

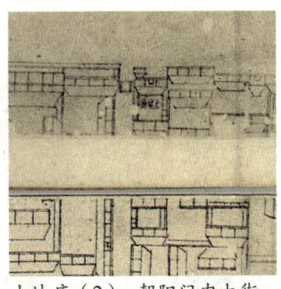
土地庙（2）-朝阳门内大街
1750年《乾隆京城全图》

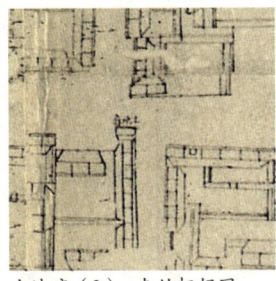
土地庙（3）-南竹杆胡同
1750年《乾隆京城全图》

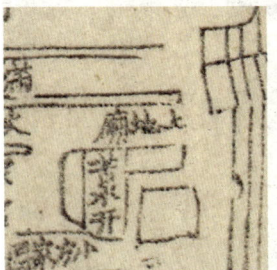
土地庙（3）-南竹杆胡同
1800年《京城内外首善全图》

土地庙（3）-南竹杆胡同
1875—1908年《京城内外全图》

图 5-84 土地庙（3 处）现状照片

B - II - 12 民政部

民政部原位于今内务部街北京二中,现已无存,遗址上新建现代风貌的学校操场(图 5-85),共在 1 张古地图中出现。

现状卫星图

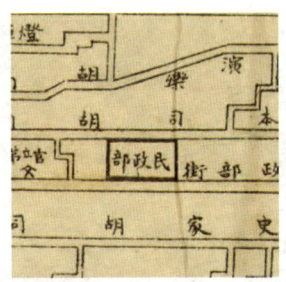
民政部
1908 年《最新北京精细全图》

图 5-85 民政部现状照片

B - II - 13 朝阳门（含城墙）

朝阳门位于今朝阳门立交桥（图 5-86、图 5-87、图 5-88），现已无存，共在 26 张古地图中出现，曾被标注为朝阳门、Portes fortifiees de Pa Ville Laetare、齐化门、朝阳、Porte、Tchhao-iang-men、Tsi-hoa-men、Tsi-rhoa-men。

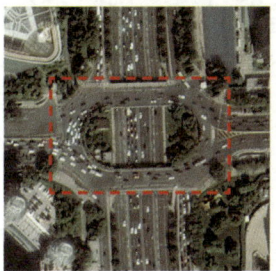
现状卫星图

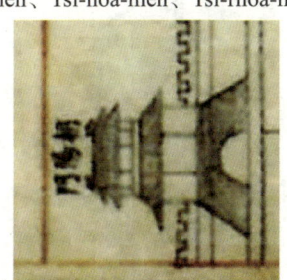
朝阳门
1738 年《镶白旗满洲蒙古汉军地图》

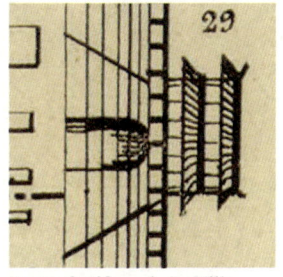
Portes fortifiees de Pa Ville Laetare
1750 年《京城全图》

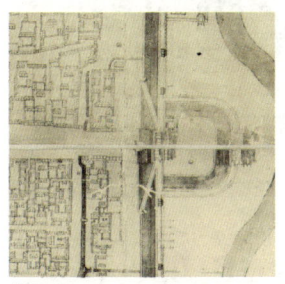
朝阳门
1750 年《乾隆京城全图》

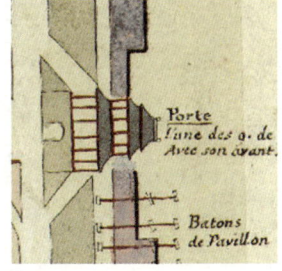
Porte
1752 年《PLAN DE LA VILLE TARTARE ET CHINOISE DE PEKIN》

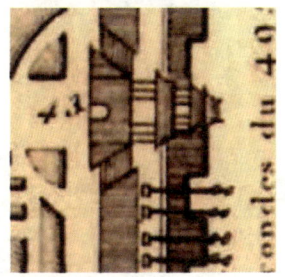
未标注
1765 年《PLAN DE LA VILLE TARTARE DE PEKING》

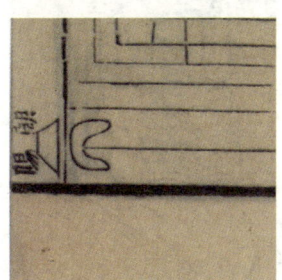
朝阳
1788 年《镶白旗图》

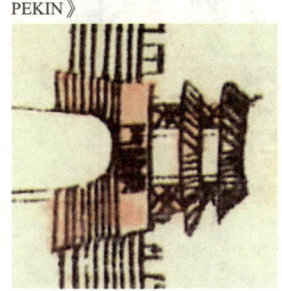
朝阳门
1796—1820 年《首善全图》

朝阳门
1800 年《京城内外首善全图》

 "古代图文中的朝阳门内意象 (1267—1912)" 历史空间研究

第五章 遗存

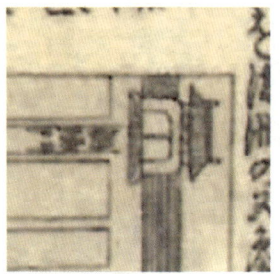
朝阳门
1805 年《镶白旗居址之图》

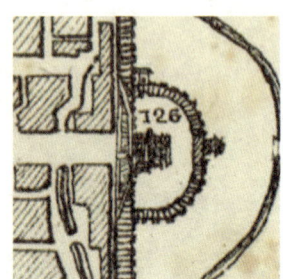
Tchhao-iang-men
1817 年《PLAN OF PEKING》

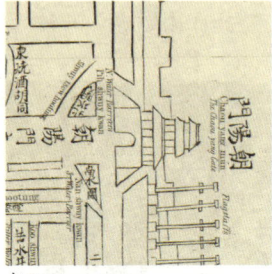
朝阳门
1843 年《CHINESE PLAN OF THE CITY OF PEKING》

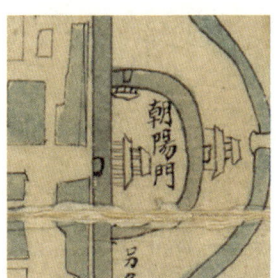
朝阳门
1861—1887 年《北京全图》

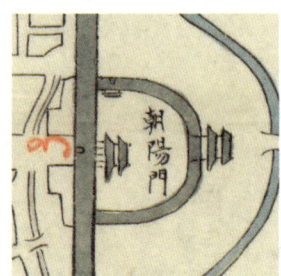
朝阳门
1865 年《北京地里全图》

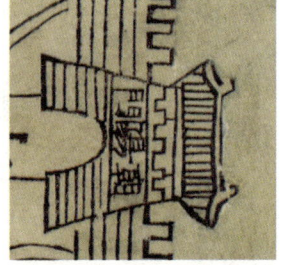
朝阳门
1870 年《京师城内首善全图》

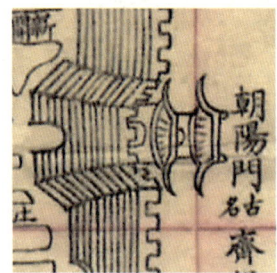
朝阳门
1875—1908 年《京城内外全图》

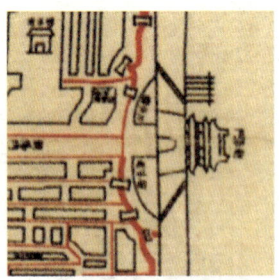
朝阳门
1875—1908 年《京师城内河道沟渠图》

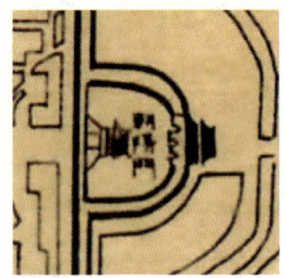
朝阳门
1900—1911 年《订正改版北京详细地图》

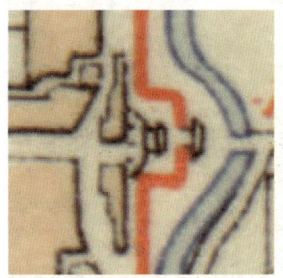
Tsi-hoa-men
1900年《THÉÂTRE DES OPÉRATIONS EN CHINE》

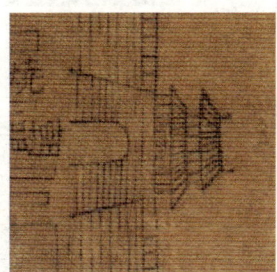
未标注
1900年《京城全图》

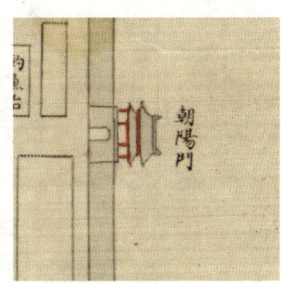
朝阳门
1900年《京师九城全图》

朝阳门
1900年《京城各国暂分界址全图》

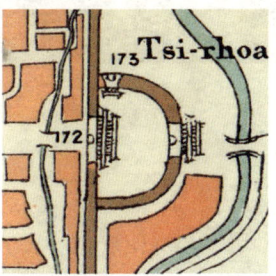
Tsi-rhoa-men
1902年《PLAN DE PEKIN》

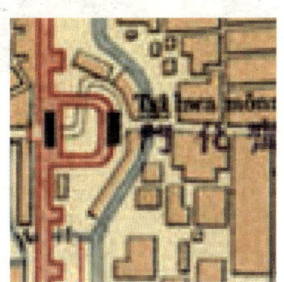
齐化门
1903年《北京全图》

齐化门
1907年《北京附地》

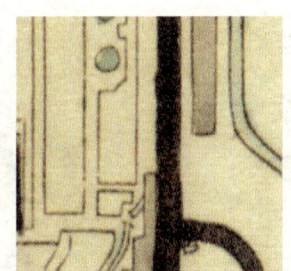
朝阳门
1908年《京师全图》

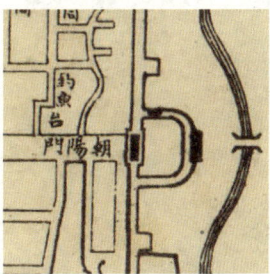
朝阳门
1908年《最新北京精细全图》

"古代图文中的朝阳门内意象(1267—1912)"历史空间研究

图 5-86　朝阳门现状照片

图 5-87　朝阳门内现状街景

城门名称虽与明代相同，但民间有时仍以元代、明初之旧名相称，如宣武门为顺治门，称阜成门为平则门，称朝阳门为齐化门，称东安门为东华门。

——《测绘志》

皇城六门：大明南向直正阳门，东安直朝阳门……

——《旧京遗事》

图 5-88　朝阳门箭楼现状照片

根据以上的调研和整理，不难发现在上个章节中我们通过历史信息的转译与叠加所整理出的重点历史建筑与院落大多已经消亡，它们的旧址被用作新建筑或公共基础设施的建设。只有少数在经过修缮后作为文物保护单位或传统民居留存了下来。在列出的这些建筑与院落中，有关四牌楼、朝阳门和智化寺的古代图文意象信息最为详尽，为我们进行更为深入的研究提供了可能。

另外值得一提的是，虽然多数的重要历史建筑与院落已经消亡，但是这些建筑与院落所建立的历史意象和街道的脉络、尺度依然延续至今。四牌楼虽被拆除，但其旧址现已成朝阳门内大街和东四南大街交叉的十字路口，交通繁忙，同时，该地块也是北京地铁 5 号线和 6 号线换乘的东四站所在地，是重要的交通集散场站。朝阳门也有类似情况，在 1958 年拆除后，其旧址上已建设了立交桥，交通量巨大，如今北京地铁 2 号线和 6 号线在朝阳门设置换乘站，使得朝阳门在某种意义上延续了其作为重要交通集散地的历史和意象。

"古代图文中的朝阳门内意象 (1267—1912)" 历史空间研究

第六章 愿景

第六章 愿景

一、 基于古代意象研究的城市愿景

　　800 年世事变迁，古城中无论是物质空间还是社会生活都历经沧桑，留给人们复杂的城市记忆。这其中，可能有复杂的场所、破碎的意象、断裂的记忆，如图 6-1 所示。研究小组希望以承载城市记忆的古代意象的研究为基础，整合破碎的意象点使城市空间完整，连续可感，并以此形成基于古代意象研究的城市愿景，畅想未来的朝阳门意象。

图 6-1　片区现状意象分析

规划理念

以古代意象作为经络穴位,基于前文对古代舆图及古书文献的分析,得到重要而丰富的历史意象,并在空间上定位,将其整合起来形成网络体系,并以此营造整个场地内的记忆轴线,既让场地内的历史文化延续下去,留存城市记忆,同时整理空间环境,利用潜力地块,打造公共节点,丰富网络连接,使场地内的现代建设与历史风貌相协调,如图 6-2、图 6-3 所示。联结朝阳门内的古今交叠,使之融会贯通。

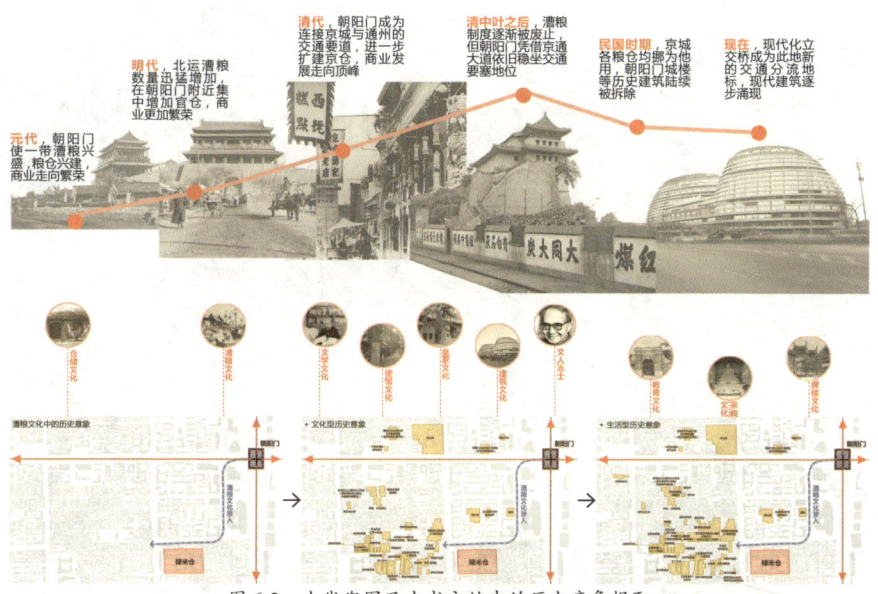

图 6-2　古代舆图及古书文献中的历史意象提取

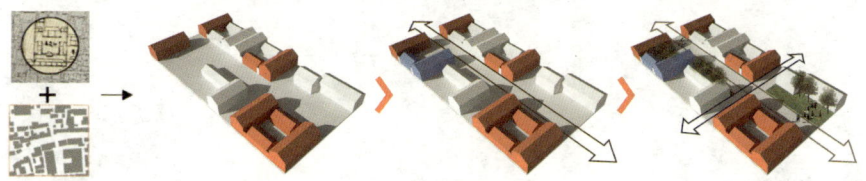

图 6-3　规划理念图示

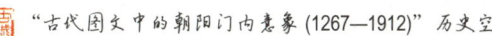

"古代图文中的朝阳门内意象 (1267—1912)" 历史空间研究

第六章　愿景

设计愿景

图 6-4　设计愿景

城市愿景中关注城市天际线的景观视域、整体城市风貌管控与塑造以及重点轴线空间的贯穿与连接，通过城市设计，将传统城市元素与现代城市元素紧密融合在一起（图6-4）。

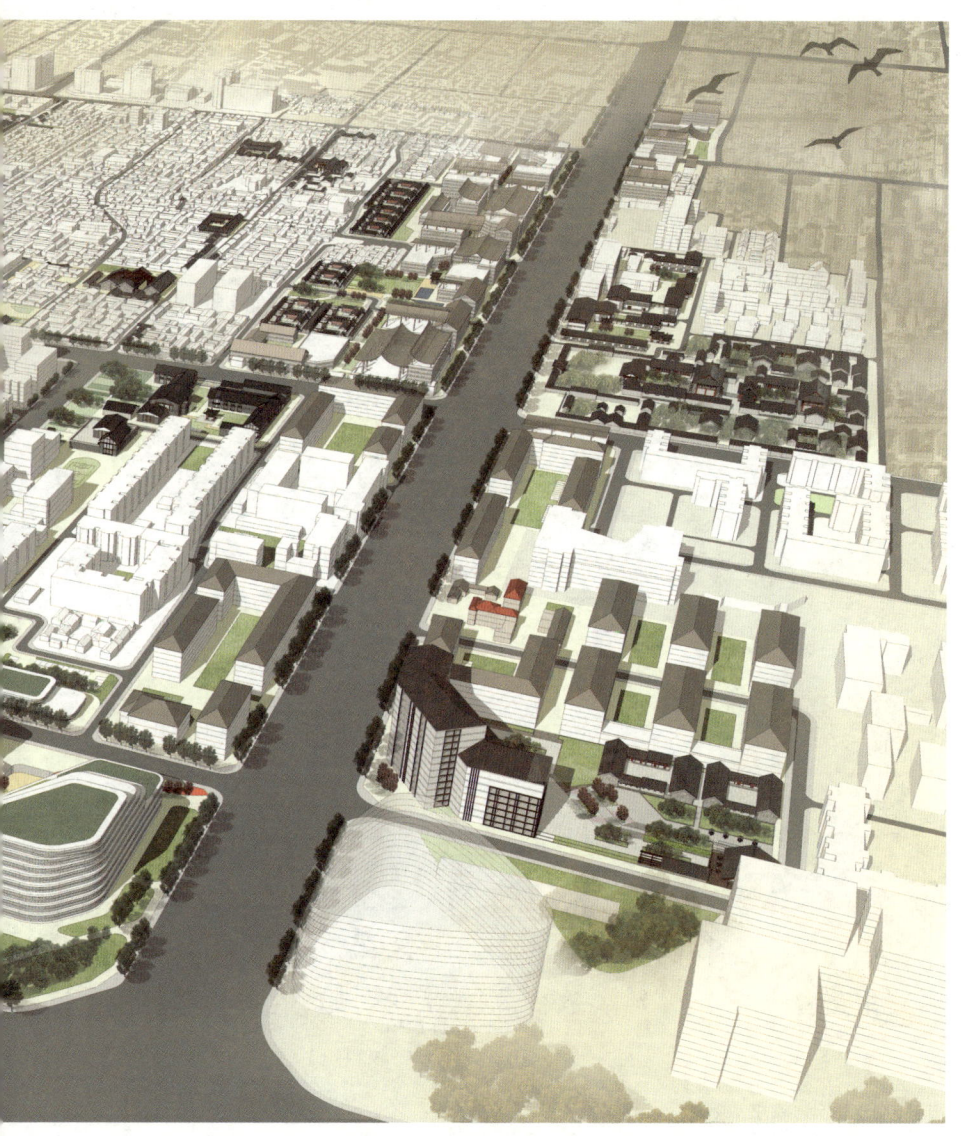

"古代图文中的朝阳门内意象（1267—1912）"历史空间研究

第六章　愿景

总体空间展望

如图 6-5—图 6-9 所示，本次设计以古代意象为出发点，将古代意象与场地内现有的文化资源综合考虑，以文化吸引力确定设计的主要轴线——历史文化发展轴，

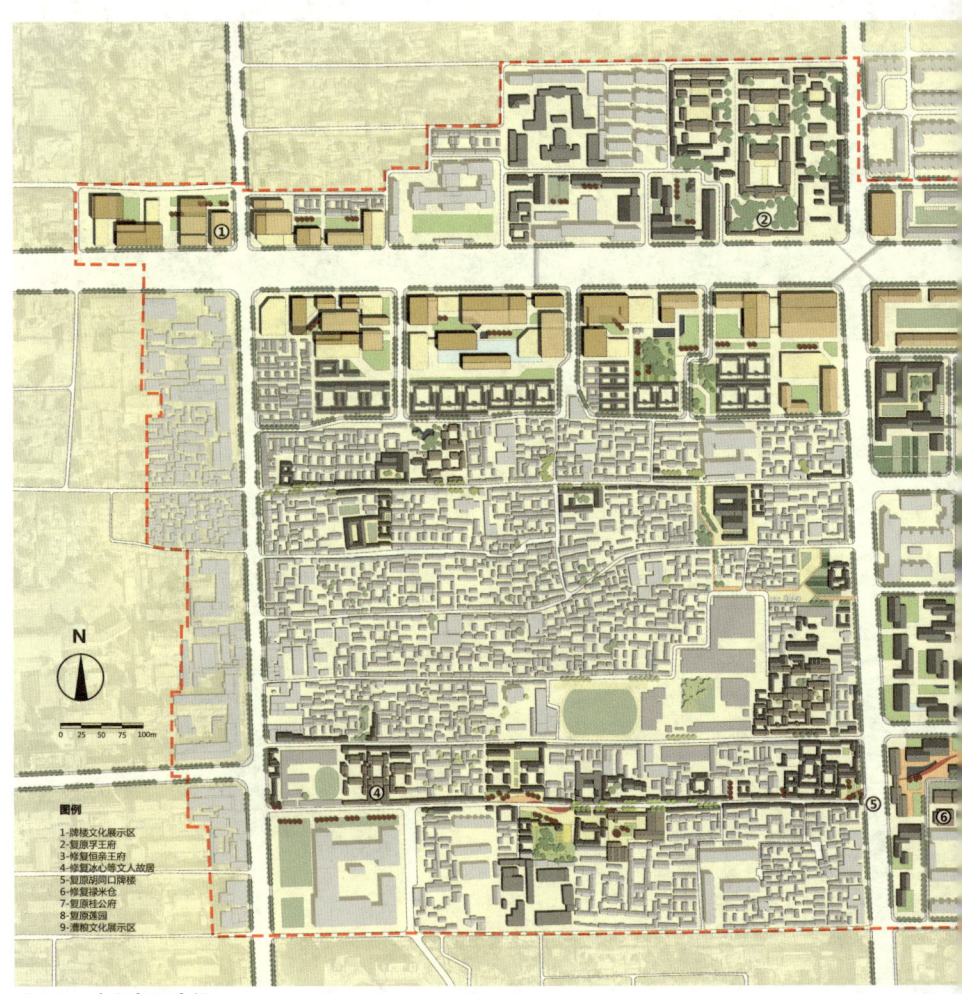

图 6-5　总体空间展望

整合破碎的意象点，并以此为基础引出多元文化展示轴线，并沿轴线布置公共空间，使城市体验完整连续而有活力。

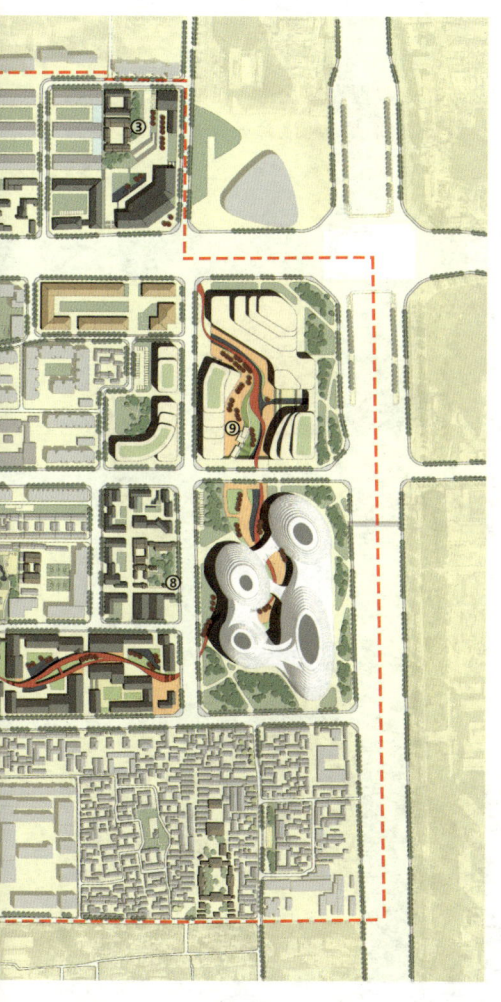

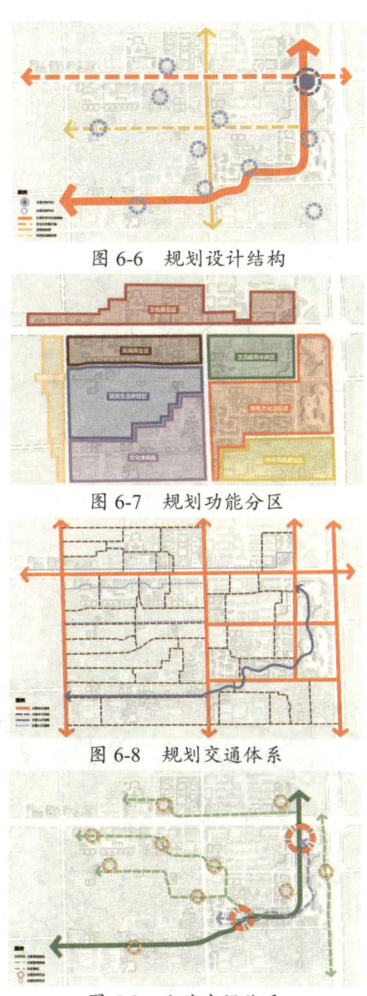

图 6-6　规划设计结构

图 6-7　规划功能分区

图 6-8　规划交通体系

图 6-9　公共空间体系

轴线空间展望

轴线空间设计主要包括历史文化发展轴和多元文化展示轴。

如图6-10、图6-11,历史文化发展轴源自漕粮文化线路,联系场地东西两部分,贯穿历史街区与现代街区,将重要古代意象串联起来,成为设计中的主要轴线。以漕粮文化为原型,表现为飘带的形式。

如图6-12,沿朝阳门内大街布置多元文化展示轴,既布置了上位规划要求的高端服务业,同时展现历史上东四牌楼的意象,并结合现存文化遗产孚王府等,布置多处文化展示节点。沿街建筑物以现代建筑语言重新演绎与诠释坡屋顶形式,维持和而不同的协调风貌。

图6-10 历史文化发展轴效果图

图6-11 历史文化发展轴节点效果图

图6-12 多元文化展示轴效果图

节点空间展望

节点空间设计主要关注公共空间节点塑造和古代意象节点复兴。

选择对社区营造最有价值的公共空间节点,如青少年活动中心等,结合建筑与院落的功能布置进行设计,营造良好的公共活动环境。

古代意象节点复兴包括古代意象修缮和古代意象复原两种类型。对于需要修缮的古代意象,拆除多余的不符合传统风貌的建筑,对需要保留下来的建筑物进行修复,如图 6-13 所示,利用院落中及院落间的带形、锯齿形等空地形成更适宜的公共活动空间及停车场地,形成更好的胡同氛围。如图 6-14 所示,对于分析得到的需要复原的古代意象,则根据古代图文记载进行复原,拆除多余的不符合传统风貌的建筑,恢复性修建曾经被拆除的若干建筑,使古代意象得到传承。

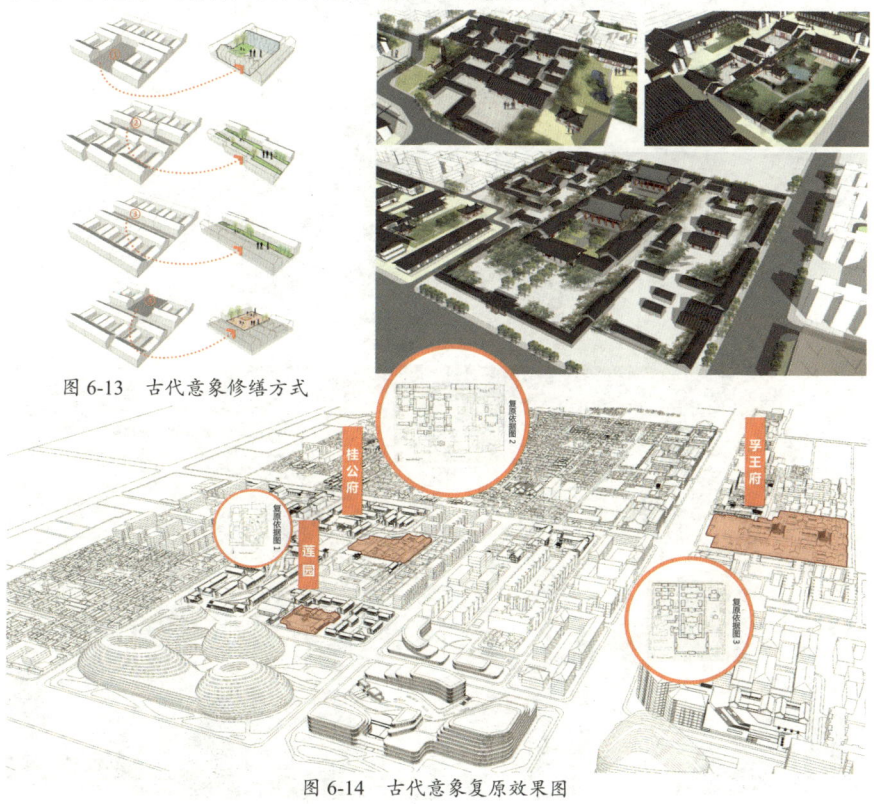

图 6-13 古代意象修缮方式

图 6-14 古代意象复原效果图

"古代图文中的朝阳门内意象 (1267—1912)"历史空间研究

二、 多种可能的城市愿景

除了前文从古代意象角度进行了城市设计外,研究小组还分别从缝合城市肌理、梳理慢行系统以及提升城市活力等多种角度进行了多种可能的畅想,如图 6-15—图 6-17 所示。

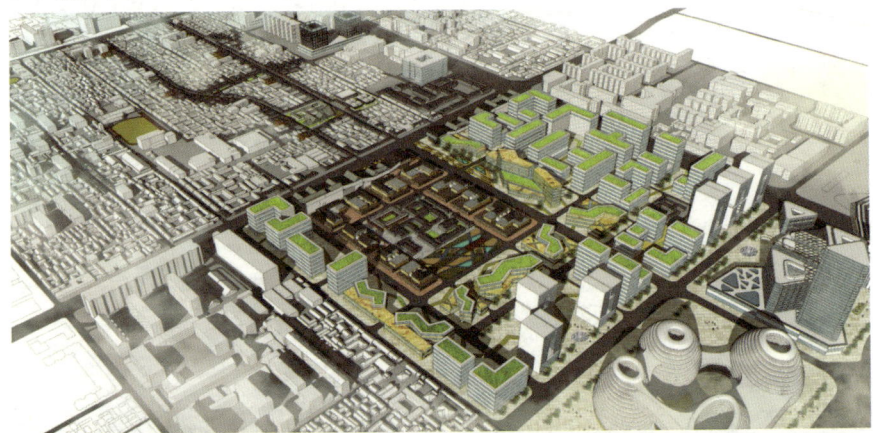

图 6-15 缝合城市肌理的城市愿景

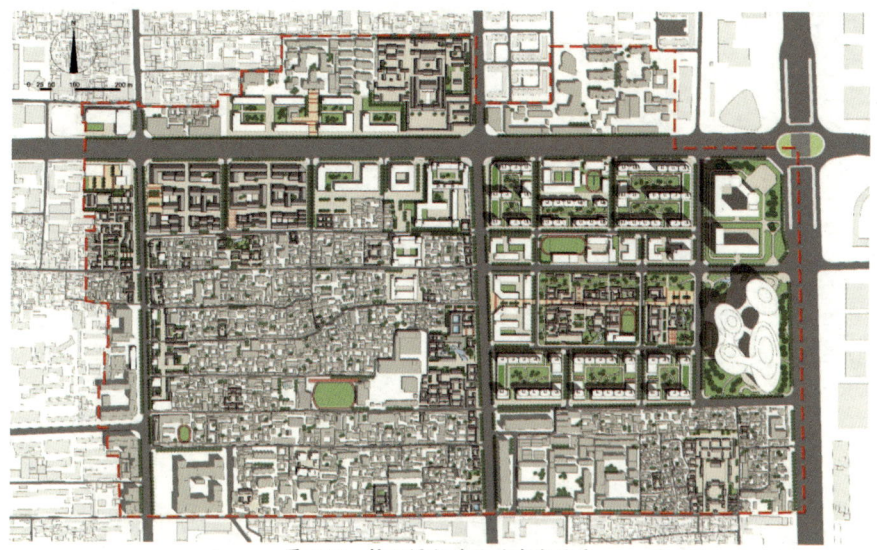

图 6-16 梳理慢行系统的城市愿景

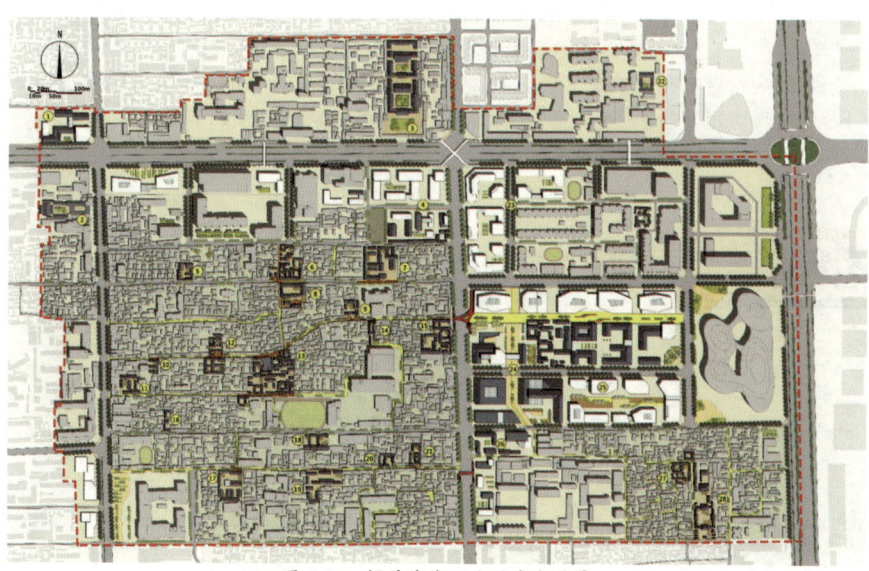

图 6-17 提升城市活力的城市愿景

"古代图文中的朝阳门内意象(1267—1912)"历史空间研究

第六章 愿景

三、 扎根朝阳门内的意象研究与实践

在本研究开展过程中,刘祎绯携古城意象研究小组在继续深耕学术研究的同时,积极尝试以策展、出书、活动、论坛、项目等更多方式扎根朝阳门内片区,深度参与到历史城市与文化遗产保护的社会实践中。截至 2019 年,已获得国家自然科学基金青年项目、北京市社会科学基金青年项目、中国博士后科学基金面上项目多项各级纵向课题支持,并有相关期刊论文成果 8 篇(图 6-18),专著 1 本(《北京老城的城市历史景观意象研究》,科学出版社,2019),大学生创新创业项目 6 项,主办与应邀参展 10 个,主办学术论坛 4 场,全国竞赛获奖 2 次,其他获奖若干。其中在朝阳门内片区的研究成果和实践类型最为丰富多样,本章即列举了近年来与朝阳门内片区密切相关的 5 个相关展览、5 场相关活动及 1 个规划设计实践。

刘祎绯,傅玮,伍洋宇,薛博文,王思凡. 北京东四片区历史街区的城市意象研究. 规划师

刘祎绯,黄川壑,李雄. 基于历史信息转译的古城内部结构变迁方法探索. 风景园林

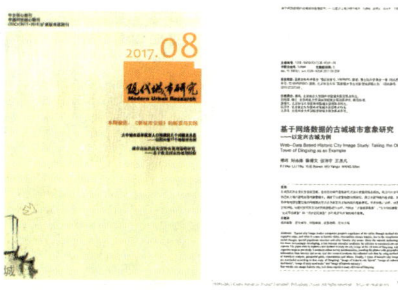  

傅玮,刘祎绯,薛博文,伍洋宇,王思凡.基于网络数据的古城意象研究.现代城市研究

刘祎绯,傅玮,李翅."古城意象"校园型专业兴趣小组的研究、实践与思考.建筑与文化

刘祎绯,李雄.基于城市景观图像学兴起的城市意象研究评述.风景园林

刘祎绯,周娅茜,郭卓君,佟昕,崔嘉慧.基于城市意象的拉萨城市历史景观集体记忆研究.城市发展研究

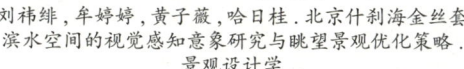

刘祎绯,牟婷婷,黄子薇,哈日桂.北京什刹海金丝套滨水空间的视觉感知意象研究与眺望景观优化策略.景观设计学

刘祎绯,牟婷婷,郑红彬,孙平天,李翅.基于视觉感知数据的历史地段城市意象研究.规划师

图 6-18　研究小组期刊论文成果

第六章　愿景

（一）　展览

2016 年北京国际设计周展览朝阳门展区：
"古代图文中的朝阳门内意象历史空间研究（1267—1912）"展览

　　2016 年 10 月 9 日，北京国际设计周期间，"古城意象"研究小组在朝阳门分会场的演乐胡同蘑菇亭主办了一场微型展览，主要展出了本研究的初步阶段性成果。

　　展览当天，吸引了不少当地居民、游客和相关工作者的参观。尤其是长住居民的反应尤为强烈："这儿就是下洼子，原先就是一个大坑，下雨老积水，小时候下了雨就在这儿玩水""哦，原来这个大庙以前叫解脱庵""我家老房子就在这解脱庵后边儿""以前小时候下学，胡同里的孩子们都会三三两两地到护城河边，夏天捞鱼摸虾，冬天 3 个大子儿（3 分钱）的冰车就足够他们玩一个下午""那个时候的东四牌楼还在，跟人约见面，说大牌楼底下准没错儿。胡同里还有外商，长着外国模样儿的小孩儿，中国话说得比国人还溜，天天跟着我们一块儿疯。到了晚饭时候，谁家炖了肉、炒了鸡蛋，整个胡同里都是香的……""以前齐化门外有条拉煤的铁路，装卸剩下的煤就足够这里人过冬"……社区居民一言一语间满满都是对过去的回忆，齐化门大街、马市大街、灯市大街……一个个只出现在古地图上的地名突然有了温度。回忆的时候，老人们的眼睛里都闪着兴奋的光，童稚时候的无忧岁月，到现在依旧能带来满满的幸福感。可是，现在城墙、城门拆了，铁路没了，牌楼也消失了，聊到这些时，老居民们无不唏嘘惋叹："当年这城墙是我亲手参与拆的，外面是大青砖，每块都有好几十斤重，现在我家厨房的底下还垫着两块呢；里面是糯米浆和的灰泥，跟现在的混凝土差不多，可结实了""那大牌楼好看极了，没有一根钉子，那么多年除了过几年补补上面的彩绘，没出过大毛病。哪儿像现在，头两年才买的木器，不是掉漆就是开裂""现在胡同里的老街坊搬的搬，走的走，一抬头都是外地人，行色匆匆的，当年的热络劲儿少了不少"。

据统计，展览1天时间内累计观展人次突破两百，在向设计周观展人展示本研究初步成果的同时，更与老街坊进行了不少交流，也为本项目的后续研究提供了更多启发与依据（图6-19）。

图6-19 "古代图文中的朝阳门内意象历史空间研究（1267—1912）"展览现场

2017 年清华同衡学术周展览：
"古城意象：城市意象研究理论与方法及跨学科新兴技术于历史地段的应用"

2017年6月5—9日第五届清华同衡学术周期间，"古城意象"研究小组应邀参展，以"遗产重塑生活"为主题，展出研究小组两年多时间以来的研究成果（图6-20—图6-22）。

展览共分为三个版块：第一版块以时间线串起小组的研究历程，从2014年11月首次研究定兴古城至2017年10月北京设计周即将开展的什刹海意象研究，每一个研究课题都列入其中。第二、三版块以地区为线索，第二版块详细介绍在北京老城内展开的意象研究——"基于自发地理数据平台的搭建研究北京旧城城市意象""基于城市历史景观要素及研究街区集体记忆""基于十一项潜在因子的历史街区城市意象研究""古代图文中的朝阳门内意象""什刹海公共意象收集"。第三版块介绍除了北京老城之外，小组在全国各地进行的意象研究——"定兴古城历史空间研究""以认知地图方法研究拉萨老城历史街区的集体记忆""传统村落公共空间的意象及其历史变迁研究"。在展览过程中，研究小组成员与策展者、参观人员进行热烈交流，就如何将意象成果运用到实际的规划设计中、如何采用新型的意象研究方式等问题展开讨论。基于朝阳门内片区的本研究也借此平台在学术界得到了宣传和扩大了影响力。

图6-20　2017清华同衡学术周展览现场（1）

图 6-21　2017 清华同衡学术周展览现场（2）

第六章 愿景

0 导语

"古城意象"是创立于2015年3月的专业研究小组，由政井绿老师指导，主体为北京林业大学园林学院城乡规划系的高年级本科生。"古城意象"研究小组专注于将城市意象研究理论与方法应用于历史地段，结合跨学科新兴技术方法，在北京旧城等历史城市实地度用，以地方经验反哺理论；以古城意象研究为契机，践行历史文化名城与文化遗产保护，探索以人为本与公众参与的历史城市保护与发展。

1 基于网络数据的定兴古城意象研究

通过开展网络问卷调查、抓取附有地理位置信息的网络图片等方法开展定兴古城的城市意象研究。采用统计分析、地理空间网格、可视化研究等方法对网络数据进行分析，归纳出"古城格局意象"、"文化地标意象"、"生活节点意象"和"历史记忆意象"四类定兴古城的城市意象。

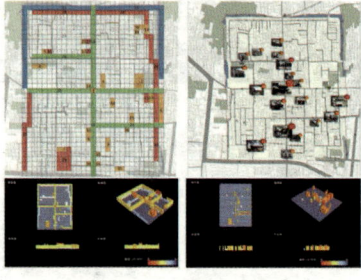

2 基于自发地理数据平台的搭建研究北京旧城城市意象

数据收集平台以网络为载体，增加了公众的参与度，扩大了样本容量，为研究提供了较为可靠的数据。在将北京旧城的区域划分为40个片区的基础上，以嬉戏的形式让玩家针对到的地点进行评价，获取公众当今与北京旧城片区可城市意象的意象图解与好感度，并据以线性分析研究区域意象的形成机制。

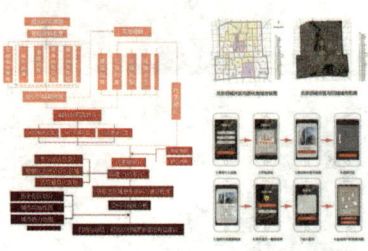

3 基于十一项潜在因子的东四历史街区城市意象研究

本研究以认知地图和网络问卷确定了东四片区63处主要意象点及其评分，在其中选定3类11项可能影响意象形成的潜在因子，由田野调查、现场访谈、网络信息收集等方式确定其分级依据和各层得分。通过相关性分析探讨意象形成与意象强度的成因。

4 变迁的东四南公共空间调研

研究一方面通过访谈常年居于此老人得出东四南片区过去公共空间的特征，了解居民对其看法；另一方面，观察现在公共空间的特征并调查居民对其评价。最后就现公共空间的消失与其功能的转移，分析产生原因，了解居民实际需求，为旧城的更新保护提出有效建议。

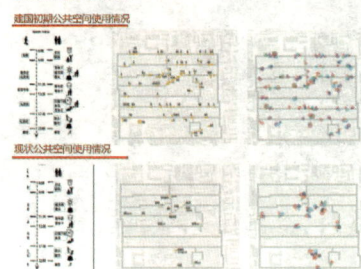

图 6-22　清华同衡学术周遗产专场手册内容

2017年北京国际设计周展览朝阳门展区：
"古代图文中的朝阳门内意象历史空间研究展览"

2017年9月30日到10月2日北京国际设计周期间，"古城意象"研究小组在朝阳门分会场的内务部街27号院北屋主办了一场展览与一场论坛（图6-23—图6-25）。

"古代图文中的朝阳门内意象历史空间研究展览"主要展出本项目研究的阶段性成果，即结合历史地图与文献，对从元到清将近700年来，古代朝阳门内片区的街巷、院落及重点建筑进行空间推测复原与分析，同时结合展区内的认知地图绘制活动收集朝阳门内历史片区的城市意象。据统计，展会3天时间内累计观展人次突破三百、收集到朝阳门片区认知地图数10张，在向观展人展示有关北京旧城历史空间研究成果的同时，所得信息素材也为该片区的保护与更新提供了大量研究依据。

图6-23 "古代图文中的朝阳门内意象历史空间研究"展览现场（1）

图 6-24 "古代图文中的朝阳门内意象历史空间研究"展览现场（2）

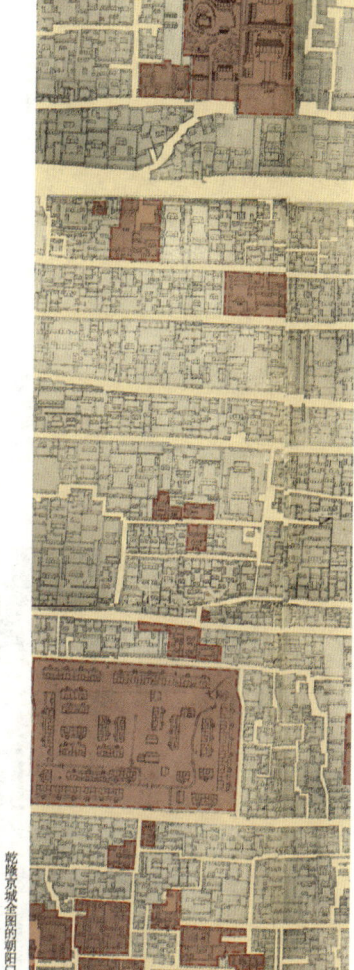

图 6-25 "古代图文中的朝阳门内意象历史空间研究"展览海报

第六章 愿景

2017年北京国际设计周展览什刹海展区："古城意象研究成果展"

2017年9月23日至10月7日北京国际设计周期间，"古城意象"研究小组还在银锭桥胡同7号，举办了为期15天的"古城意象与什刹海历史街区研究展"，其中展览部分中的"古城意象研究成果展"展出了在全国4个历史城市以及北京老城5个片区的研究成果，包括"朝阳门内古代意象研究""拉萨古城意象研究""定兴古城意象研究"等9个项目，展示了团队将城市意象研究理论与方法应用于历史地段的实践分析（图6-26—图6-30）。

整个展区共分为四个主题区域：展览区、感受区、活动区和室外体验区。在常规展览之外，同时通过什刹海展区中室内的认知地图绘制活动、意象扎针活动，室外的胡同感知调查活动，收集什刹海历史街区的城市意象，为其保护和更新提供思路、建议。据统计，在为期15天的展览时间内，本次设计周活动每日平均观展达180人次，共计2700多人次。优越的地理位置和具有趣味性的展览活动，展区客流量在什刹海分会场展区中位居前列，好评如潮。与此同时，大量的、各领域的人在这里进行交流、思维碰撞，为北京老城意象的研究及学科间的融合，提供了新的思路与平台。

该展览也宣传了朝阳门内片区所取得的诸项研究成果，与团队在朝阳门片区同期举行的设计周展览与活动一并，进一步扩大了本研究的影响力。

图6-26 古城意象研究成果展（1）

图 6-27　古城意象研究成果展（2）

"古代图文中的朝阳门内意象(1267—1912)"历史空间研究

图 6-28　古城意象研究成果展（3）

图 6-29　"古城意象研究成果展"成员合照

图 6-30 "古城意象研究成果展"海报

第六章 愿景

2018年北京国际设计周展览朝阳门展区：
"探寻京城历史景观"之北京老城历史空间研究展览

2018年9月29日至10月12日北京国际设计周期间，"古城意象"研究小组在史家胡同23号院东厢房，举办了为期14天的"探寻京城历史景观"之城市·风景·遗产：北京老城历史空间研究展览，展览内容包括"古城意象研究小组研究成果""什刹海滨水历史街区视线研究""中轴线城市历史景观眺望系统研究""朝阳门内历史空间的古代意象"4个栏目，同时结合意象收集活动积累研究所需数据，为后期的老城保护与更新研究提供思路（图6-31、图6-32）。

展区共分为三个主题区域：展览区、室内活动区和室外体验区。在常规展览之外，还通过视廊连线活动、意象绘制活动。GoPro胡同游览活动收集北京老城各片区的城市意象，多角度向大众展现北京老城的独特魅力。与此同时，地图、画册、明信片、贴纸等自制文创产品的展出更令北京老城的点点滴滴焕发新的灵气，吸引了各行各业参观者的驻足。

图6-31　2018年北京国际设计周古城意象研究成果展（1）

图 6-32 2018 年北京国际设计周古城意象研究成果展（2）

"古代图文中的朝阳门内意象(1267—1912)"历史空间研究

（二） 活动

2016年史家胡同博物馆国际博物馆日专题讲座与居民绿植意象收集

　　2016年5月19日下午，在史家胡同博物馆举办的胡同茶馆活动中，北京林业大学的刘祎绯老师和蔡明老师受邀为前来参加活动的近百名社区居民带来"国际博物馆日"专题讲座，围绕老北京四合院绿植景观主题，分别从文化遗产保护和植物配置的角度讲演并与居民共同讨论（图6-33、图6-34）。

图6-33　"国际博物馆日"专题讲座现场

 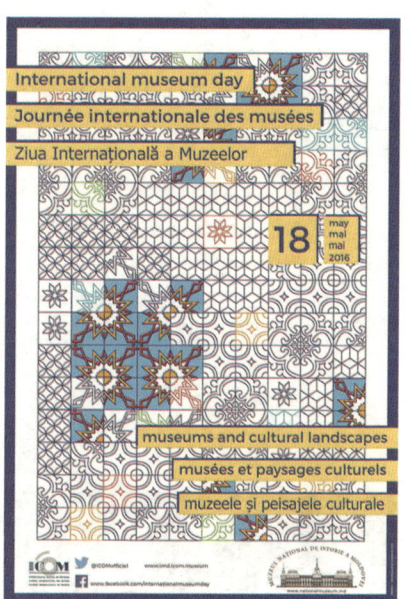

图 6-34 "国际博物馆日"专题讲座海报

　　刘祎绯老师的报告《从世界遗产到胡同茶馆：文化景观之老北京的堂前与巷陌》从每年 5 月 18 日的世界博物馆日的设立讲起，并借 2016 年的世界博物馆日主题"博物馆与文化景观"，引出和介绍了"文化景观"的概念和大量实例，进而启发大家思考老北京的四合院与胡同景观是否也属于"文化景观"的范畴。在介绍老北京的植物文化意象时，刘祎绯老师概括其为"四合院景观：藤影槐荫，自成天地；胡同景观：纵横交错，树影婆娑"，并辅以诗词文献、实际案例展开分析。随后引导大家回忆曾经的"堂前"与"巷陌"植物景观，畅想未来期待的改进可能。

第六章 愿景

在回忆老院子的绿植景观这一环节,史家胡同及周边社区的老居民们分组积极讨论,并各派代表发言。有居民回忆老四合院的鱼缸,有居民回忆老四合院的树木,有居民回忆小时候夏夜在园子里围着苹果树聊天,有居民回忆沿着墙爬上房顶的南瓜藤……还积极畅想了未来的理想植物布置可能,主要结论包括:墙面上应尽量多种爬藤类植物,以节约地面;院内应多种观花小乔木及灌木,如海棠、蔷薇、金银花等,以及果实可食用的乔木,如柿树、苹果树等,还有蔬菜类的豆角、茄子、芋头等;廊架旁选用紫藤、葡萄等;角落尤其要种有驱虫作用的草本植物,如猪笼草、驱蚊草、薄荷……

该活动既为社区居民带来了知识和欢乐,也是对居民绿植意象及意见建议的一次有效收集,为后来的街道及社区工作开展提供了公众参与的基础(图6-35、图6-36)。

图6-35 "国际博物馆日"胡同茶馆专题讲座现场(1)

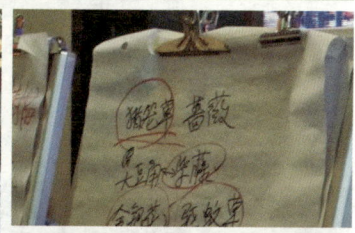

图 6-36 "国际博物馆日"胡同茶馆专题讲座现场（2）

 "古代图文中的朝阳门内意象(1267—1912)"历史空间研究

2017年史家胡同博物馆"旧影"展之"旧城意象"活动

2017年9月16日上午,"古城意象"研究小组在史家胡同博物馆工作人员的大力支持下,与居民亲密互动,成功开展了"召唤记忆,召唤你"——古城意象互动活动。

活动因"回家·旧影"主题展的创办而得以展开,主题展的创办旨在借助老照片回顾昔日的风景人物,让属于老北京的回忆,也走上一条回家的路。"古城意象"研究小组根据此次展览的意图,让被大多数人遗忘的北京朝阳门老城区,以新颖的游戏互动形式再现,以此唤醒老北京居民对于这个历史文化名城的点滴记忆,同时为参观博物馆的游客提供一次更深入地了解老北京胡同文化的机会(图6-37)。

图6-37 史家胡同博物馆"旧城意象"活动现场(1)

活动不仅吸引了老北京居民的参与，不少前来参观史家胡同博物馆的外国游客，包括美国大使馆的工作人员在内，也对"古城意象"产生了极大的兴趣。在老北京居民面前，我们是聆听者，仔细倾听"他们"讲述那些年胡同里发生的逸闻趣事，在他们的讲述过程中，仿佛照片中的景象再次浮现在脑海中；在外国游客面前，我们是文化的传承者，为这群具有语言文化差异，却依旧热爱着北京这座历史名城的人们，讲述老城区的历史变迁。在"古城意象"小组成员耐心地讲解下，他们对20世纪50年代至今的朝阳门地区的风貌有了初步的印象，也加深了对北京这个历史名城的热爱。

　　此次活动在为老北京居民带来了知识与欢乐的同时，也考察了人们对"胡同文化"的认知，在活动中收集到的一系列与之相关的信息及数据，更是为后续旧城胡同的管理以及"古城意象"研究小组研究的深入进行提供了基础（图6-38、图6-39）。

图6-38　史家胡同博物馆"旧城意象"活动现场（2）

"古代图文中的朝阳门内意象(1267—1912)"历史空间研究

图6-39 史家胡同博物馆"旧城意象"活动现场(3)

2017 年北京国际设计周：
城市·风景·遗产：北京旧城历史空间论坛

　　2017年10月2日下午"城市·风景·遗产：北京旧城历史空间论坛"由"古城意象"研究小组与北京林业大学园林学院、城乡生态环境北京实验室共同主办，邀请了来自北京林业大学、清华大学、北京工业大学和北方工业大学4个学校的12支团队进行交流，共同探讨旧城文化、研究旧城保护、见证旧城更新。该论坛受到了各界学者、学院领导及高校师生的广泛关注，共有8位与会嘉宾，分别为：北京林业大学园林学院王向荣院长，北京林业大学园林学院团委书记李燕妮老师，清华大学建筑学院龙瀛老师，北京市城市规划设计研究院云平台创新中心秘书长、北京城市象限科技有限公司茅明睿老师，北方工业大学建筑与艺术学院钱毅老师，首都经济贸易大学城市经济与公共管理学院吴康老师，北京林业大学园林学院李倞老师和北京林业大学园林学院刘祎绯老师。对于此次活动，无论嘉宾还是观众都意犹未尽，各方的观点在此次论坛中碰撞，精彩的言论令在场人士频频称赞，其成功举办带给了大家更多新思路，不久的以后，青年学子必将成为推动北京旧城空间研究发展的中坚力量，而此次的交流，更是为其指明了方向，相信未来会有更多关于北京的研究成果（图6-40—图6-43）。

图 6-40　"城市·风景·遗产：北京旧城历史空间论坛"现场（1）

第六章 愿景

图6-41 "城市·风景·遗产：北京旧城历史空间论坛"现场（2）

图 6-42 "城市·风景·遗产:北京旧城历史空间论坛"嘉宾点评

第六章 愿景

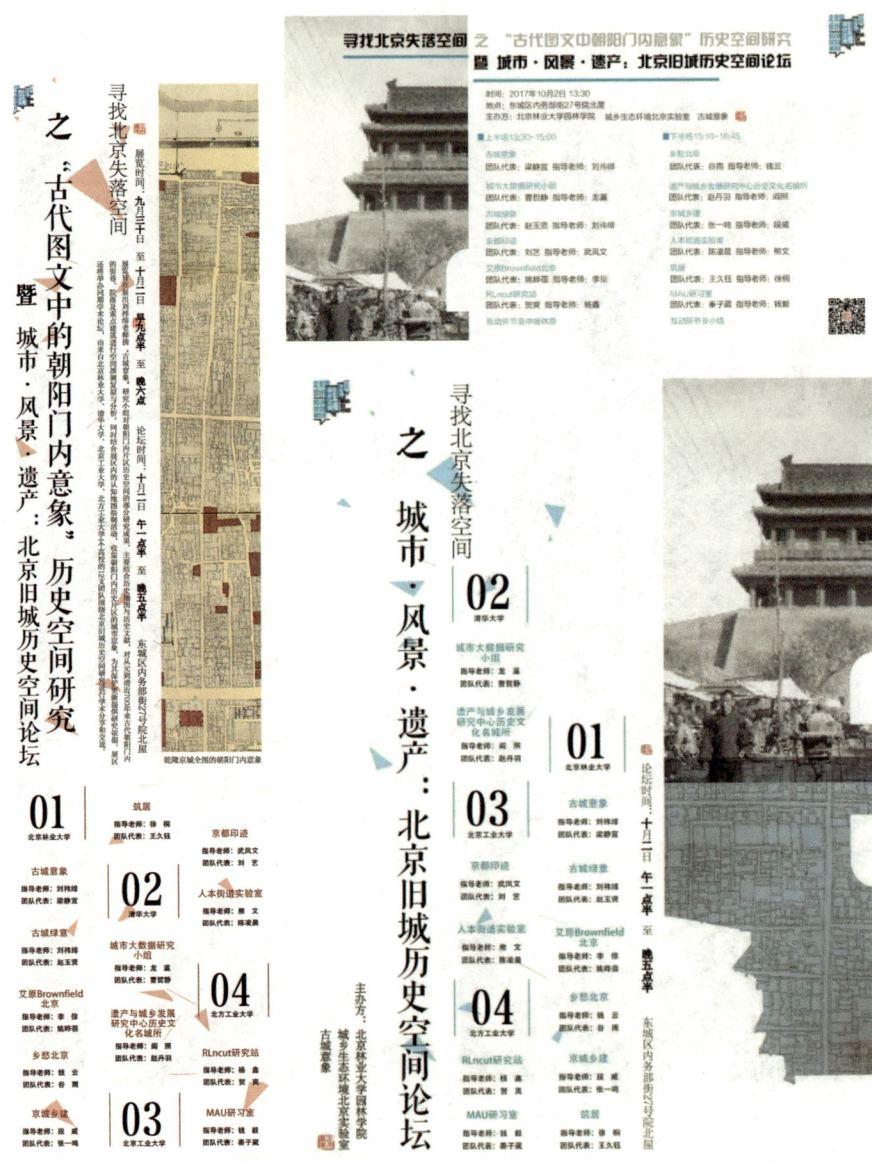

图 6-43 "城市·风景·遗产：北京旧城历史空间论坛"海报

2018 年北京国际设计周：
第一届"探寻京城历史景观"北京老城历史空间文化市集

    2018 年 9 月 29 日上午 10 点，"探寻京城历史景观"北京老城历史空间文化市集在朝阳门内务部街 27 号院展开，市集由"古城意象"研究小组主办，邀请了来自北京林业大学的 5 支团队共同参与，以文创产品售卖的方式向公众传播老城保护和更新的理念。文化市集和论坛交流活动相结合，不仅汇集了北京老城保护相关从业者，也引得社区居民和游客纷纷驻足，本次活动更获得了人民网、《法制晚报》等主流媒体的报道（图 6-44、图 6-45）。

图 6-44 文化市集现场（1）

 "古代图文中的朝阳门内意象 (1267—1912)" 历史空间研究

第六章 愿景

图 6-45 文化市集现场（2）

2018年北京国际设计周:
第二届城市·风景·遗产:北京老城历史空间论坛

2018年9月29日下午,第二届"探寻京城历史景观"之城市·风景·遗产:北京老城历史空间论坛在朝阳门内务部街27号院北屋召开,论坛由"古城意象"研究小组和北京林业大学园林学院城乡规划系共同主办,邀请了来自北京林业大学、清华大学、北京工业大学、北方工业大学、北京交通大学5所学校的16个学生团队,从不同角度分享对北京老城的各项研究成果,共同探讨老城文化、研究老城发展、见证老城更新,交流各自对老城保护与改造的见解(图6-46—图6-48)。

图6-46 第二届"城市·风景·遗产:北京老城历史空间论坛"与会嘉宾合影

第六章 愿景

图 6-47 第二届"城市·风景·遗产：北京老城历史空间论坛"活动现场

受 2017 年第一届城市·风景·遗产：北京老城历史空间论坛成功举办的影响，本次论坛同样受到了各界学者和高校师生的广泛关注，共有 9 位与会嘉宾，分别为：朝阳门街道副主任李哲老师、北京林业大学园林学院城乡规划系主任李翅老师、北京林业大学园林学院城乡规划刘祎绯老师、北方工业大学建筑与艺术学院钱毅老师、北京交通大学建筑与艺术学院建筑系主任盛强老师、北方工业大学建筑与艺术学院建筑和规划系杨鑫老师、四名汇智计划副秘书长王虹光老师、清华同衡张倩倩老师以及国家建筑师 &CthuWork 团队创始人苏一峻先生。第二届论坛的圆满落幕，带给了大家更多的研究思路，各方的观点在此次论坛中碰撞，相信明年会迎来更多新鲜力量的注入（图 6-48）。

图 6-48 第二届"城市·风景·遗产：北京老城历史空间论坛"宣传手册

2019 年北京国际设计周：
第二届"寻迹京城文化景观"北京老城历史空间文化市集

  2019 年 9 月 10 日，第二届"寻迹京城文化景观"北京老城历史空间文化市集在东城区内务部街 27 号院顺利举办，市集有来自古城意象研究小组、古城绿意研究小组等 5 所学校的 8 支团队共同参与这一主题文创市集，各自展示了独具团队特色的精美文创物品，吸引了设计周游客、胡同居民及附近工作人员等驻足欣赏和购买。该文化市集通过文创、手工、互动体验等方式，向观众传递了北京老城历史空间的独特魅力，制作地图、画册、明信片、贴纸等精美文创物品也让北京老城古老的点点滴滴焕发了新的灵气（图 6-49）。

第六章 愿景

图 6-49 第二届"寻迹京城文化景观"北京老城历史空间文化市集活动海报及现场

2019年北京国际设计周：
第三届城市·风景·遗产：北京老城历史空间论坛

论坛于2019年9月10日下午在朝阳门内务部街27号院北屋召开，来自5所院校的8支学生团队分别从不同角度研究探讨了北京老城历史空间，用或科学或文艺的多种方式探索了关于历史城市及城市中有趣的人，并分享了他们考察研究中采用的理论和方法。大家在北京老城的四合院里共聚一堂，交流在研究历史城市文化景观中的所见所感，讲述属于北京老城的故事，共同拓宽视野，共同"寻迹京城文化景观"（图6-50）。

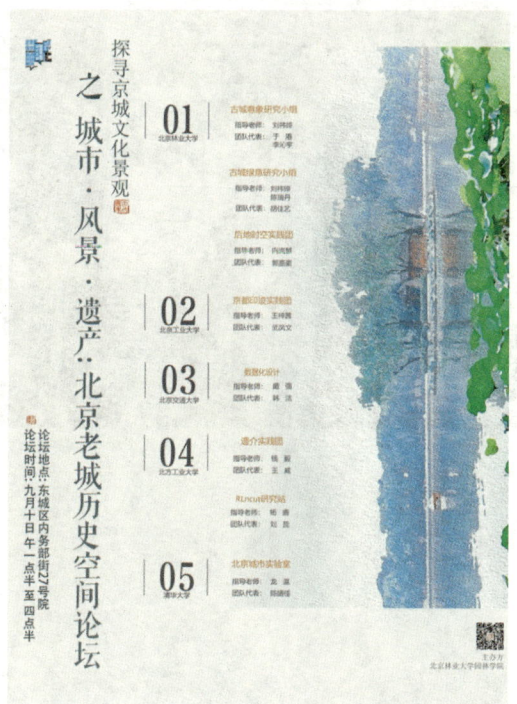

图6-50　第三届"城市·风景·遗产：北京老城历史空间论坛"海报

第六章 愿景

    本次论坛是同系列论坛举办的第三届,受到了社会各界人士及高校师生的广泛关注和参与,其中包括北京林业大学园林学院的郑曦副院长,四名汇智计划秘书长赵幸老师,北方工业大学建筑与艺术学院钱毅老师等多名专家、教师,以及北京林业大学、清华大学、北京工业大学、北京交通大学、北方工业大学的8支优秀团队参与论坛交流活动,涵盖历史文化名城与文化遗产保护、植物景观、数据分享及城市定量研究、文物建筑和历史建筑的保护、空间句法研究等多个方面(图6-51)。

图6-51 第三届"城市·风景·遗产:北京老城历史空间论坛"与会嘉宾及团队成员合影

（三） 设计

2016年灯草胡同与演乐胡同环境整治提升设计

自 2016 年 5 月起，北京林业大学的刘祎绯老师与蔡明老师共同承担了灯草胡同与演乐胡同的环境整治提升设计项目。

有鉴于传统胡同环境中的传统风貌破碎、步行环境阻隔、公共空间失落、绿化氛围缺憾、景观细部粗糙五大问题，项目组提出了用精细规划设计加软性植物材料的方式，实现街区的整体景观提升，以达到保护街区历史风貌、优化街区绿化环境、重塑街区公共空间、调动街区居民参与的工作目标。规划设计充分结合与利用了本项目已有研究成果并在接下来的一年中配合朝阳门街道办事处城建科，对两条胡同共计 1300 米长度范围做出多种设计探讨和工程落地实施，保护并提升了胡同的文化与自然景观（图 6-52—图 6-58）。

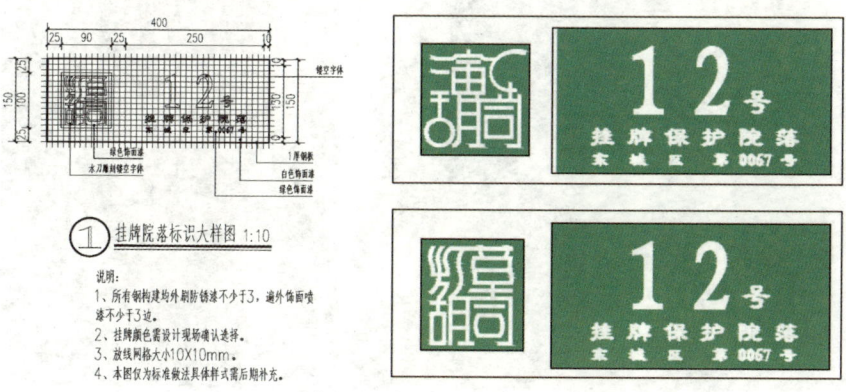

图 6-52　演乐胡同标牌设计

第六章 愿景

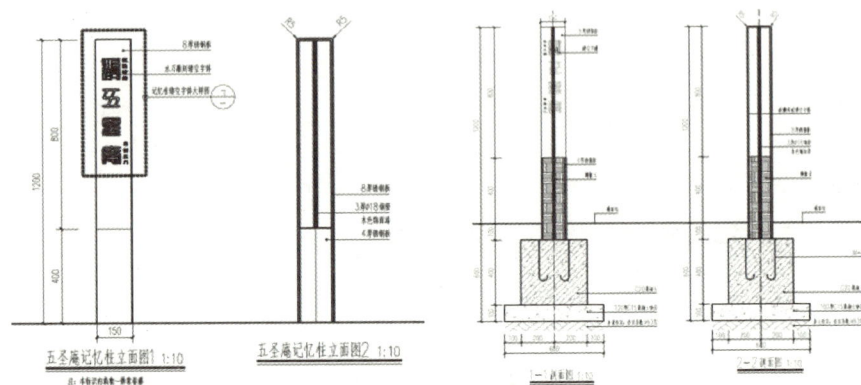

图 6-53 灯草胡同标识设计

图 6-54　灯草胡同现状

图 6-55　灯草胡同设计后效果图

 "古代图文中的朝阳门内意象(1267—1912)"历史空间研究

第六章　愿景

图 6-56　立体绿化设计意象

图 6-57　灯草胡同整治提升后实景

图 6-58 演乐胡同整治提升后实景

结　语

北京老城历史悠久，也曾屡经变迁，如今的城市肌理中既传承了不少显而易见的历史格局，亦暗藏着许多已被遗忘的秘密空间，厘清城市历史景观的复杂变迁历程，并对其进行精细化的复原和展示，是一项任务艰巨却意义重大的工作，并且作为基础性的工作，应当被历史街区未来的各类更新规划和针对公众的复原展陈所重视，这有助于将发展与保护有机协调，便于文脉的传承和特色的彰显。

朝阳门古时为进京的交通要道，也因其曾为漕粮出入的城门，带动了朝阳门内沿线区域的整体繁荣，是北京老城中一块典型的历史地段。"古代图文中的朝阳门内意象"历史空间研究课题主要结合历史地图与历史文献，对从元到清（1267—1912年）将近700年来古代朝阳门内的街巷、院落及重点建筑进行空间推测复原与分析。采用历史城市地区变迁研究的层积分析法，在综合历史信息充分转译的基础上，尽量保证了全过程、高精度、多层面的成果产出。其中古代图文的信息来源主要包括相关古籍文献及20余张历史舆图，提取其中的建筑院落意象与街巷水系意象；现代调研信息来源主要包括测绘图纸、卫星地图、历史文化保护区与各级文保单位的地理信息及保护规划，以及现场的走访观察所得等。二者叠合形成细腻的层次与细密的信息，为读者展开一幅北京老城历史街区古今变迁的长卷。未来还可考虑据此搭建HGIS数据库与展示平台，以形成一体化的历史城市保护及更新发展战略，并助力公众对地方文脉获得更为直观的理解和感知。

本研究自2016年初正式开展，书稿的撰写和校核已历时多年，期间也曾多次公开举办展览和宣讲，其顺利完成离不开多方的支持与帮助，在此一并表达衷心的感谢：

感谢朝阳门街道办事处及所有曾为调研提供帮助和支持的各单位领导与工作人员，尤其是朝阳门街道的李哲副主任，他不但悉心提供良好的、开放的调研环境，很多时候更是凭借个人的丰富学识与深刻见地亲自上阵，与我共同深化讨论和探索落地。感谢清华大学建筑学院的吕舟教授、张杰教授，对我在面对庞杂资料难以开展研究时的诸多困惑予以点拨，并鼓励与指导我在古代意象研究的方向上持续探索。感谢科学出版社吴书雷副编审一如既往的悉心校改。

还要特别感谢期间先后参与本课题的数十位古城意象研究小组成员的不懈努力，他们是于港、佟昕、吴伯男、周娅茜、郭卓君、崔嘉慧、伍洋宇、王星懿、陈晓丹、韦婷娜、林戈、李玥、赵倩宇、郭晨曦、梁静宜、黄子薇、南晶娜、陈睿琳、刘畅、吴佳馨、丁小玲、石璇、徐昂扬、黄守邦、高奇超等。

书中仍有很多不足，有待未来继续将研究精进。再次感谢朝阳门街道办事处的有力保障，也感谢国家自然科学基金面上项目与青年项目、北京社会科学基金青年项目、中央高校基本科研业务费专项资金项目，以及多个北京市西城区历史文化名城保护促进中心四名汇智计划项目及大学生创新创业行动计划等课题项目的支持。

刘祎绯
2020年6月6日